JN450117

만들면서 배우는 과학탐구

DIY-사이언스

조오근 지음

PHYSICS

추천의 글

DIY-사이언스에 의한 참 과학 체험

이번에 출간되는 'DIY-사이언스'는 참과학(authentic science)을 학습하는데 적합하도록 구성되어 있습니다. 내용 중 전통 제기나 각궁은 과학과 매우 깊은 관계가 있지만 일반적으로, 제기차기나 활쏘기를 하면서 과학 개념을 염두에 두고 하는 경우는 거의 없을 것입니다. 그러나 이 책을 통해 전통 제기나 간이 각궁을 만들면서 제기차기 놀이를 해 보고 각궁을 당겨본다면 과학이 우리 일상생활에 얼마나 깊게 녹아 있는지를 깨닫게 될 것입니다. 즉, 참 과학을 체험하게 될 것입니다. 이처럼 참 과학의 경험을 통해 과학을 학습하게 되면 이론과 개념을 통해 학습하는 것보다 과학에 대한 흥미와 관심이 훨씬 높아질 뿐만 아니라 과학을 더 잘 배울 수 있을 것입니다.

뿐만 아니라, 이 책의 내용들은 단순히 과학에 대한 흥미와 관심을 높이는 데 국한되어 있지 않고, '직접 만들고 해보는 과학'을 통해, 제시된 대로 만들어 보기도 하지만 나름대로 자신이 새로 설계하여 더 나은 작품으로 고쳐만들어 가는 과정에서 창의성을 계발해 갈 수 있도록 하였습니다.

또, 친구들과 함께 협력하여 DIY과제를 만들면서 협동심도 갖게 되고, 활동하는 동안 대화를 통한 의사소통 역량, 비판적 사고 역량도 기를 수 있습니다. 창의성, 협동심, 비판적 사고, 의사소통 역량은 현대를 살아가는 사람들에게 핵심적으로 필요한 역량들입니다. 여기에 디지털 역량이 더해진다면 훨씬 풍부한 역량들을 갖추게 될 것입니다.

본 저서의 저자는 평소 전통 문화에 대한 높은 관심으로 전통문화 관련 교재 개발을 시작했습니다. 그러다가 STEAM 교육, 메이커 교육이 활성화되면서 그 일환으로 DIY 사이언스 탐구를 통하여 창의성을 기르도록 하는 교재를 개발하기에 이르렀습니다. 그리하여 생활 소재의 과학과 관련된 스피커, 망원경 만들기 등에서부터 교량, 모형자기열차 만들기 등 첨단기술에까지 확장하고 있습니다. 지금은 디지털 역량을 함양하는 DIY-Science, 숲 체험학습을 위한 '숲속 DIY 과학 교실' 등에도 관심을 가지고 저술도 계획하고 있다고 듣고 있습니다. 이와 관련한 테마의 참 과학에 대한 또 다른 후속 저술도 곧 나오기를 기대하면서 지속적 관심과 격려를 부탁드립니다.

부산대학교 물리교육과 명예교수 김영민

메이커교육을 위한 과학탐구학습, DIY-Science

오늘의 학교 현장에서는 **메이커 교육**의 열기가 뜨겁습니다. 대개 **'만들기 활동'**은 많은 학생들에게 흥미를 갖게 하고 소질을 살려주는 기회를 제공합니다. 많은 교육 이론가들이 만들기 활동을 포함한 아동의 노작활동이 창의성을 기르고 학습에 흥미를 유발한다고 보고하고 있습니다. 특히, 최근 3D 프린터의 개발로 인해 생각하고 설계한 대로 시제품을 만들 수 있게 되면서 메이커 교육은 4차 산업사회를 대비하는 미래교육의 핵심 키워드로 떠오르고 있습니다. 'DIY-사이언스'는 이런 시대적 교육 사조에 맞춰 개발한 탐구 프로그램입니다.

과학교육의 꽃은 탐구학습입니다. 탐구학습은 지난 반세기 동안 교육 사조가 끊임없이 변해도 한결같이 그 위상을 유지하고 있습니다.

탐구란, **길 없는 길을 걸어 소리 없는 소리를 듣고, 형상 없는 형상을 찾는 학습 활동입니다.** 마치 수행자가 오매불망 도를 찾아 헤매는 과정과 같습니다. 목마른 사람이 지척을 분간할 수 없는 허허벌판에서 물을 찾아내는 일과 같고, 오리무중 미제 사건을 쫓아다니는 형사의 사건 해결 과정과도 흡사합니다. 탐구학습은 무에서 유를 창조하는 과정으로 무엇보다 창의력을 요하는 학습입니다.

이런 탐구가 메이커 교육을 만나면 어떤 일이 생길까요? 메이커 교육의 궁극은 산출물이기 때문에 탐구가 메이커 교육에 접목되었을 때는 그 어떤 것보다 가장 확실한 창의적 산출물이 나오지 않을까요? 이것이 저자가 'DIY-사이언스'를 만들어 낸 배경입니다.

- DIY-사이언스란?

DIY(Do-it-yourself) 활동을 과학 학습에 적용하는 학습 방법을 **'DIY-사이언스 학습'**, 줄여서 **'DIY-사이언스'**라 합니다. 또, 탐구학습과 접목시켜 **'DIY-사이언스 탐구'**, 즉 만들기를 통해 과학 원리를 찾아 나가는 탐구 활동'으로 활용할 수 있습니다.

DIY-Science 특징은 다음과 같습니다.

- STEAM 교육의 공학·기술을 과학 탐구와 접목하였습니다.
- 만들기 과정 및 탐구를 통하여 **과학 개념을 쉽게** 습득할 수 있습니다.
- 재료나 도구를 다루는 기능을 기르고 흥미를 가질 수 있습니다.
- 공동 작업의 경우, 팀웍에 의한 공동체 역량을 기를 수 있습니다.
- 실세계의 과학(Real World Science) 문제 해결에 의한 진로·직업 탐색의 기회로 삼을 수 있습니다.
- **창의적 산출물**을 최종 목표로 합니다.

• 왜 DIY-사이언스인가?

DIY-사이언스의 프로그램들은 대부분 우리 생활 주변에서 쉽게 구해지는 재료를 활용하여 가능한 한 간단하게 만들어 볼 수 있는 테마들이 주를 이룹니다. 단순할수록 찾아내야 할 것이 많고 사고를 열어야 답을 얻을 수 있습니다. 시작은 이렇게 간단하지만 그러나 그 끝은 간단하지가 않습니다. 실세계에서 일어나는 현상들과 연결되어 있어 이를 설명하려면 적용력, 창의력이 필요하기 때문입니다. 이를 위해 각 테마의 DIY 과제를 수행하는 동안 일어날 수 있는 의문점을 중심으로 탐구를 유도하였습니다. 그리고, 그 결과를 바탕으로 실세계의 물리 현상들을 설명할 수 있도록 사고를 확장해나가는 방안을 제시하고 있습니다.

DIY-사이언스의 프로그램들은 다양한 학습자들이 활용할 수 있습니다. 초등학생들이 활용하면 과학에 대한 흥미가 날로 높아져 과학자의 꿈을 더욱 키워나갈 수 있는 계기를 만들 수 있을 것이며, 중·고등학생들이 활용하면 진로·직업 탐색에 도움을 얻을 수도 있을 것입니다. 왜냐하면, 매 프로그램들이 창의적 산출물로 이어지기 때문입니다.

사실, 과학을 배우는 학습자들이 겪는 아이러니는 과학을 열심히 배우고도 어디에 쓰는지를 모르는 경우가 많다는 데 있습니다. 교실에서 배운 과학으로 실제 세계에서 일어나는 현상을 설명하는 데 곤란을 겪는다면 얼마나 안타까운 일인가요? 열심히 배운 과학이 일상에서 어떻게 쓰이는지를 알면 더 이상 과학이 지루하지가 않을 것입니다. 그 대안으로 DIY 사이언스가 역할을 할 수 있을 것으로 보입니다.

이 책은 교실 수업과 실세계의 과학 사이를 이어주는 브릿지 역할을 하고 있습니다. DIY 사이언스를 통해 실제 세계에서 일어나는 현상을 설명하기 위한 창의적 아이디어를 얻는 데 지침이 될 수 있을 것입니다. 부디 학생들이 잘 활용하여 과학에 대한 흥미를 이어갈 수 있고, 진로 탐색의 길잡이로서 작은 디딤돌이 될 수 있기를 바랍니다.

메이커 교육의 중요성을 인지하고 일회성 단순 학습지 수준으로 사장될 뻔한 프로그램을 출판하기로 선뜻 응해 주시고 단행본으로 묶어 출판해 주신 ㈜참과학 성종규 사장님께 감사드립니다.

오례산 양졸당에서

조 오 근

『DIY-사이언스』의 활용 방법

• DIY-사이언스 내용 구성

이 책은 생활의 과학 1, 생활의 과학 2, 놀이의 과학, 응용 과학, 전통과학 등 5개 장으로 되어 구성되어 있습니다. **'생활의 과학[1], [2]'** 테마들은, 우리 생활 주변에서 접하는 현상들 중 단열 및 환경 보전, 신비로운 현상, 취미 생활 속 과학을 다루었습니다. 또, **'놀이의 과학'**은 종이새비행기 날리기 등 즐겁게 놀이하는 동안 과학을 탐구함으로써 **흥미**를 북돋우고 **창의력**을 키우는 데 초점을 두었습니다. 그리고, **'응용 과학'**은 과학을 응용하는 기술 분야 중 토목(교량) 분야를 다루었습니다. 실제 교량을 가설하는 과정을 따라 모형 교량을 만들어 봄으로써 장차 **직업 탐색** 자료로 활용할 수 있게 하였습니다. 마지막으로 **'전통과학'**은 물시계 등 실제 제작 과정을 따라 모형물을 만들어 봄으로써 옛 선인들의 **창의적 발상**을 터득하는 데 초점을 맞추었습니다.

✎ 각 프로그램은, DIY과제, DIY활동, DIY-s. 탐구하기, 개선점 찾기(창의설계), 고쳐만들기, 개념 · 원리, 한걸음 더… 등의 순으로 구성하였습니다.

각 프로그램 첫머리에 제시된 DIY과제를 DIY활동에서 안내하는 순서대로 만들어 보고 DIY-s.탐구에서는 원리탐구를 안내받습니다. 이 탐구 코너는 혼자 또는 팀을 구성하여 탐구할 수 있게 하였습니다. [Home exp.] 탐구는 스스로 탐구하거나 엄마와 함께(가족끼리) 탐구하기, 친구와 함께 탐구하기 등 다양하게 활용할 수 있습니다. 또, **[선생님과 함께]** 탐구는 학교 안 교육에서 수업 중 또는 교사 지도하에 방과후프로그램이나 동아리 활동 자료로 활용할 수 있습니다.

특히, 개선점찾기, 창의 설계는 DIY 과제가 대체로 간단한 재료로 약식으로 만들어지므로 활동하는 과정에서 불편한 점, 개선점을 찾아보고 보완하는 설계를 통해 창의성을 기를 수 있게 하였습니다. 고쳐만들기는 창의 설계에 의해 DIY 과제를 고쳐 만드는 과정으로 실생활에 사용할 수 있는 제품을 만들거나 창의적 산출물을 만드는 과정입니다.

개념원리는 DIY과제의 과학 원리를 설명하는 데 필요한 관련 개념을 교육과정과 연결시켰습니다. 한걸음 더…는 테마의 확장 개념, 창의적 아이디어, 발전 기술, 테마 관련 직업 탐색을 위한 안내를 담았습니다.

• DIY-사이언스학습 단계

이 책은 학교 수업에서 '창의적체험활동'이나, 실험 수업, 홈스쿨링을 위한 'home experiment 탐구' 자료로 활용할 수 있습니다. DIY-사이언스 학습 단계는 다음과 같습니다.

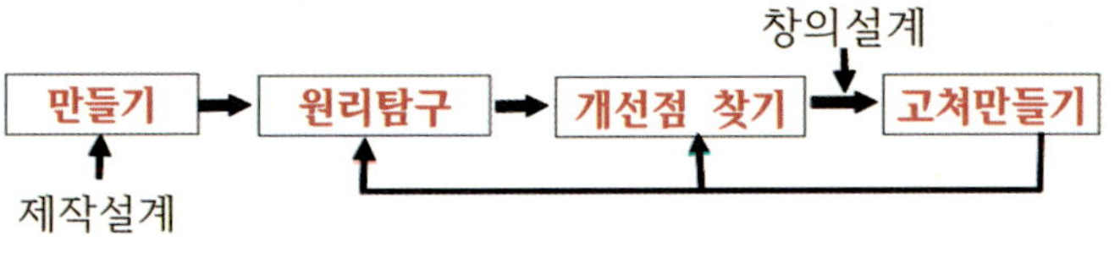

DIY-사이언스학습 단계

독자들은 제시된 만들기 활동을 통해 DIY 과제를 해결하고, 실험을 통해 관련되는 과학 원리를 탐구하는 과정을 거쳐 DIY 활동을 하는 동안 불합리한 점, 개선점을 찾는 활동을 하게 됩니다. 개선점을 중심으로 하는 창의적 설계를 통해 고쳐 만드는 과정에서 창의성을 기를 수 있습니다.

• DIY 재료 및 DIY 활동 지원

제작상의 어려운 점이나 DIY 포인트가 되는 내용은 필요시 출판사를 통해 연락함으로써 DIY 제작활동 지도 및 강의, 유튜브 영상를 지원받을 수 있습니다.

또, DIY 활동에 사용되는 재료는 대체로 주변에서 쉽게 구할 수 있는 재료들이지만 특별히 제작해야 하는 재료들에 대해서는 협력 과학사를 별도로 섭외할 계획입니다. 출판사로 연락하여 도움을 받을 수 있습니다.

㈜참과학 051-581-0213, 010-4561-0696

저자 조 오 근

차 례

Ⅰ. 생활의 과학[1]

I

1. 에코 보온병 만들기
2. 텐세그리티 구조물 만들기
3. 공중부양 화분대 만들기
4. 모형 자기열차 만들기

DIY-Science

에코 보온병 만들기

DIY Science 아이디어

지구상의 에너지는 유한하며 나날이 고갈되어 가고 있다. 오늘날 에너지를 절약하고 환경을 보전하는 일은 우리 시대의 시급한 숙제로 대두되고 있다. 우리 생활에서 보온병은 열에너지를 활용하는 필수품에 속한다. 주변의 간단한 재료들을 이용하여 단열재로 활용하면 열에너지를 절약하는 환경보전을 위한 에코 보온병을 만들 수 있으며, 나아가 보온병 제작을 통하여 주변의 단열재를 생활에 다양하게 활용하는 방안도 찾을 수 있을 것이다.

[평가기준]

평가 준거	수 준		
	상	중	하
적은 재료로 단열이 우수한 보온병을 제작했는가?	적은 재료를 써서 보온 효율이 우수함	보온이 우수하지만 재료 낭비가 많다.	보온 효율이 미약함
작품은 창의적인가?	개선점을 찾아 창의적으로 설계할 줄 안다.	개선점을 찾지만 창의적이지 못함	개선점을 찾지 못하고 창의적이지 못함
원리 설명은 논리적인가?	개념 원리를 제대로 잘 설명한다.	개념 원리를 일부만 알고 있다.	원리를 잘 모른다.
서로 협동하는가?	조원들끼리 잘 협동함	보통 수준	협동이 이루어지지 않음

SCIENCE DIY
cafe.daum.net/hiphys

에코 보온병 만들기

〈과제〉

○ 우리 주변의 다양한 재료를 이용하여 간이보온병을 만들어 보자.

○ 간이보온병이 작동하는 원리를 설명해 보자.

○ 개선점을 찾아 창의적인 장치를 새로 설계해 보고 제작해 보자.

DIY과제 에코 보온병 만들기

이 활동을 하면…

- 보온병의 보온 원리를 알 수 있다.
- 다양한 친환경 단열재에 대해 알 수 있다.
- 알루미늄 호일의 복사 단열재 역할을 설명할 수 있다.
- 주택 단열, 의복 단열에 적용하여 그 원리를 설명할 수 있다.

DIY활동 에코 보온병을 만들어보자

준비물

음료수병, 페트병, 알루미늄 호일, 헝겊, 스티로폼 조각, 뽁뽁이, 신문지, 스펀지, 온도계, 가위, 매직, 송곳, 기타 주변의 단열재

준비물 가이드

- 폐페트병은 1.8ℓ 정도 1개
- 음료수병은 250㎖정도 유리병
- 단열재 중 알루미늄 호일은 반드시 필요
- 온도계는 알콜 온도계(~100℃)

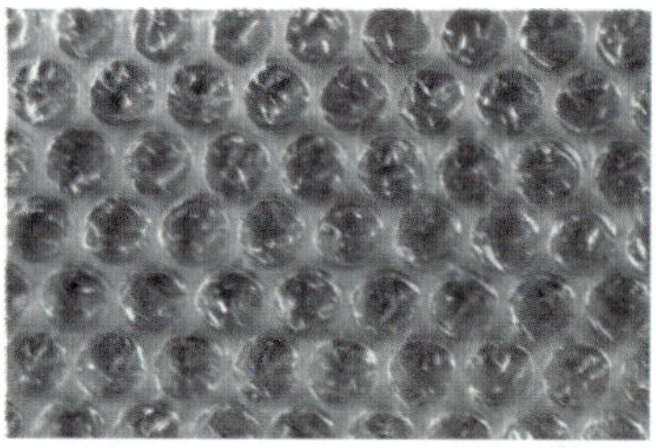

제작과정

- 페트병과 음료수병을 나란히 세우고 매직으로 페트병을 돌리면서 금을 긋는다.
- 페트병에 그어진 금을 따라 가위로 자른다.(먼저 송곳으로 구멍 뚫기)
- 음료수 병을 잘려진 페트병 속에 넣는다.
- 페트병과 음료수병 사이에 단열재를 채운다.
  단열재로 둘러싼 음료수병을 페트병 속에 넣어도 좋다.
- 뚜껑에도 단열재로 채운 다음 테이핑하여 완성한다.

페트병 자르기

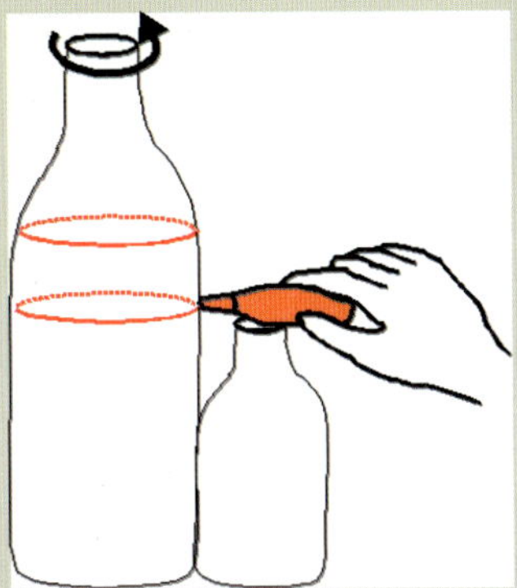

페트병을 자르기 위한 금긋기

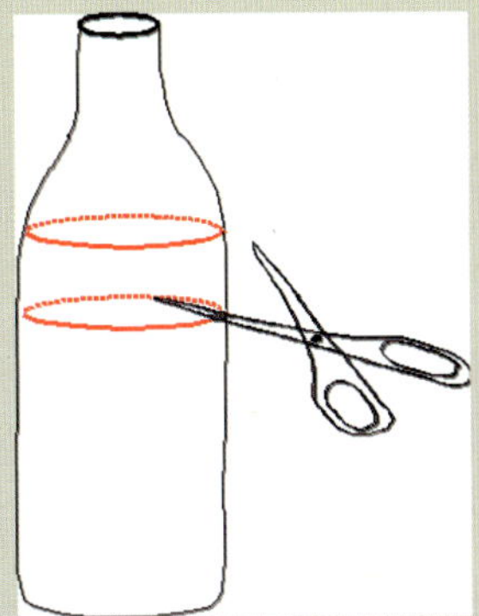

페트병 자르기

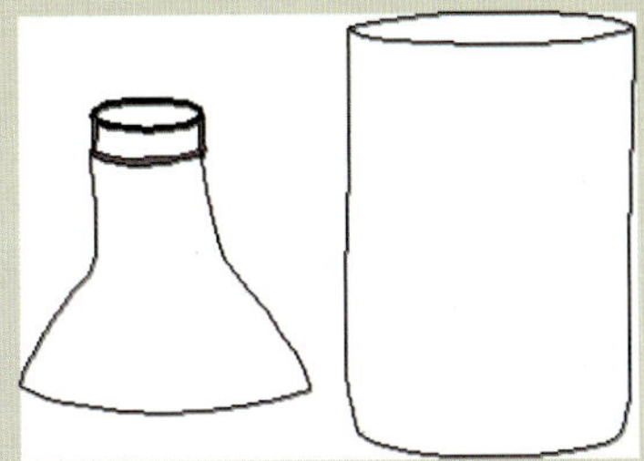

보온병 몸체와 뚜껑

페트병에 음료수병 넣기

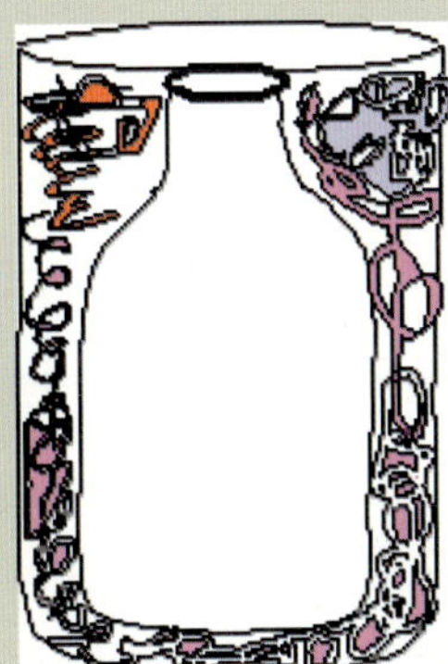

단열재 채우기

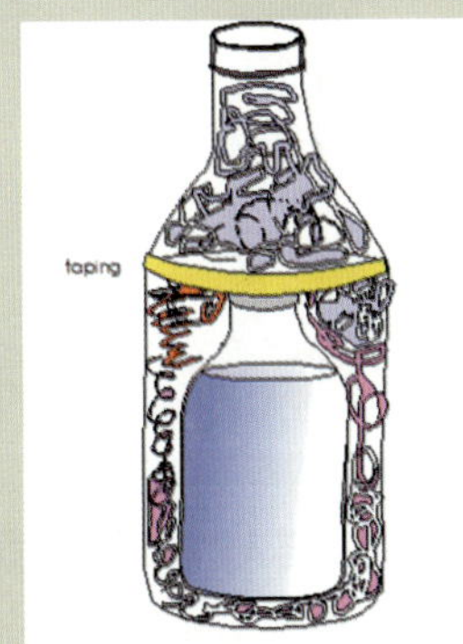

뚜껑 닫고 테이핑

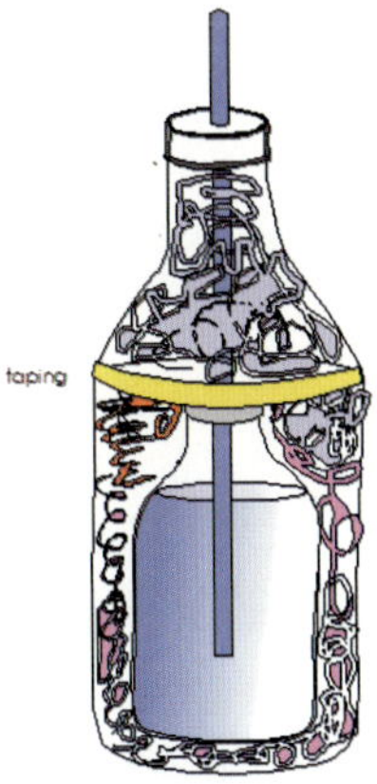

보온 효율 측정을
위한 온도계 설치

* 여러 가지 재료의 열전도율

물질	열전도도(W/mK)	물질	열전도도(W/mK)
은	429	유리섬유	0.035
알루미늄	237	스티로폼	0.04
스텐레스스틸	12~45	석면	0.16
철	35~52	나무	0.04~0.4
콘크리트	1.3~1.7	물	0.6
적벽돌	0.96	알코올, 오일	0.1~0.2
화강암	1.7~4.0	공기	0.025
유리	1.1	종이(벽지)	0.17

DIY-s.탐구 에코보온병 탐구

실험1. 에코보온병 단열 효과 탐구

[준비물] 에코보온병, 온도계, 초시계, 뜨거운 물

[과정]

- 제작한 에코보온병 속에 뜨거운 물을 담고 온도계를 설치한다.
- 동시에 똑같은 종류의 병에 같은 양, 같은 온도의 물을 붓고 온도계를 설치한다.
- 3분 간격으로 온도 변화를 측정하여 그래프로 나타내보자.

[고찰] 어느 쪽이 보온 효율이 좋은가? 보온이 잘 되는 과학 원리를 설명해 보자.

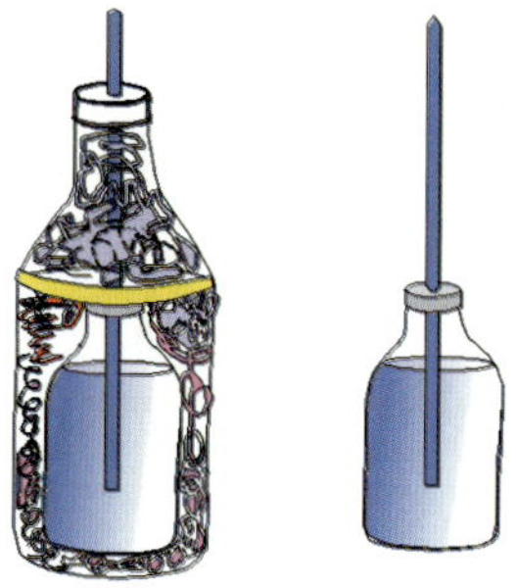

시간에 따른 에코 보온병의 단열 비교

실험2. 복사 단열재 효과 탐구 [Home exp.]

[준비물] 스티로폼 박스 2개, 머그잔 2개, 알콜온도계 2개, 알루미늄 호일, 양면접착제, 초시계(스마트폰 시계), 가위, 뜨거운 물

- 스티로폼 박스(A)
  내부 6면의 벽에 양면접착제를 사용하여 알루미늄 호일을 붙인 박스
- 스티로폼 박스(B)
  내부 벽에 호일을 붙이지 않은 박스

[과정]

박스 A, B에 대해 다음과 같이 실험해 보자.

- 뜨거운 물을 부은 머그잔을 박스 속에 넣는다.
- 뚜껑을 닫고 틈새를 테이프로 막는다.
- 온도계를 설치한다.
- 초시계를 작동하고 10분 경과했을 때 온도를 측정해보자.

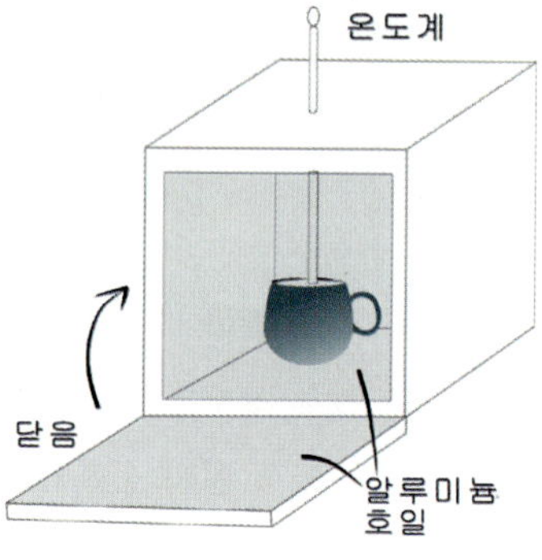

[고찰]

□ 어느 쪽이 단열이 더 잘 되는가?

□ 박스 속 알루미늄 호일은 단열에 어떤 역할을 했을까?

개선점 찾기

DIY 장치에서 보온 효율을 높이기 위해 개선할 점들을 찾아보자.

창의설계

개선점을 반영한 창의적 장치를 만들기 위한 설계도를 그려 보자.

고쳐 만들기

창의설계대로 개선점을 보완하여 에코 보온병을 새로 제작해 보자.

개념 · 원리

보온병의 원리

열이란?

열이란 온도가 다른 두 물체가 접촉했을 때 고온의 물체에서 저온의 물체로 이동하는 에너지의 흐름을 말한다.

열평형상태

- 온도가 다른 두 물체가 접촉하였을 때, 열이 이동하여 두 물체의 온도가 같아져 더 이상 열의 이동이 없는 상태를 **열평형상태**라 한다.
- 예를 들면, 뜨거운 물체와 찬 물체를 접촉시키면 뜨거운 물체는 열을 찬 물체에 뺏기고, 찬 물체는 뜨거운 물체에서 열을 얻어 나중에 두 물체의 온도가 같아지는데 이를 열평형상태라 한다.(단 열이 밖으로 손실이 없다고 가정할 때)
- **고온의 물체가 잃은 열에너지 = 저온의 물체가 얻은 열에너지**

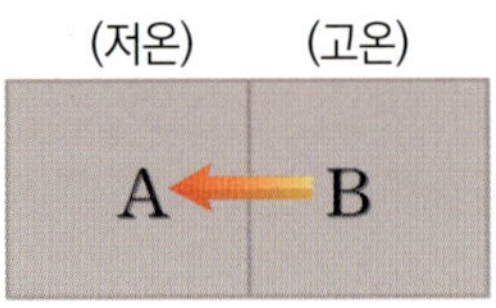

(가) 열의 이동

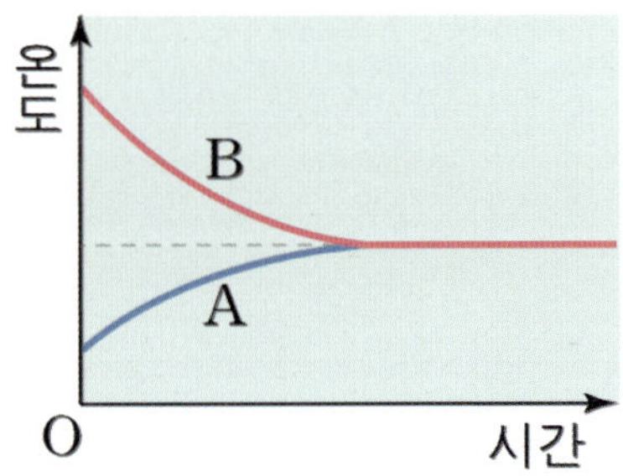

(나) 열 평형 상태

열의 이동 방법

● **전도** : 물질이 직접 이동하지 않고 **물체 내 이웃한 분자들의 연속적인 충돌에 의해 열이 전달**되는 현상, 주로 고체에서 열이 이동하는 방법이다.

- 청진기가 몸에 닿을 때 차갑게 느껴진다.
- 뜨거운 국에 넣어 둔 숟가락이 점점 뜨거워진다.

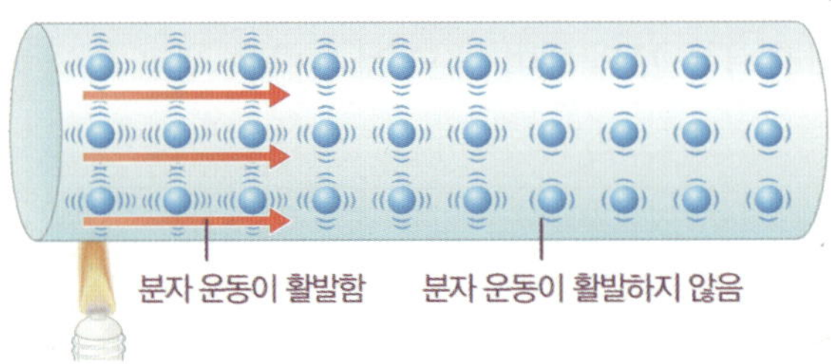

• 물체에 전달되는 전도 열량은 **단면적(A), 온도차(T2-T1), 시간(t)에 비례**하며, **두께(길이 L)에 반비례**한다.

$$Q = kA\frac{(T_2 - T_1)}{L}\,t$$

● **대류** : 액체나 기체 상태의 **분자가 직접 이동하면서 열을 전달**하는 현상

- 주전자 물을 끓일 때, 뜨거워진 아래쪽 물은 위로, 차가운 위쪽 물은 아래로 이동하여 전체 물이 곧 데워진다.
- 에어컨은 위쪽에 설치하고, 난로는 아래쪽에 설치한다.

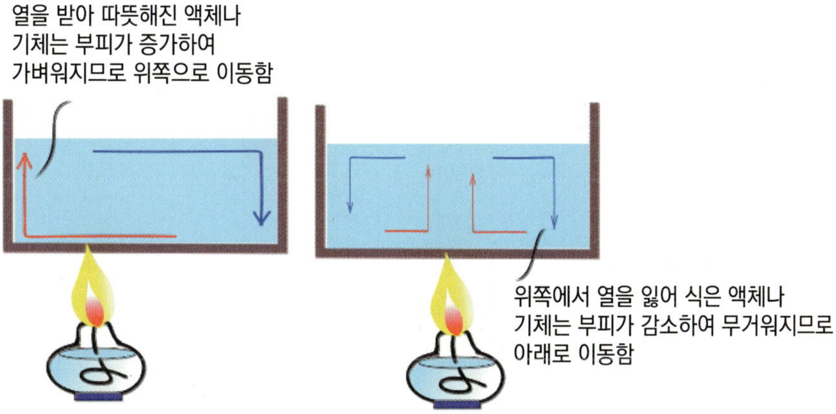

실험. 대류실험 [Home exp.]

[준비물] 우유병 4개, 유리판 20×10 cm(또는 책받침), 장갑

[과정]

- 2개의 빈 우유병에 찬물을 붓고 푸른색 잉크(또는 물감) 1~2방울 떨어뜨린다.
- 또 다른 2개의 우유병에 뜨거운 물(약 60~70도 정도)을 붓고 적색 물감 1~2방울 떨어뜨린다.

[장치]

- 찬 물병 위에 유리판을 얹는다.
- 유리판을 손바닥으로 꽉 눌러 병 입구를 막은 다음, 물이 쏟아지지 않도록 찬 물병을 잘 뒤집어 뜨거운 물병 위에 얹는다.(〈세트A〉)
- 찬 물병을 아래에, 뜨거운 물병을 위로 얹어 〈세트B〉를 만든다.
- 두 세트의 장치를 30분 단위로 관찰해 보자. 두 세트의 장치는 시간에 따라 어떻게 변하는가?

(A: 뜨거운 물, B: 찬물)

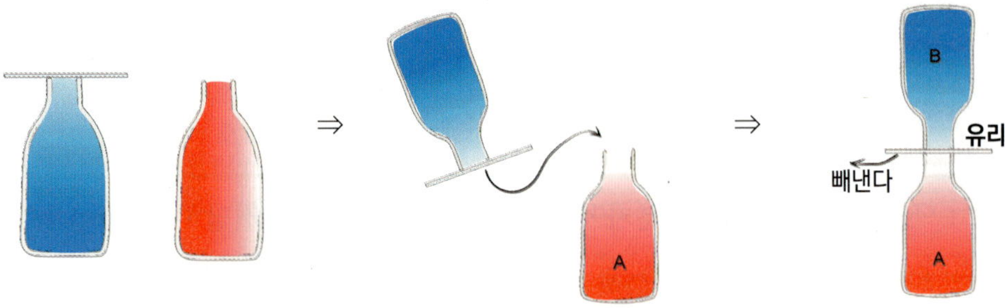

세트A

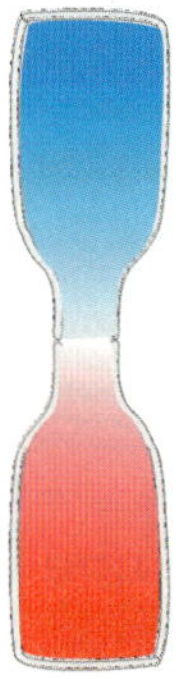

뜨거운 물은 위로, 찬물은 아래로 내려오는 대류가 일어나 잠시 후면 두 색이 섞여 보라색으로 변한다.

세트B

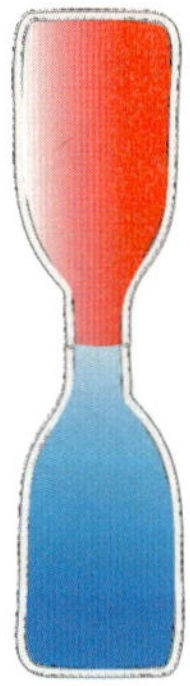

찬물이 아래에 있으면 무거운 물이 아래에, 뜨거운 물은 가벼워 위에 색이 나뉘어진 채로 오랫동안 유지된다.

[고찰]

- 두 세트의 장치를 30분 단위로 관찰해 보자. 두 세트의 장치는 시간에 따라 어떻게 변하는가?

〈안전〉 뜨거운 물병을 만질 때 화상 입지 않도록 장갑을 끼고 물병을 만진다.

● **복사** : 열이 전달 물질을 거치지 않고 파동의 형태로 **직접 전달**되는 현상

• 햇볕을 쬐면 따뜻해진다.
• 전자레인지로 음식을 데운다.
• 난로 주위에서 신문으로 얼굴을 가리면 열이 전달되지 않는다.

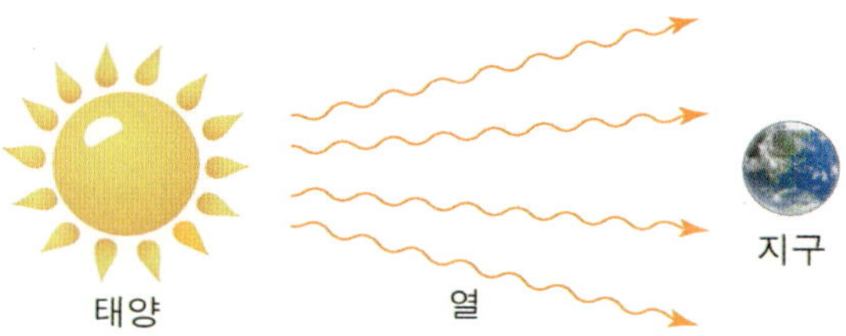

■ 보온병의 구조와 보온 원리

• 가장 안쪽 벽은 은도금 되어 있음
  - 복사에너지 반사, 열이 되돌아 옴
• 이중벽으로 만들어져 있음- 진공 상태임
  - 대류 열 손실 최소화
• 바깥은 플라스틱, 마개는 코르크 마개
  - 전도 열 손실 최소화

한걸음 더

건축 단열재

건축용 단열재로서 가장 흔히 사용되는 재료는 스티로폼 자재일 것이다. 비교적 값이 싸고 열전도도가 대략 0.035 W/mK로 낮기 때문이다. 스티로폼이나 우레탄폼 등 석유화학계 원료를 사용하는 단열재는 구조가 다공질의 공간이 만들어져 공기를 내포하는 구조로 되어 있는데, 공기는 열전도도가 0.025W/mK로 매우 낮아 단열효과가 양호하다.

재료에 따른 열전도도를 보면, 대체로 금속 재질은 가장 높으며, 고체에 비해 액체나 기체는 낮다. 또, 딱딱한 재질보다 다공질의 재질이 열전도도가 낮아 단열이 잘된다. 같은 재질이라도 두께가 두꺼우면 단열이 더 잘된다.

한편, 금속은 열전도도가 높지만 복사 형태로 열이 이동할 경우 표면에서 복사 반사가 일어나 단열효과가 높아질 수 있다. 보온병 안쪽 벽면을 금속 거울면으로 매끄럽게 처리하는 것은 복사 손실을 막기 위한 방법이다.

천연 단열재

단열재는 단순히 열전도도가 낮은 것만이 좋은 것은 아니다. 인체에 무해해야 하고 내구성이 좋아야 한다. 그런 이유로 천연 단열재가 개발되고 있다.

스트로 클레이(straw-clay) 단열재

우리나라 전통 가옥의 벽체에 널리 사용되는 방법으로, 진흙이나 황토에 볏짚을 잘게 썰어 물을 붓고 비벼서 단열재로 사용한다. 실제 흙벽돌을 찍어 벽체에 사용할 수도 있고, 단열 충전재처럼 사용해도 된다. 주변의 자연에서 재료를 쉽게 구할 수 있고 시공 방법도 편리한 장점이 있다. 흙 속에 짚을 넣는 것은 흙벽이 갈라지는 것을 방지하기 위한 방법이지만 경제적, 친환경적이며 열전도도가 우수한 단열재를 만드는 방법이기도 하다.

목섬유 단열재

2017년 산림청 국립산림과학원에서 원목을 잘게 빻아 얇은 섬유처럼 눌러 붙여 단열재를 개발하였다. 이 방법은 친환경 재료인 목재를 원료로 사용하기 때문에 인체의 안전성을 확보할 수 있으며, 화재 발생 시 유해가스가 생성되지 않는다는 장점이 있다. 사용된 접착제의 종류에 따라 열전도율이 0.036~0.039 W/m·K 정도로 우수하다.

볏짚(strawbale) 단열재

볏짚을 매우 큰 압력으로 압착하여 꾸러미로 만든 천연 단열재이다. 조적 벽체로도 사용되지만 벽체와 지붕 단열재로도 사용된다. 압축한 볏짚 꾸러미 안팎으로 황토 미장을 하여 샌드위치 패널의 구조를 만들면 하중을 견디는 튼튼한 벽을 구성할 수 있다. 볏짚만으로는 습기에 약하지만 황토를 발라줌으로써 습기가 스며드는 것을 막아 준다. 또, 볏짚 자체는 화재에 취약하지만 큰 압력으로 압착하여 만들어졌기 때문에 공기를 차단하여 우수한 내연성을 보인다. 열전도율은 0.11W/mK 정도이다. 주변 자연에서 쉽게 구할 수 있어서 비교적 경제적인 단열재이다.

톱밥 단열재

실내의 열을 유지하고 실내에 너무 건조한 공기가 형성될 때 증기를 다시 흡수하고 방출하는 등 습도를 조절하여 건강한 환경을 조성하는 데 도움이 되는 천연의 환경 친화적인 단열재이다. 톱밥은 독성 물질을 방출하지 않을 뿐만 아니라 다양한 종의 목재에서 발견되는 피톤치드로 인해 쾌적한 환경을 만든다. 이러한 천연 단열재는 알레르기 환자에게 좋다. 벽돌 쌓기를 할 때 중간에 넣기도 하고, 흙과 흙 사이에 넣기도 한다. 콘크리트에 톱밥을 일정한 비율로 첨가하여 톱밥 콘크리트를 제조하여 재활용 차원으로 건축에 사용하는 방법도 연구되고 있다.

톱밥을 사용하기 전에 약간의 방부제 처리를 하면 해충, 썩음, 곰팡이 등으로부터 보호할 수 있다. 무엇보다 톱밥 단열재의 큰 장점은 산업용 단열재에 비해 저렴한 비용이다.

열반사 단열재

건축물 내벽이나, 또는 건물 기초를 놓을 때 열반사 단열재를 사용하는 경우가 많다. 재료의 표면이 알루미늄으로 되어 있는데, 공기층을 따라 전달된 열이 거울면 역할을 하여 복사파를 반사시키는 데 유리하도록 되어 있다. 복사 형태로 이동하는 열은 파동으로 전달되기 때문에 열반사 단열재는 열을 반사시켜 단열 효과를 높이는 역할을 한다.

건축에 쓰이는 열반사 단열재, 표면의 알루미늄은 복사열 반사로 높은 열차단 효과가 있다.

[Diy-s.과제 제작의 예]

에코보온병의 제작 사례

- 열반사 단열재인 은박지로 음료수병을 한 겹 두른다.
- 스포츠 타올로 은박지를 두른 음료수병을 다시 둘러 싼다.
- 화장지, 신문지 등으로 다시 채워 전도 손실을 최대한 줄인다.
- 윗부분은 대류에 의한 손실을 줄이기 위해 화장지를 사용하여 채운다.
- 단열재로 둘러싼 음료수병을 페트병 속에 끼우고 페트병 뚜껑을 덮는다.

〈단열효율측정〉 MBL 장비로 측정하기 [선생님과 함께]

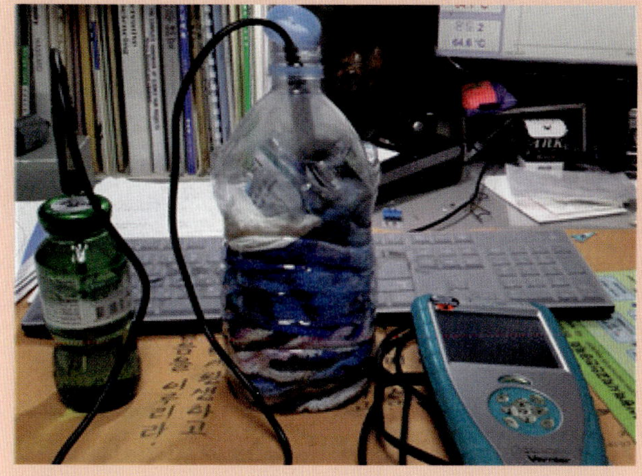

[준비물]

PC, MBL장비, 온도 센서, S/W. 빈병, DIY 보온병, 뜨거운 물

[과정]

- MBL 장비의 SW PC화면 준비
- 인터페이스 포트1은 온도센서1(DIY 보온병)에, 포트2에는 온도 센서2(음료병)에 연결한다.
- 뜨거운 물을 동시에 붓고 뚜껑을 닫는다.
- S/W에서 작동을 시작한다.

〈측정 예〉 단열 비교

측정 그래프는 다음과 같다.

⇒ 제작한 보온병 속 물의 온도 변화(청색)는 완만하게 하강하는 반면, 보온재를 사용하지 않은 음료수병 속 물(적색)의 온도는 변화 폭이크다. 보온재를 사용한 쪽이 단열이 우수함을 알 수 있다.

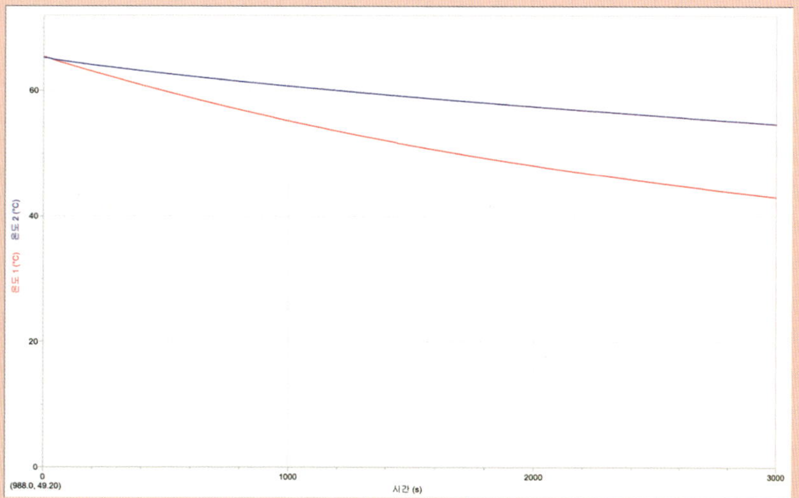

〈적용〉 가옥의 보온, 옷감의 보온 기능

- 가옥의 보온이 잘 된다는 것은(좋은 단열재를 써서),
  방안 따뜻한 공기가 단열(열 차단)이 잘 되어 바깥으로 이동이 더디게 일어난다.

- 옷감의 보온이 잘 된다는 것은(좋은 단열 옷감을 써서),
  내부 열(체온)이 바깥으로 더디게 이동한다.

DIY-Science

텐세그리티 구조물 만들기

DIY Science 아이디어

줄과 막대만으로 구조물을 만들 수 있을까? 어떤 구조물이든 인장력과 압축력을 적절히 이용해 균형과 안정을 유지한다. 텐세그리티는 적은 재료로 안정된 구조물을 만들 수 있다는 특징을 가진다.

텐세그리티 구조물을 만들어 봄으로써 과학적 호기심을 기르고 그 역학적 안정 원리를 이해함으로써 실생활 속 과학적 문제에 관심을 갖게 할 수 있을 것이다.

한걸음 더 나아가 텐세그리티 응용 구조물을 발상해보게 함으로써 창의적 아이디어를 얻는 과정을 터득할 수도 있을 것이다.

[평가기준]

평가 준거	수 준		
	상	중	하
줄과 막대만으로 튼튼한 구조물을 제작하는가?	주어진 재료를 써서 튼튼한 구조물을 스스로 만든다.	구조물을 만들지만 튼튼하지 못하다.	구조물을 만들지 못한다.
작품은 **창의적**인가?	개선점을 찾아 창의적으로 설계할 줄 안다.	개선점을 찾지만 창의적이지 못함	개선점을 찾지 못하고 창의적이지 못함
원리 설명은 **논리적**인가?	개념 원리를 제대로 잘 설명한다.	개념 원리를 일부만 알고 있다.	원리를 잘 모른다.
서로 **협동**하는가?	조원들끼리 잘 협동함	보통 수준	협동이 이루어지지 않음

SCIENCE DIY cafe.daum.net/hiphys

텐세그리티 구조물 만들기

〈과제〉

○ 볼박스와 실을 이용하여 공중에 떠 있는 구조물을 만들어 보자.

○ 텐세그리티 구조물이 작동하는 과학 원리를 탐구해 보자.

○ 개선점을 찾아 창의적인 장치를 새로 설계해 보고 제작해 보자.

DIY과제 텐세그리티 구조물 만들기

이 활동을 하면…

- 가는 줄과 막대만으로 공중 부양 구조물을 만들 수 있다.
- 텐세그리티 구조물의 작동 원리를 알 수 있다.
- 다양한 텐세그리티 응용 구조물을 설계할 수 있다.

DIY활동 텐세그리티 구조물을 만들어 보자.

준비물

볼박스(또는 발사목), 글루건, 실, 송곳, 자, 칼, 가위, 이쑤시개, 일회용 접착제, 기타

준비물 가이드

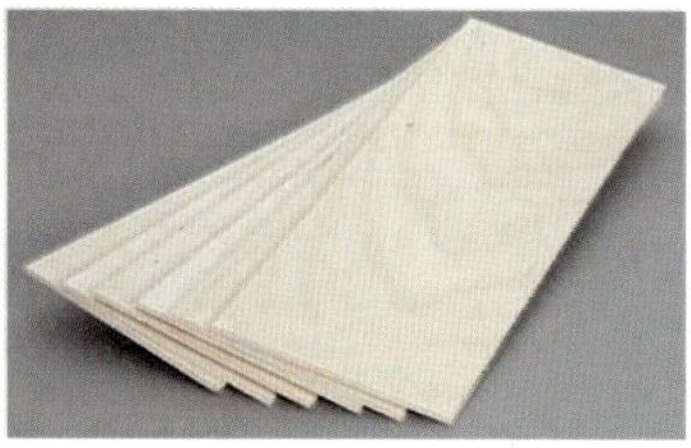

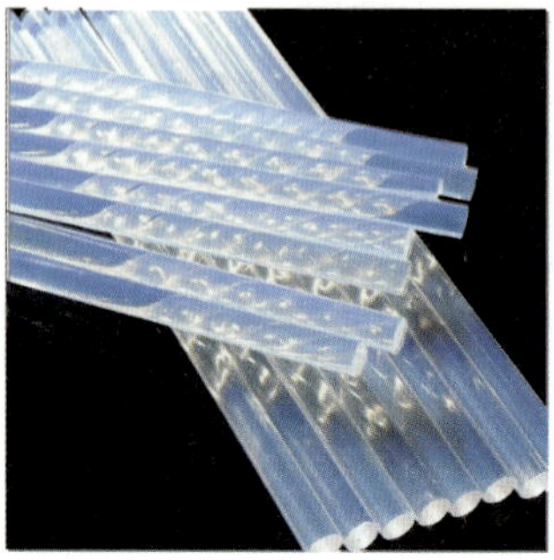

제작과정

- 정삼각형 아랫판 만들기
- 사선 팔을 만들어 아랫판에 세우기
- 똑같은 방법으로 윗판 만들고 사선 팔 세우기
- 두 세트를 실로 연결하기
- 윗판, 아랫판을 세우기

재단하기

볼박스를 재단하여 아랫판, 윗판, 아랫팔, 윗팔 등 재료를 준비한다.

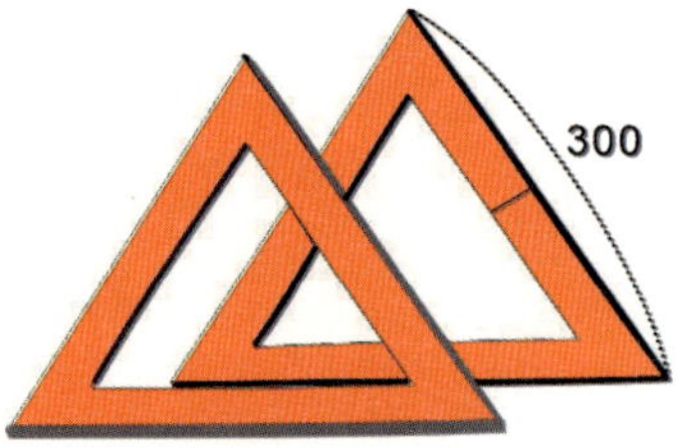

윗판, 아랫판
정삼각형

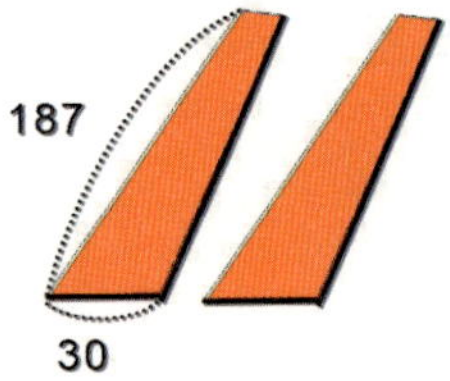

윗팔, 아랫팔

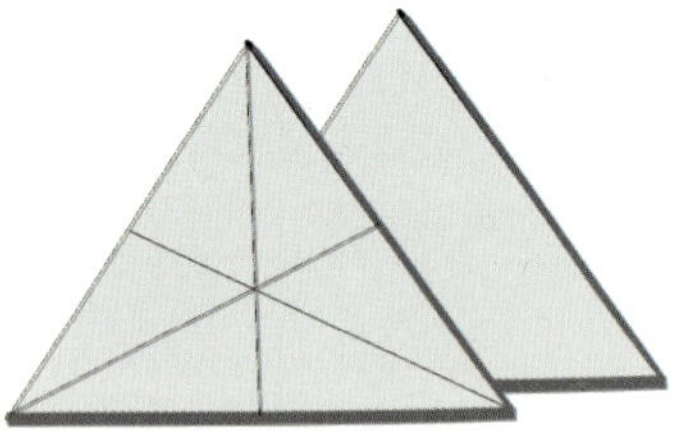

무게중심표시판
상, 하

● 조립하기

아랫판 삼각형 한 변의 가운데에 아랫팔을 글루건으로 비스듬하게 붙인다. 윗판도 마찬가지로 윗팔을 아래로 비스듬하게 붙인다. 무게 중심을 고려하여 윗팔이 약간 길다.

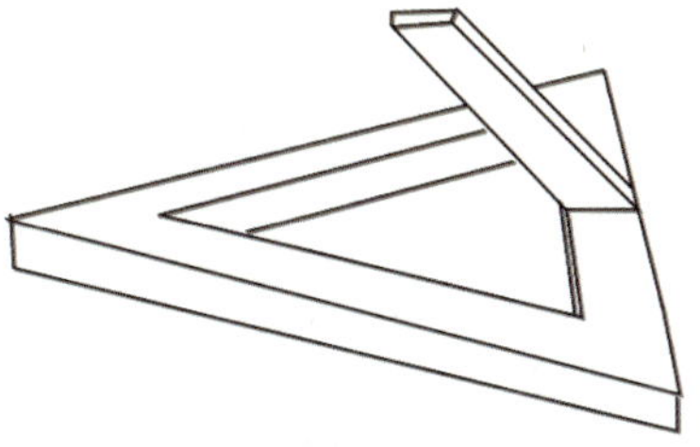

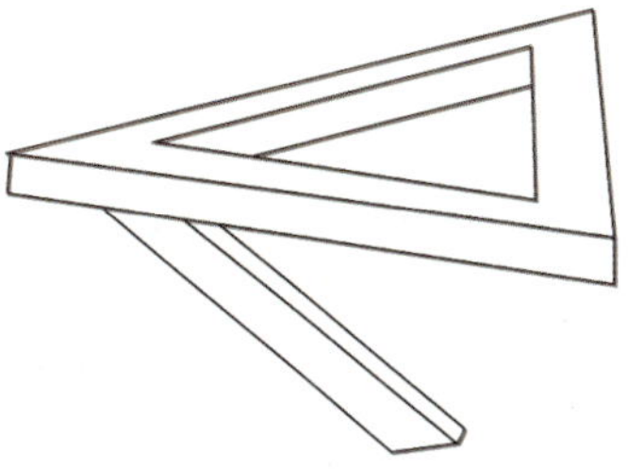

● 실 연결하기

- 윗팔과 아랫팔 사이에 중심 실을 연결한다. 윗판과 아랫판 사이에도 지탱 실을 연결한다. 4군데 실이 어느 한 곳도 느슨하지 않아야 한다.
- 윗판 무게중심, 윗팔 끝, 아랫팔 끝, 아랫판 무게 중심이 일직선으로 관통하도록 실을 끼운다.
- 실이 꼬이지 않도록 세운다.
- 무게 중심 표시판을 아랫 판과 윗 판에 부착한다.

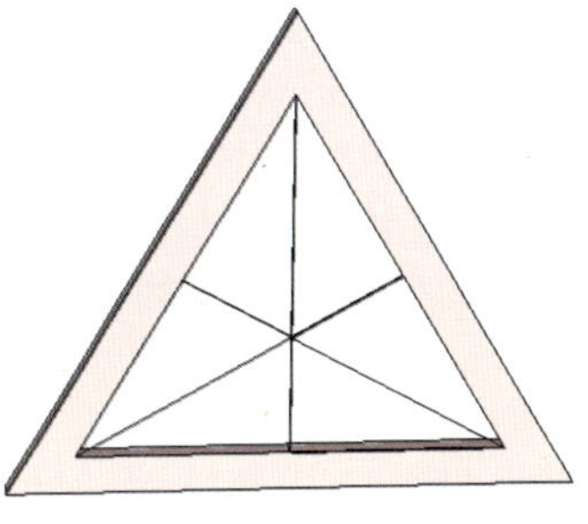

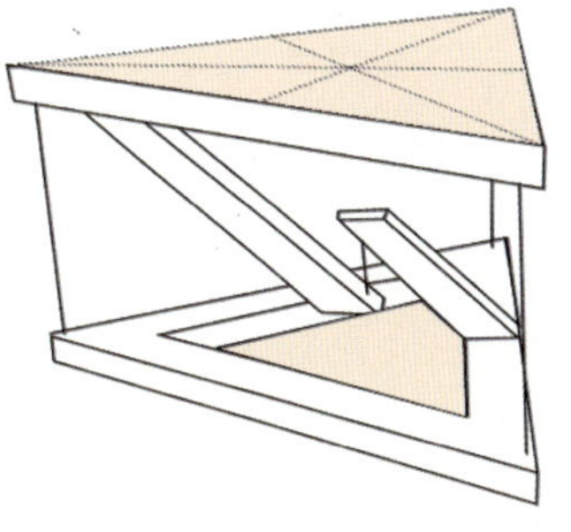

[DIY-Tip] 윗판, 아랫판을 눕혀 놓고 바늘에 실을 꿰어 두 판을 연결한다. 이 때 실을 연결할 때 송곳으로 구멍을 뚫고 이쑤시개를 끼운 다음 길이를 조절하고 일회용 접착제로 마감하면 구조가 정교하게 만들어진다.

DIY-s.탐구 **텐세그리티 구조물 탐구**

실험. 무게중심 구하기

[준비물] 나무젓가락, 실, 하드보드지, 가위 또는 칼

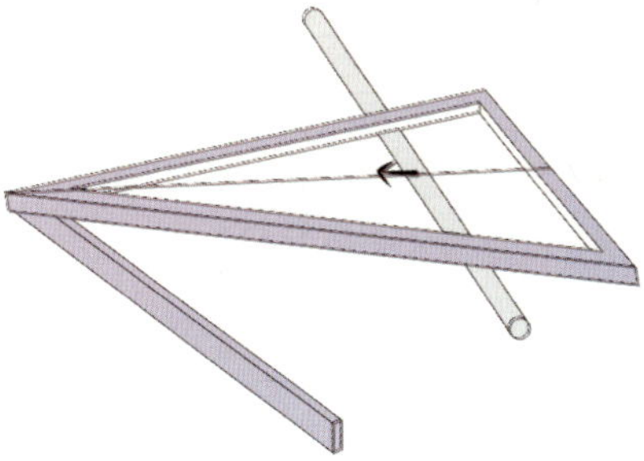

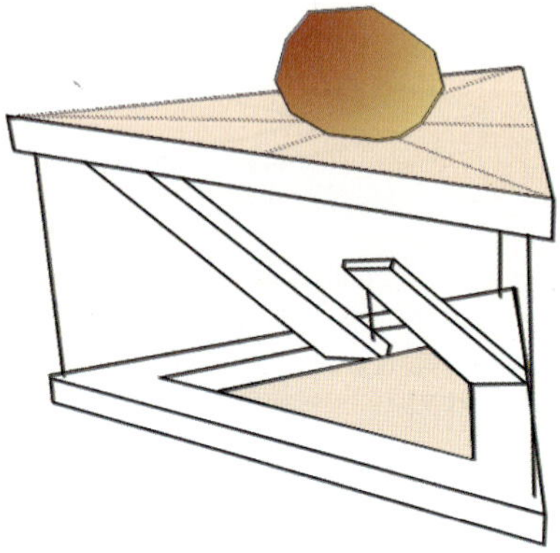

[과정]

- 구조물의 상체를 젓가락 위에 올려 좌우로 젓가락을 움직여가면서 평형을 이루는 지점을 찾아보자.
- 구조물 위에 무게중심점을 표시한 상판을 깔고 가벼운 물체부터 차츰 무거운 물체를 조심스럽게 올려보자.

[고찰]

□ 무너지는 이유, 무너지지 않는 이유를 찾아보자.
□ 구조물이 무너지지 않도록 하기 위해 보완하는 방법을 찾아보자.
□ 가장 안정된 지점을 찾아 표시하고 그 주변을 손가락으로 살짝 눌러가면서 힘을 살펴보자.
□ 가장 큰 힘을 견디는 지점은 어디인가?
□ 구조물이 안정을 유지하는 데 필요한 힘을 설명해 보자.
□ 구조물이 균형을 잃는다면 구조물을 어떻게 보완해야 더 잘 견디는 구조물을 만들 수 있을까?

개선점 찾기

텐세그리티 구조물이 안정을 유지하기 위해 개선할 점은 무엇인가?

창의설계

응용 구조물에 도전해 보자.
(예: 공중부양 휴대폰 거치대, 독서대를 만들어 보자.)

고쳐 만들기

개선할 점을 보완한 창의설계에 따라 텐세그리티 구조물을 고쳐보자.

개념 · 원리 텐세그리티 구조물의 과학 원리

tensegrity란?

텐세그리티는 수학자, 발명가, 건축가인 Fuller에 의해 1961에 처음 제안되었다. 이 말은 줄의 장력이라는 'tension'과 '완전한 상태'의 뜻을 가진 'integriy'의 합성어인데, 이것은 평형상태에 있는 압축력과 인장력을 가진 요소 즉, 막대와 줄로 구성되어진 구조물을 의미한다. 어떤 두 압축력 요소도 서로 만나지 않고 구조체를 만들기 위해 압축력과 인장력이 균형을 맞추는 원리이다.

텐세그리티는 적은 재료로 안정된 구조물을 만들 수 있는 특징을 가진다. 일반 구조물에 비해 적은 재료로 가볍고 경제적인 구조물을 만들 수있다. 텐세그리티 공법으로 강철관과 케이블을 이용해 교량, 건축물 등 거대한 구조물도 만들어지고 있다. 또, 생물 세포에도 많이 적용되어 왔다.

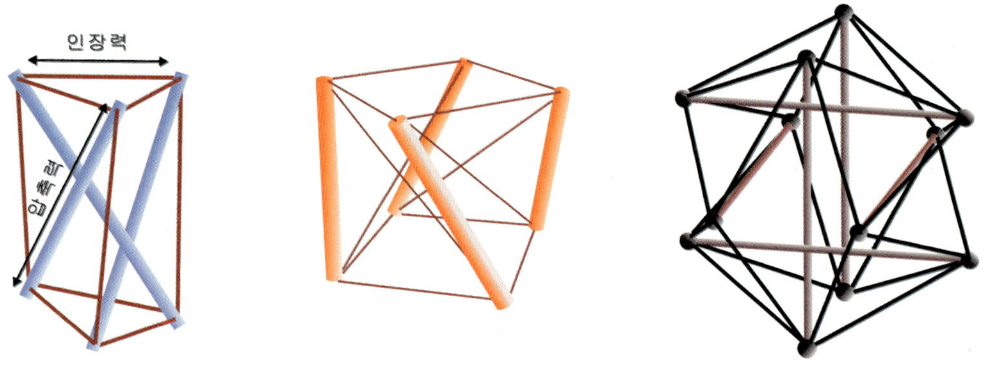

생물 세포의 텐세그리티 구조

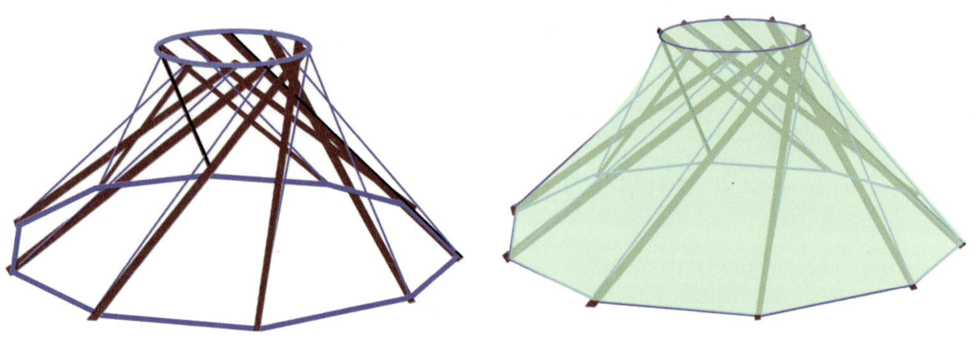

Burning Man Festival 작품 [출처:Greg Blanpied]

힘의 평형

〈조건1〉 **힘의 크기가 같고 반대 방향으로 작용한다.**

물체를 실에 묶어 손으로 잡아당긴 채 물체가 위로 올라가지도, 아래로 내려가지도 않고 멈추어 있다면, 중력과 장력이 비기는 상태, 즉, 두 힘의 평형 상태에 있다고 한다. 이 때 무게 W와 **장력 T의 합력은 0이 된다.**

$$W = -N,$$

$$W + N = 0$$

〈조건2〉 **어느 쪽으로도 기울어지지 않아야 한다. [회전평형]**

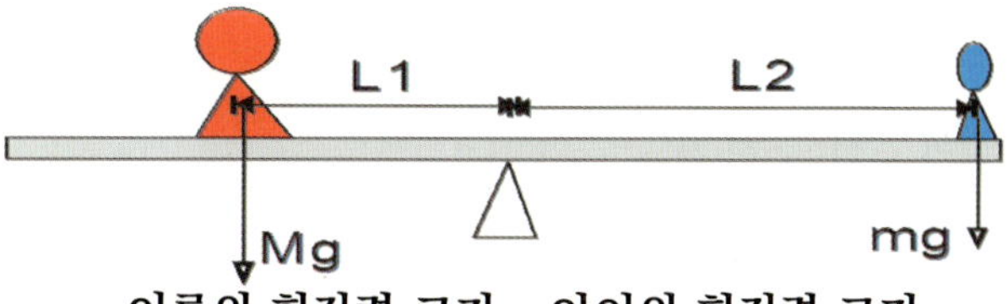

어른의 회전력 크기 = 아이의 회전력 크기

회전력이란?

힘의 팔 × 무게

즉, 어른의 회전력은,

어른 위치(중심에서 거리 L1) × 어른의 몸무게(Mg), (반시계 방향으로 회전)

아이의 회전력은,

아이의 위치(중심에서 거리 L2) × 아이의 무게(mg), (시계 방향으로 회전)

회전평형이 될 조건은,

두 회전력의 크기가 같고 방향이 반대이면 된다.

무게 중심 구하기

불규칙한 물체의 무게중심 구하기

- 물체의 임의의 한 점에서 실을 맨 추를 늘어뜨려 선을 긋는다.
- 또 다른 한 점에서 같은 방법으로 선을 그어 만나는 점을 표시한다.
- 같은 방법으로 세번째 선이 만나는 점을 이으면 무게중심을 얻을 수 있다. P점이 무게중심이다.

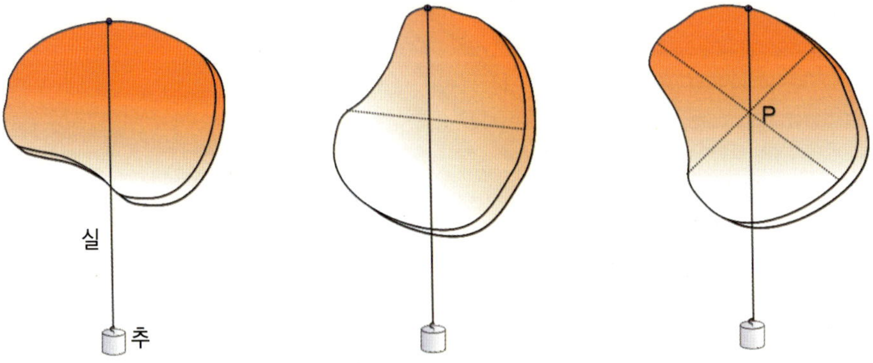

정삼각형(윗판) 무게중심 구하기

- 한 꼭지점에서 맞은 편 변에 수선을 내린다.
- 다른 두 꼭지점에서도 수선을 내려 세 선이 만나는 점이 무게중심점이다.

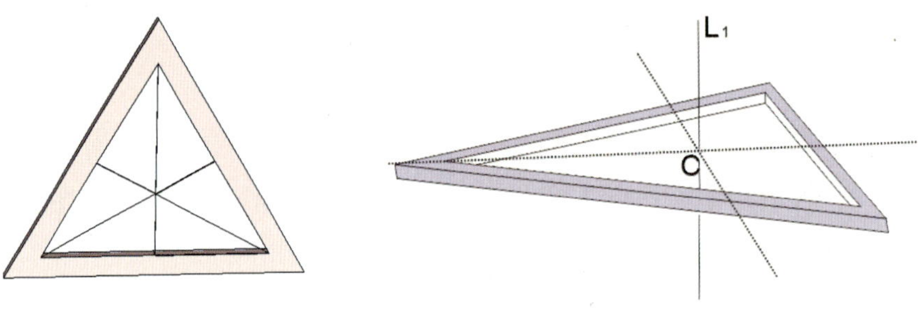

팔이 달린 상체의 무게중심축 구하기

- 상체의 무게중심축은 팔이 달려 있기 때문에 아래그림에서 C의 중심축 L_1보다 왼쪽에 있다. l선 위의 한 점을 지난다.
- 상체를 나무젓가락 위에 올려 놓고 균형을 잡아 상판의 무게중심점 O를 잡을 수 있다.
- O점에서 수선을 내리면 상체의 무게중심축 L_2를 구할 수 있다.

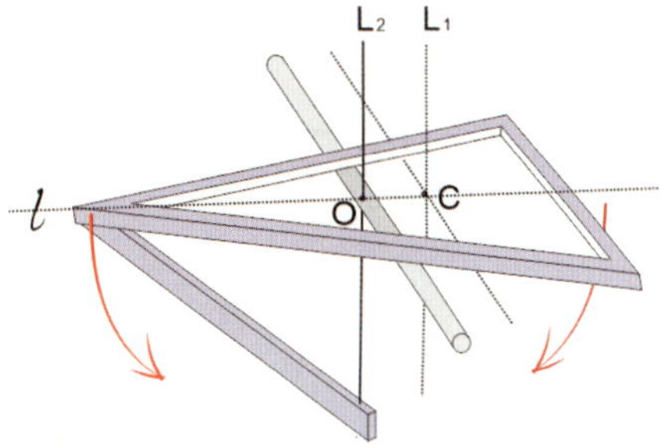

상체의 무게중심선 L_2에서 좌우 회전력의 크기는 같아진다.

tensegrity의 안정 원리

〈평형력〉

- 상부 구조물이 받는 힘은 하방의 중력(W)
- 하부 구조물이 당기는 힘, 인장력(T)

$W = -T,\ W + T = 0$

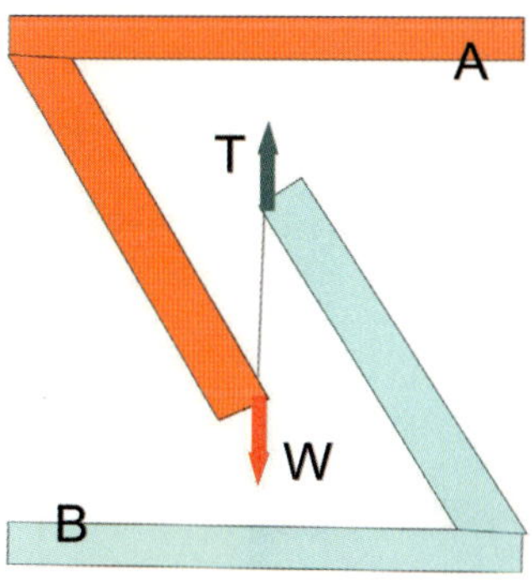

〈회전평형〉

윗판에는 그 모서리 세 군데에 지탱 실로 연결되어 있다. 장치는 줄로써 하중을 견디게 하였으므로, 윗판에 하중이 가해지면 중심 줄은 인장력이 가해져 하중을 지지하는데, 줄이 하나이기 때문에 안정적으로 평형을 유지하기 어렵다. 이때 나머지 모서리 지탱 줄은 느슨해진다. 윗판의 무게중심점에 물체가 놓이면 넘어지지 않지만 무게중심을 벗어나면 회전력이 작용하여 균형을 잃게 된다.

이때 기울어지는 쪽 반대편 모서리 줄에 인장력이 작용하고 반대 방향으로 회전력이 생겨 더 이상 쓰러지지 않게 된다.

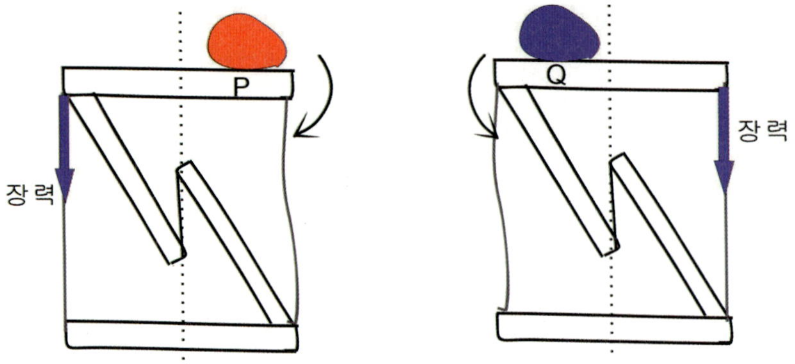

- P에 물체가 놓여 있으면 좌측 지탱줄이 장력을 받으며 물체가 안정 유지
- Q에 놓이면 우측 지탱줄이 장력을 받아 물체가 안정을 유지한다.

장치 보완

장치가 더 큰 하중에 견디려면…

장치에 큰 하중이 가해지면 장치 자체 무게와 하중은 중심 줄의 인장력으로 평형을 유지하며 윗판과 팔, 아랫판과 팔에 압축력이 크게 작용하여 구조물이 파손된 우려가 있다.

- **부재** - 두 판과 팔 사이 꺾이는 모서리에 덧대기 부재를 첨가할 필요가 있다. 이 두 곳에 부재를 덧대어 밑판과 팔, 아랫판과 팔 사이에도 삼각 구조를 만들어주면 파손을 방지할 수 있다.

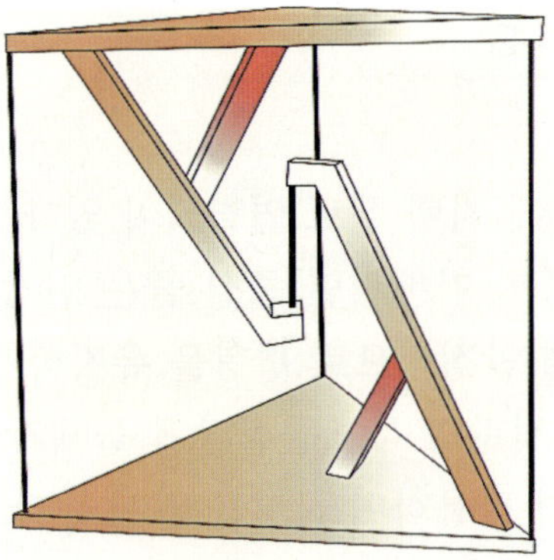

• **줄** - 딱딱한 줄이 좋으며, **팽팽하게 당겨서 조인다.**
• 스프링 탄성력 추가-지탱 줄에 스프링을 끼운다.
하중이 커지면 중심 줄에는 장력이 수직으로 작용하지만 나머지 세 줄은 느슨해지면서 기울어질 수 있으므로, 느슨해지지 않도록 하려면 세 모서리에 실을 끼울 때 용수철 탄성을 이용하여 그 복원력으로 기울어지는 현상을 다소나마 감소시킬 수 있다.

• **상판 위에 물체를 무게중심 위치에 놓는다.** 회전력이 적게 생기므로 안정된다.
• 밑판을 더 넓게, 윗판을 좁게 만들어 세 귀 모퉁이에 줄을 비스듬하게 연결해 보면 안정을 유지하는 데 유리하다.

좀 더 무거운 하중에 도전해 보자!

하중이 무거운 물체를 견디는 텐세그리티 구조는 줄과 프레임이 장력과 압축력에 부서지지 않을 정도로 튼튼해야 한다.

한걸음 더 텐세그리티 건축

텐세그리티의 기술은 동일한 양의 재료를 썼을 때 다른 구조물에 비해 더 큰 하중을 견디며 탄성을 가지고 있기 때문에 하중을 분산시켜 안정적으로 지지할 수 있고 지진이나 진동같은 외부적인 힘에 유연한 반응을 보인다는 점 등의 이유로 건축에서도 사용되고 있다.

아래 그림은 Burning Man festival에서 창작한 작품이다. 심플하게 디자인되었고, 짧은 기간에 조립되었다. 이것은 휴식과 휴양을 위한 용도로 몇 개의 사우나 텐트로 구성되어 있다.

또 다른 예로 호주 브리즈번의 쿠릴파 다리는 텐세그리티 구조로 세워진 세계 최대의 교량이다.

텐세그리티 구조물에 숨은 기술적 원리는 연속적 인장력의 연결 안에서 압축력을 받는 고립된 요소(재료)들이 균형을 유지한다는 점이다. 이것은 한 개의 지지점에 의존하기보다는 오히려 건축물이 하중을 건축물 전체에 균등하게 분배하도록 해줌으로써 힘의 평형을 이룬다.

Burning Man festival 작품(Greg Blanpied)

호주 브리즈번의 쿠릴파 다리

[3D설계] 텐세그리티 구조물 칫수
(재료 : 나무 또는 발사목)

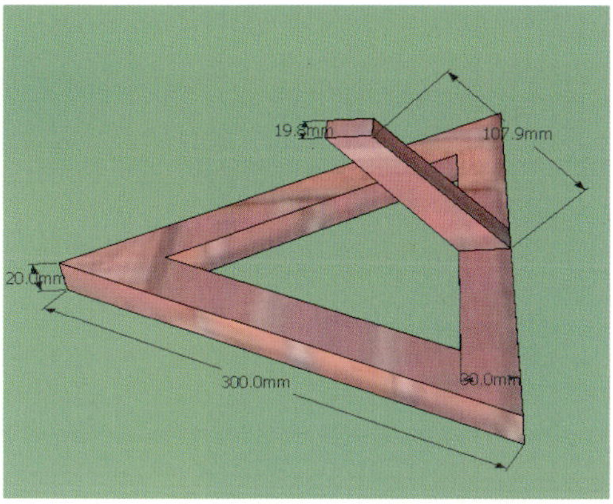

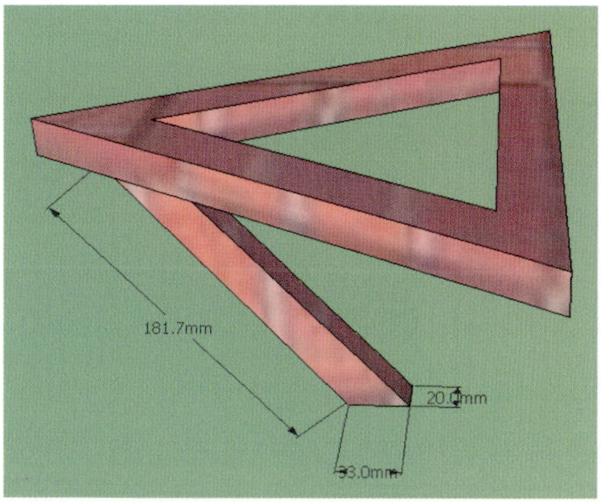

삼각 밑판과 경사진 팔의 각도: 50도

DIY-Science

공중부양 화분대 만들기

DIY Science
아 이 디 어

텐세그리티의 최대 장점은 발상의 전환, 고정관념의 타파에 있다. 건축에서는 일반적으로 하중을 떠받치기 위해 목재나 시멘트 기둥을 사용하여 압축력에 대비한다. 이런 고정관념을 깨고 하중을 받치기 위해 기둥 대신 줄을 사용한다면?

텐세그리티 화분대를 만들어 봄으로써 과학적 호기심을 기르고 그 안정 원리를 이해함으로써 실생활 속 과학적 문제에 관심을 갖게 할 수 있을 것 같다.

한걸음 더 나아가 텐세그리티 응용 구조물을 발상해보게 함으로써 창의적 아이디어를 얻는 과정을 터득할 수도 있을 것이다.

[평가기준]

평가 준거	수 준		
	상	중	하
줄과 막대만으로 튼튼한 화분대를 제작하는가?	주어진 재료를 써서 튼튼한 화분대를 만든다.	주어진 재료로 화분대를 만들지만 튼튼하지 못하다.	화분대를 만들지 못한다.
작품은 **창의적**인가?	개선점을 찾아 창의적으로 설계할 줄 안다.	개선점을 찾지만 창의적이지 못함	개선점을 찾지 못하고 창의적이지 못함
원리 설명은 **논리적**인가?	개념원리를 제대로 잘 설명한다.	개념 원리를 일부만 알고 있다.	원리를 잘 모른다.
서로 **협동**하는가?	조원들끼리 잘 협동함	보통 수준	협동이 이루어지지 않음

SCIENCE DIY
cafe.daum.net/hiphys

공중부양 화분대 만들기

〈과제〉

○ 튼튼한 재료를 이용하여 공중에 떠 있는 화분대를 만들어 보자.
○ 공중 부양 구조물이 작동하는 과학 원리를 탐구해 보자.
○ 개선점을 찾아 창의적인 장치를 새로 설계해 보자.

DIY과제 공중부양 화분대 만들기

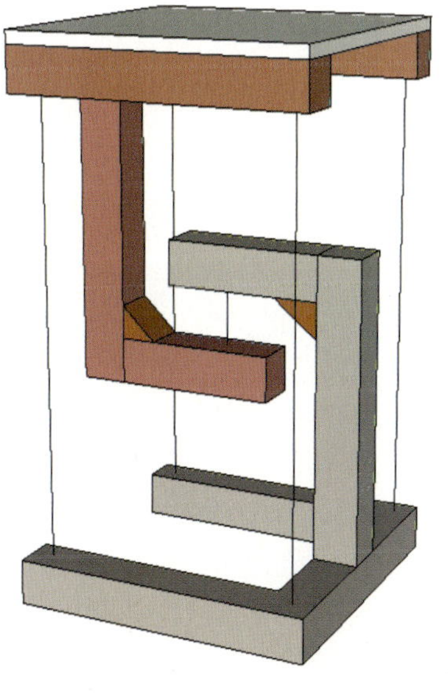

이 활동을 하면…

- 화분 무게를 견디는 텐세그리티 구조물을 만들 수 있다.
- 텐세그리티 구조물의 작동 원리를 설명할 수 있다.
- 다양한 텐세그리티 응용 구조물을 설계할 수 있다.

DIY활동 공중부양 화분대를 만들어 보자.

준비물

발사나무, 실(또는 낚시줄), 송곳, 자, 칼, 글루건, 화분(소형), 기타

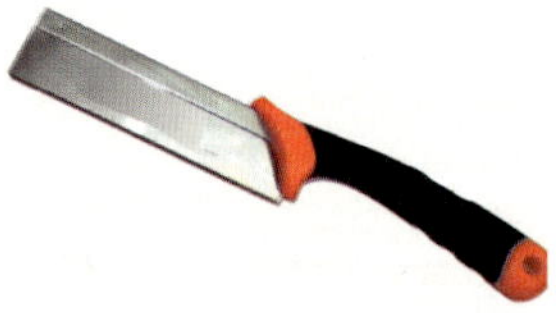

제작방법

- ㄷ자형 아랫판 만들기
- 기둥을 만들어 아랫판에 세우기
- 팔 만들어 기둥 끝에 연결하기
- 똑같은 방법으로 윗판 만들기
- 두 세트를 실로 연결하기
- 윗판, 아랫판을 세우기

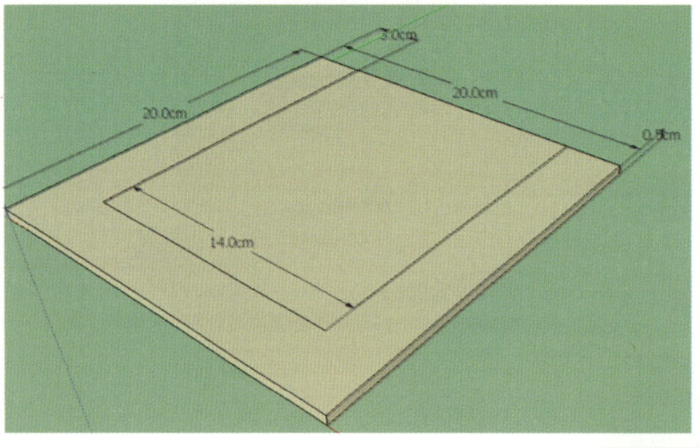

발사나무 판목을 두 장 준비

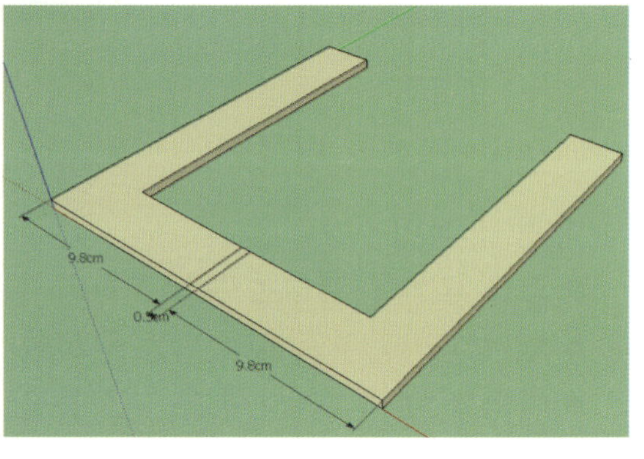

발사나무를 ㄷ자 모양으로 잘라 밑판을 만든다.
같은 크기로 두 개를 만든다.

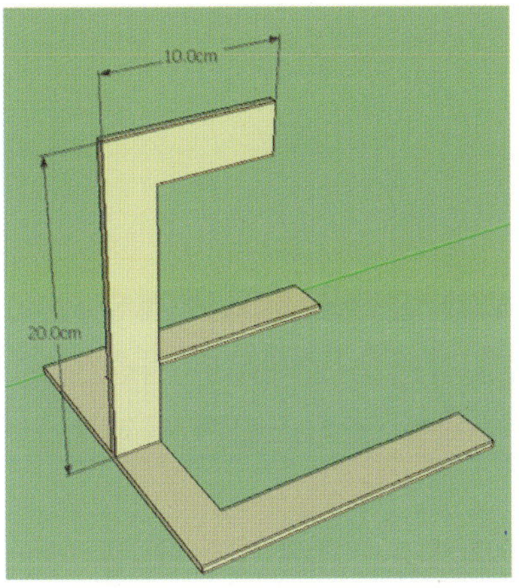

ㄱ자 모양으로 기둥과 팔을 두 개 만든다.

밑판 아랫판을 똑같은 크기로 두 개 만들고 송곳으로 실이 꿰어질 위치에 구멍을 뚫는다.

실을 연결하여 완성시킨다.

완성된 화분대

[DIY-Tip] 윗판 아랫판 사이에 스티로폼을 끼운 다음 실을 꿰어 두 판을 연결하면 편리하게 실을 연결할 수 있다. 이 때 송곳으로 구멍을 뚫고 이쑤시개를 끼운 다음 길이를 조절하고 일회용 접착제로 마감하면 구조가 정교하게 만들어 진다.

[DIY-Tip] 기둥과 팔을 따로 만들어 붙이지 말고 ㄱ자 모양의 팔로 만들면 더 견고하게 만들 수 있다.

DIY-s.탐구 공중부양 화분대 탐구

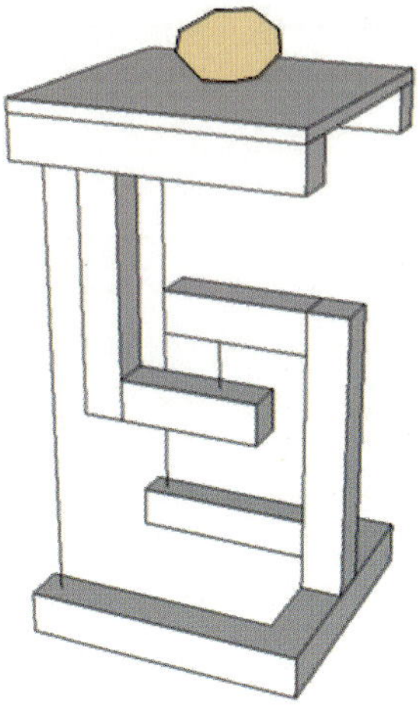

[과정]

- 구조물 위에 상판을 깔고 무게중심 위치에 가벼운 물체부터 차츰 무거운 물체를 조심스럽게 올려보자.
- 상판 위 무게중심점을 벗어난 곳에 무게를 올려놓고 살짝 실을 당겨 보자.
- 무너지는 이유, 무너지지 않는 이유를 찾아보자.

[고찰]

□ 상판 위에 가벼운 물체부터 차츰 무거운 물체를 얹어 보자. 어떤 경우에 구조물이 균형을 잃게 되는가?

□ 구조물이 안정을 유지하기 위해 어떤 보완이 필요할까?

□ 무게중심점을 벗어난 위치에서 실의 장력의 크기는 어떻게 다른가?

□ 화분을 올려 놓으려면 구조물을 어떻게 보완하여야 할까?

개선점 찾기

안정을 유지하기 위해 개선해야 할 점을 찾아보자.

창의설계

자석을 이용한 텐세그리티 구조물

[예] 공중 부양 자석 화분대를 설계해 보자.

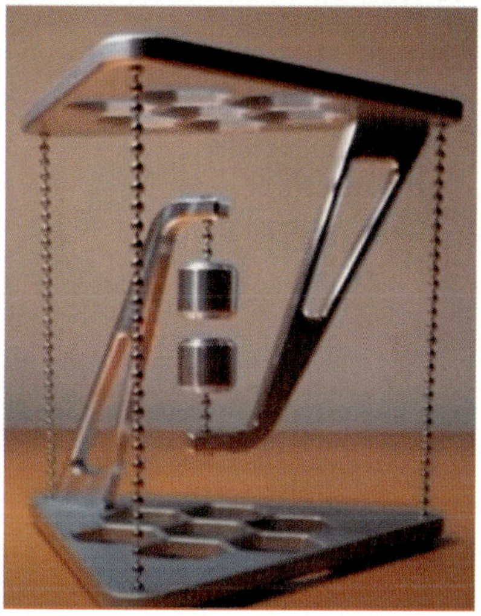

고쳐 만들기

창의설계대로 개선점을 보완하여 공중부양 화분대를 고쳐보자.

개념·원리 공중부양 화분대의 안정 원리

무게중심 구하기

- 밑판을 세워 놓으면 좌우 대칭이므로 무게중심은 대칭축 상에 놓인다.
- 구조물을 잘라 임의의 한 점에서 실을 맨 추를 늘어뜨려 구조물의 표면에 선을 긋는다. 또 다른 한 점에서 같은 방법으로 선을 그어 만나는 점을 표시한다.
- 세번째 선이 만나는 C점이 무게중심이다.

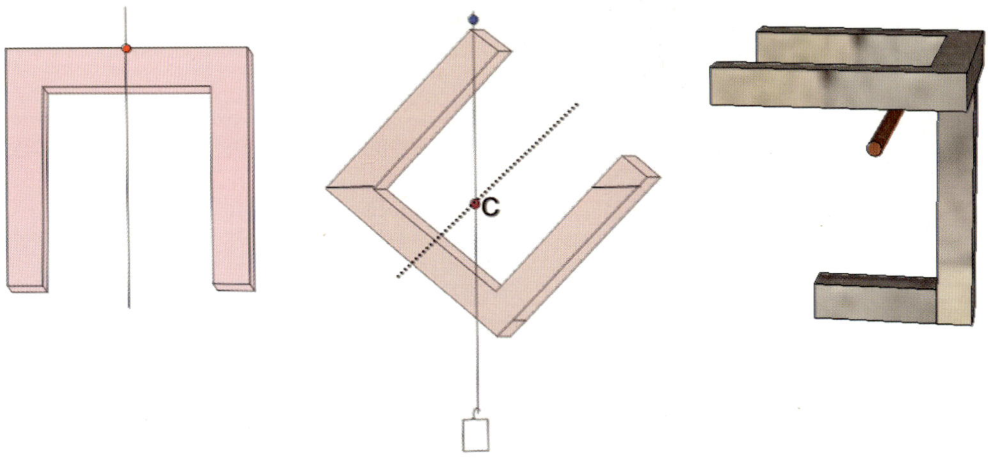

압축력과 인장력

압축력(compressive force)은 물체에 압력을 가하여 부피를 줄이려는 힘 또는 축 방향으로 작용하여 물체를 압축시키는 힘이다.

또, **인장력**(Tension)이란 물체 양끝에서 당겨지는 단위 면적 당 힘을 말한다. 인장력의 단위는 N/㎡로, 압력의 단위와 같다.

예를 들어, 기둥에 보가 올라 있는 구조물에서 기둥은 압축력을 받는다고 한다. 또, 크레인의 와이어에 하중을 매고 끌어 올릴 때 와이어는 인장력을 받는다고 한다.

동일 물체 안에서도 하중을 받는 위치에 따라 압축력과 인장력이 동시에 작용하는 수도 있다. 보에 무거운 하중이 올려져 변형이 일어날 때 보의 윗면은 압축력이 주어져 안으로 변형이 일어나고 아랫면은 인장력이 주어져 바깥으로 변형이 일어난다.

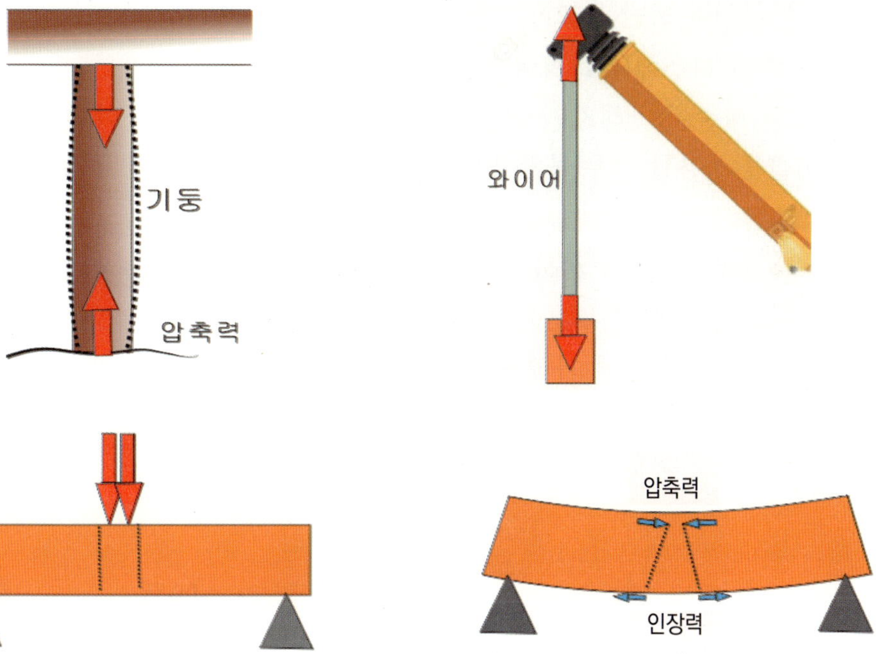

압축력과 인장력

공중부양 화분대의 안정 원리

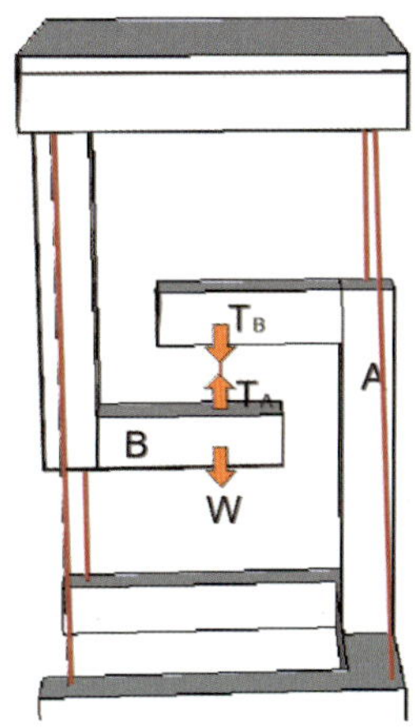

상부 구조물(B)의 무게(W)는 하부 구조물(A)이 중심 실로 연결되어 당기는 장력(T_A)과 크기가 같고 방향이 반대이므로 평형을 이룬다.

또, A, B는 끝이 윗판, 아랫판에 지탱 줄로만 연결되어 있으므로 상부구조물(B)을 지지하는 압축력이 작용하지 않는다.

하중이 가해지면 중심 줄은 인장력이 가해져 하중을 지지하지만 줄이 하나이기 때문에 안정적으로 평형을 유지하기 어렵다. 이 때 나머지 모서리의 지탱 줄은 느슨해진다. 상판 위 무게중심 선에 물체가 놓이면 쓰러지지 않지만 무게 중심을 벗어나면 회전력이 작용하여 평형을 잃어 기울어지게 된다. 상판 무게중심점을 기준으로 그 놓이는 위치에 따라 시계 방향 또는 반시계방향으로 회전력을 받는다. 시이소 작동 원리와 같다.

이를 대비해 기울어지는 쪽 반대편 지탱 줄에 인장력이 작용해 더 이상 쓰러지지 않게 한다.

장치의 약점을 보완해 보자.

장치가 더 큰 하중에 견디려면…

장치에 큰 하중이 가해지면 기둥과 팔 사이가 약하여 구조물이 파손될 우려가 있다. 또, 3줄을 사용할 경우 물체를 무게중심에서 벗어난 위치에 두게 되면 균형을 잃게 된다.

• **부재** -기둥과 팔 사이 꺾이는 모서리에 재료 덧대기. 장치는 가장 기본적인 구조이므로 역학적으로 약한 구조이다. 일차적으로 하중은 중심줄에 가해지고 팔을 통해서 기둥과 접촉부에 힘이 가해져 회전력을 주므로 파손될 우려가 있다. 이 두 곳에 삼각 부재를 덧댄다. ㄷ자형의 밑판과 기둥, 윗판과 기둥 사이에도 삼각부재를 덧대면 파손을 방지할 수 있다.

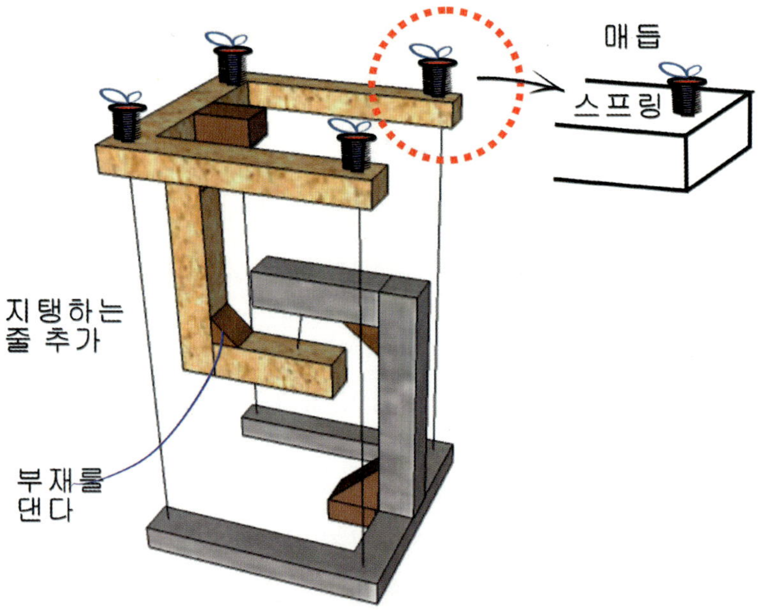

• **줄** - 굵은 줄 4개를 쓴다. 또, 최대로 팽팽하게 당겨서 조인다.

장치는 ㄷ자형의 상판 위에 얹힐 물체가 오른쪽으로 치우치면 상판이 오른쪽으로 기울어지므로 왼쪽의 두 줄이 인장력이 작용하여 안정을 유지한다. 왼쪽으로 치우치면 오른쪽 줄의 인장력으로 안정을 유지한다. 따라서 지탱 줄 두 개를 추가하는 것이 좋다. 또, 하중이 크면 줄이 느슨해 지므로 최대한 팽팽하게 당겨서 조여야 한다. 굵은 줄을 쓰면 기울어질 때 인장력이 커 안정적이다.

• **스프링 탄성력 추가** - 모서리 줄에 스프링을 끼운다. 하중이 커지면 중심선에는 장력이 수직으로 작용하지만 나머지 네 선은 느슨해지면서 기울어질 수 있다. 느슨해지지 않도록 하려면 네 모서리에 선을 끼워 마감할 때 용수철 탄성을 이용하면 그 복원력으로 하중을 줄일 수 있으므로 기울어지는 현상을 다소나마 감소시킬 수 있다.

〈생각해 보기〉

• 밑판을 더 넓게, 윗판을 좁게 만들어 네 귀 모퉁이 선을 비스듬하게 연결하면 더 안정적일까?

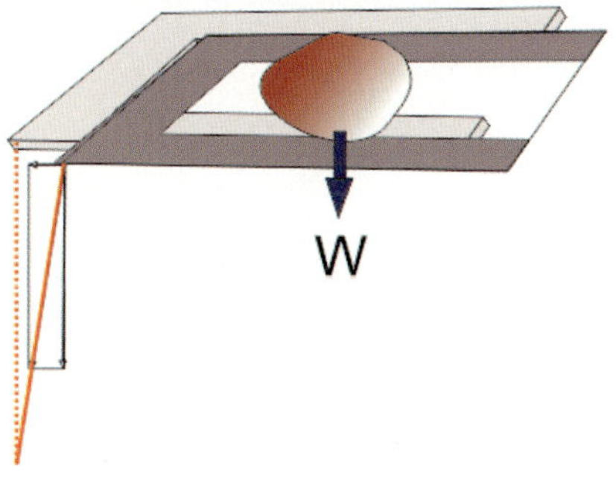

지탱 실이 밑판과 수직으로 연결
(밑판과 윗판의 크기가 같을때)

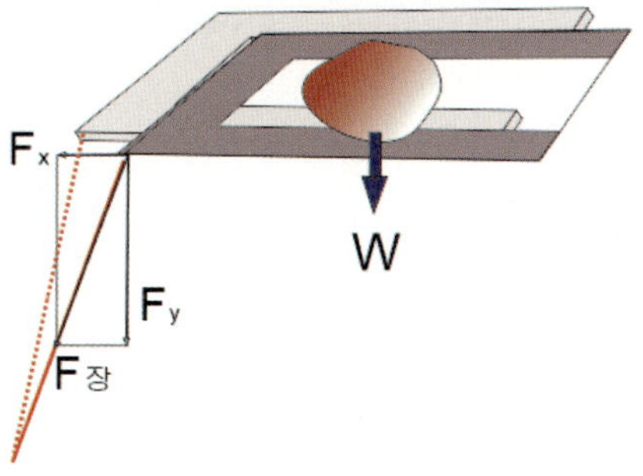

지탱실이 밑판과 비스듬히 연결
(밑판이 윗판보다 클때)

• 윗판, 아랫판 사이에 연결된 줄은 윗판 중력과 하중을 지탱하는 인장력으로 작용한다.

• 두 판 사이의 모서리에 연결된 지탱 실은 윗판 무게, 또는 하중을 받쳐주는 데는 도움이 못되고 윗판이 기울어지는 것을 잡아당기는 역할을 할 뿐이다. 즉, 물체가 무게중심에서 약간 어긋나게 놓여 있어서 미끄러지려 할 때, 반대편 지탱 실에 인장력이 작용하여 물체가 미끄러지는 것을 잡아 당겨 막아준다.

이 때 지탱 실이 상, 하 두 판 사이에 비스듬하게 연결되어 있으면 미끄러질 때 지탱 실의 힘의x성분 Fx는 미끄러지는 방향의 반대 방향, 즉 뒷쪽으로 더 큰 힘이 작용하므로 미끄러지는 것을 막는데 효과적이다. 즉, 밑판을 윗판보다 조금 더 크게 만들어서 비스듬하게 지탱 실을 연결하는 것이 더 안정적이다.

한걸음 더

공중부양 의자(tensegrity chair) 만들기에 도전해 보자!

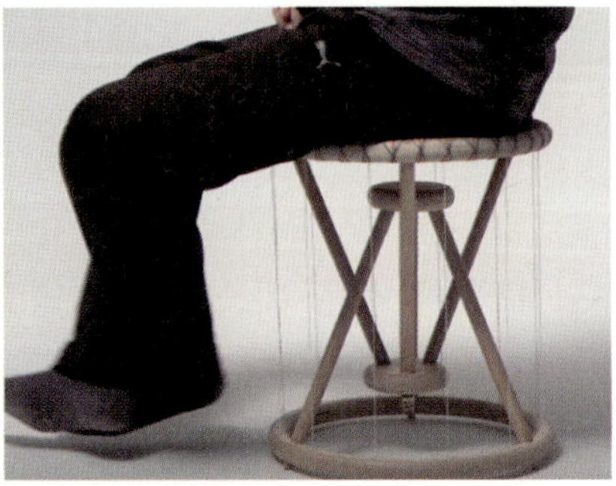

[3D설계] 공중부양 화분대의 칫수[재료: 발사나무]

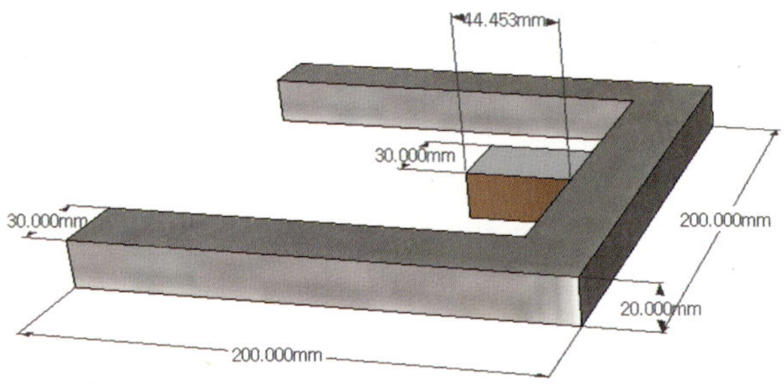

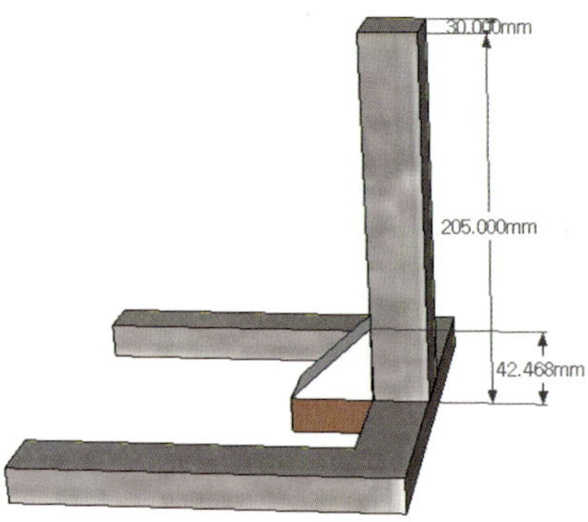

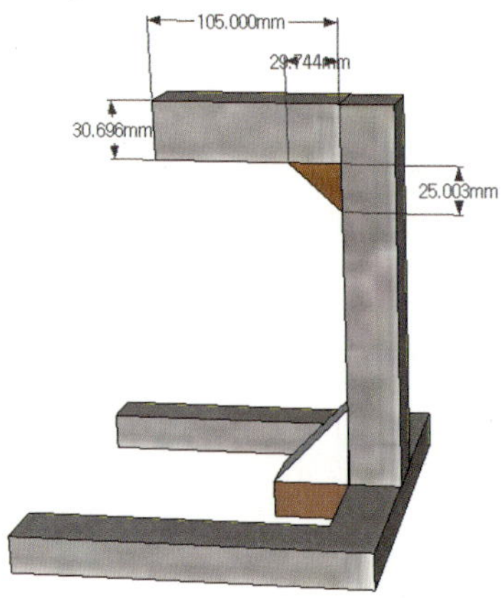

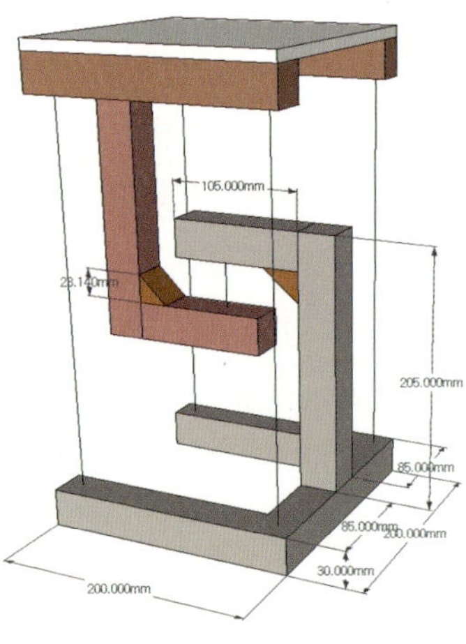

DIY-Science

모형 자기열차 만들기

DIY Science
아이디어

초고속열차 시스템 연구에 대한 각국의 열기가 뜨겁다. 자기부상열차가 대표적인데 한 걸음 더 나아가 시속 1200Km까지 달리는 꿈의 열차 하이퍼루프 열차가 곧 실현 가능할 것으로 보인다.

자기부상열차나 하이퍼루프의 기본은 자기력이다. 자기력으로 달리는 모형 열차를 만들어 탐구해 봄으로써 차세대 꿈의 열차를 이해하는 기초를 다질 수 있을 것으로 여겨진다.

[평가기준]

<table>
<tr><th rowspan="2">평가 준거</th><th colspan="3">수 준</th></tr>
<tr><th>상</th><th>중</th><th>하</th></tr>
<tr><td>코일을 정교하게 제작했는가?</td><td>코일을 정교하게 제작하여 열차가 잘 달림</td><td>코일 제작이 정교하지 못함</td><td>코일 제작이 거칠어 열차가 잘 달리지 못함</td></tr>
<tr><td>작품은 창의적인가?</td><td>개선점을 찾아 창의적으로 설계할 줄 안다.</td><td>개선점을 찾았으나 창의적으로 설계하지 못함</td><td>개선점을 찾지못한다.</td></tr>
<tr><td>원리 설명은 논리적인가?</td><td>자기열차의 작동 원리를 잘 설명한다.</td><td>자기열차 작동 원리를 일부만 알고 있다.</td><td>자기열차 작동 원리를 잘 모른다</td></tr>
<tr><td>서로 협동하는가?</td><td>조원들끼리 잘 협동함</td><td>보통</td><td>협동이 이루어지지 않음</td></tr>
</table>

SCIENCE DIY cafe.daum.net/hiphys

모형 자기열차 만들기

〈과제〉

○ 자기력으로 달리는 열차를 만들어 보자.

○ 자기열차가 작동하는 과학 원리를 설명해 보자.

○ 개선점을 찾아 창의적인 장치를 새로 설계해 보자.

DIY과제 모형 자기열차 만들기

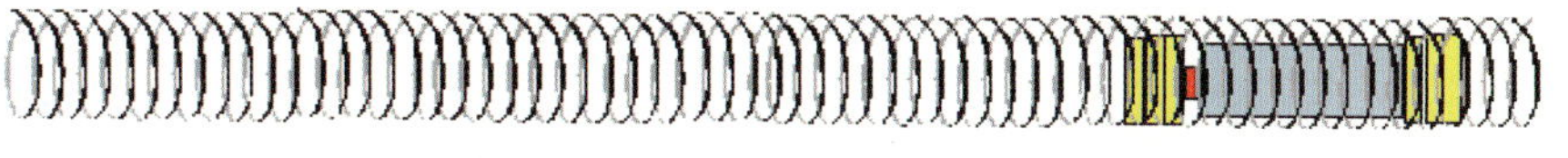

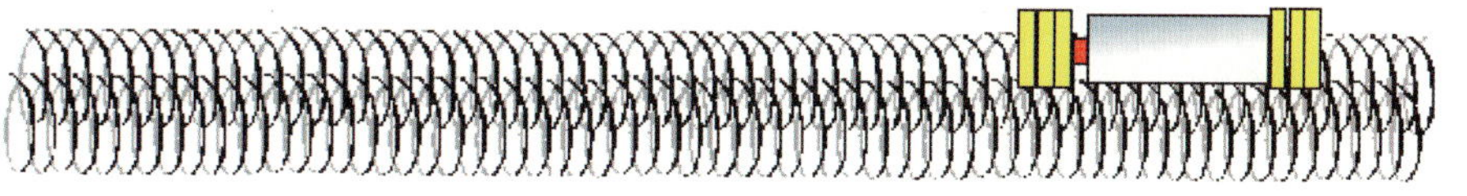

이 활동을 하면…

- 자기력을 이용하여 달리는 열차를 만들 수 있다.
- 자기열차의 작동 원리를 설명할 수 있다.
- 자기부상열차의 원리를 이해할 수 있다.

DIY활동 모형 자기열차(M.T.)를 만들어 보자.

준비물

구리선(길이 20m, Ø=1.2mm), AAA건전지 또는 AA건전지, Nd자석(Ø=12mm) 4~6개, 니퍼, PVC 막대, 기타

준비물 가이드

약 1m 길이의 PVC 파이프를 사용한다. 외경은 Nd 자석보다 약간 커야 한다.

레일 만들기

- PVC 파이프 한 쪽 편에 구리선 끝을 두 손가락으로 감아 잡고 PVC 파이프 둘레를 2~3바퀴 돌려 감는다.
- 감긴 부분에 유리테이프를 1~2 바퀴 돌려 붙여 두면 구리선을 편하게 감을 수 있다.
- 최대한 촘촘하고 깨끗하게 감는다.
- 다 감으면 유리테이프를 떼어 내고 구리선을 PVC파이프로부터 빼 낸다.

[DIY-Tip] 구리선을 감을 때는 책상 위에 올려 놓고 한 사람이 시작점을 헐겁게 잡아주고, 다른 한 사람은 파이프 끝에 구리선을 2~3회 감은 상태의 파이프를 손바닥으로 눌러서 굴려 주면 잘 감긴다. 5~6회 감을 때마다 구리선이 단단하게 감기도록 세게 당겨주어야 한다.

열차만들기

건전지 양 끝에 Nd자석을 붙인다. 이 때 자석의 극은 건전지 양쪽 마주하는 면이 서로 같은 극이어야 한다. 안 쪽면이 S-S 또는 N-N이 되도록 한다.

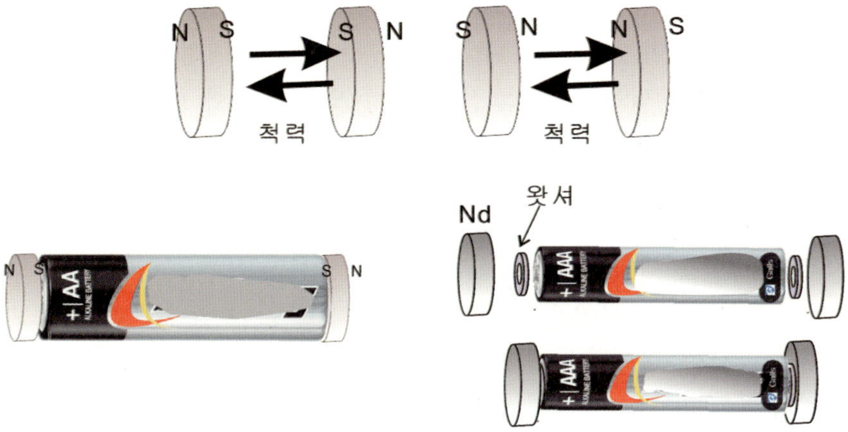

[DIY-Tip] 건전지 양 끝의 자석의 극을 찾는 방법은 Nd자석을 단단히 잡고 조심스럽게 접근할 때 척력이면 같은 극, 인력이면 반대 극임을 알 수 있다.

[DIY-Tip] 가벼우면서 기전력이 높은 건전지가 좋다. 건전지 양쪽에 자석을 안정적으로 부착할 수만 있다면 AAA건전지를 쓰는 것이 바람직하다. 자석이 떨어지지 않도록 금속 왓셔를 끼우는 방법을 쓸 수도 있다.

〈안전〉 Nd자석은 매우 자기력이 강하므로 살갗이 끼어 다칠 수 있으므로 주의해야 한다.

DIY-5.탐구 모형 자기열차 탐구

탐구가이드

• 작동방법 : 구리선으로 만든 코일 속에 열차를 넣고 살짝 밀어보면 열차가 힘을 받아 레일 속을 달린다. 움직이지 않으면 열차의 자극을 바꿔 보자.

• 레일을 두 개 연결하여 길게 하거나, 열차를 두 개 연결해서 달리게 해 볼 수도 있다. 모형 자기 열차가 달리는 원리, 잘 달릴 수 있는 조건에 대해 탐구해 보자.

탐구 설계(예)

• **탐구 과제** : M.T가 잘 달릴수 있는 조건은 무엇인가?

• **가설 세우기** : 가설을 세워 보자.

• **변인 설정** : 실험 과제와 변인을 설정해 보자.

가 설	실험[제목]	조작변인	종속변인	통제변인
가설1 : 촘촘할수록~	실험1			
가설2 :	실험2			
가설3 :	실험3			

□ 실험 설계(예)

실험1. 레일의 촘촘한 정도에 따른 열차의 속도 비교

[준비물] 레일의 촘촘한 정도(간격)가 1mm, 2mm, 3mm, 4mm 등 4개의 레일, 건전지AA 또는 AAA), Nd자석, 영상촬영 장치(휴대폰 등)

[실험방법]

• AA건전지 양쪽에 Nd자석을 부착하여 모형 자기 열차를 만든다.

• 촘촘한 정도가 1mm인 레일 속으로 열차를 작동시키면서 영상을 촬영한다.

• 같은 방법으로 촘촘한 정도 2, 3, 4mm인 레일 속으로 열차를 작동시키면서 영상을 촬영한다.

• 영상을 분석하여 빠르기를 비교해 본다.

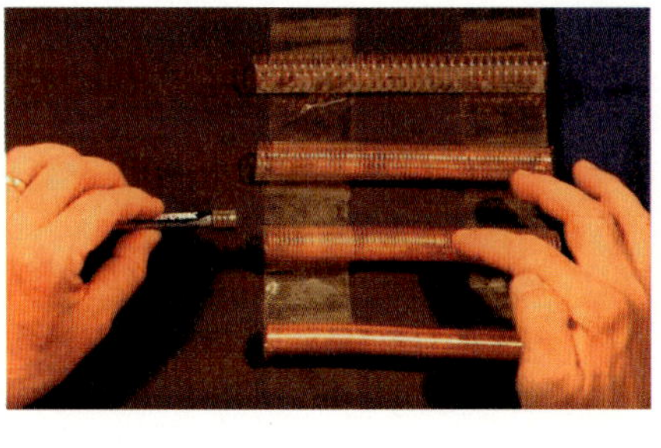

각 실험 결과를 토대로 알게된 점을 정리해 보자.

1.

2.

3.

4.

[고찰]

□ 열차가 달리는 원리는 무엇일까?

□ 열차가 레일 속에서 받는 힘은 무엇일까?

□ 레일의 촘촘한 정도에 따라 열차의 속력에 영향을 어떻게 미치는가?

□ 자석의 개수를 바꿔가면서 작동시켜보자. 속도는 어떠한가?

□ 열차가 빠르게 달리게 하는 방법은 무엇인가?

□ 열차의 운동을 도와주는 요소는 무엇인가? 또, 운동을 방해하는 요소는 무엇인가?

개선점 찾기

장치에서 불편한 점, 개선점을 찾아보자.

예) 레일을 쉽게 감는 방법, 기전력이 높고 가벼운 건전지(AAA건전지)

창의설계

모형 자기부상열차를 만드는 과정에서 불편한 점, 개선점을 찾아보고 새 장치를 만들기 위한 창의 설계도를 그려 보자.

〈예시〉 자기력으로 달리는 자동차에 대한 설계

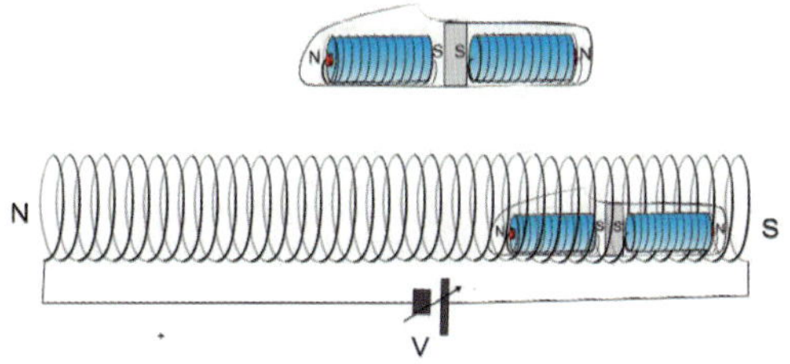

고쳐 만들기

창의설계대로 개선점을 보완하여 자기력 열차를 고쳐보자.

개념 · 원리 모형 자기열차의 원리

전류에 의한 자기장

에르스텟 실험

전류가 흐르는 주변에 자침을 두면 자침이 움직인다(에르스테드 실험). 이것은 전류가 흐르는 도선 주변에 자기장이 생기기 때문이다. 자기장의 모양은 동심원을 이루며 자기장의 방향은 도선 주변에 자침을 군데군데 놓아 N극이 가리키는 방향으로 정한다. 오른손으로 전류가 흐르는 방향으로 도선을 감아 쥘 때 나머지 네 손가락 방향이 자기장의 방향이다.

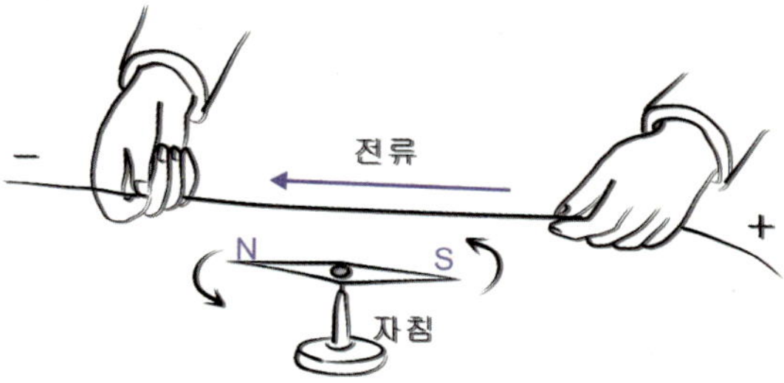

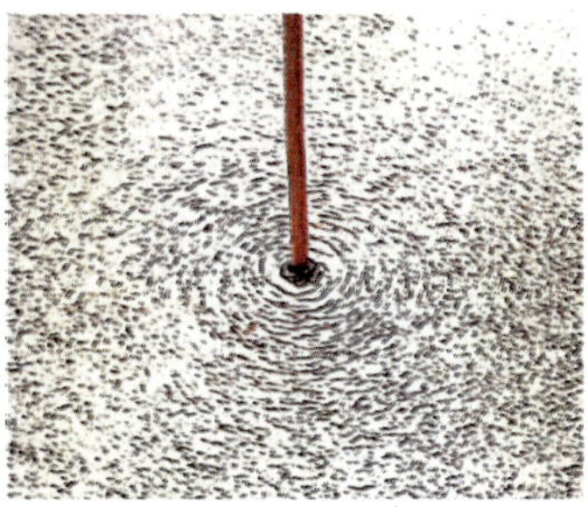

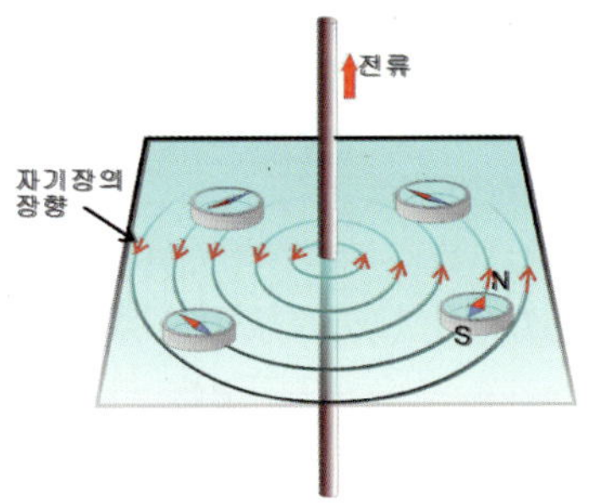

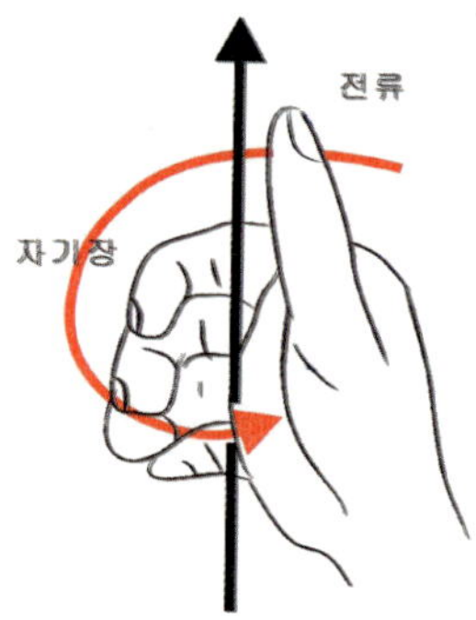

솔레노이드 자기장

도선을 원통형 물체에 감아 나선형으로 촘촘하게 감아 만든 장치를 솔레노이드라 한다. 솔레노이드에 전류를 흘려 주면 그림과 같이 자기장이 만들어진다. 즉, 코일이 감긴 방향으로 오른손으로 감싸 쥘 때 엄지손가락 방향이 자기장 방향이 된다.

이 때 솔레노이드 중심자기장의 세기는, 단위길이당 감은 수에 비례하며, 전류의 세기에 비례한다. 즉,

$$B = 4\pi \times 10^{-7} ni$$

(n : 단위길이당 감은 수)

가 된다.

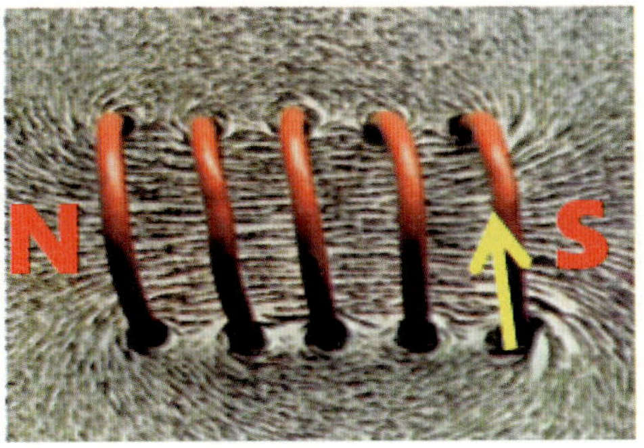

솔레노이드 자기장

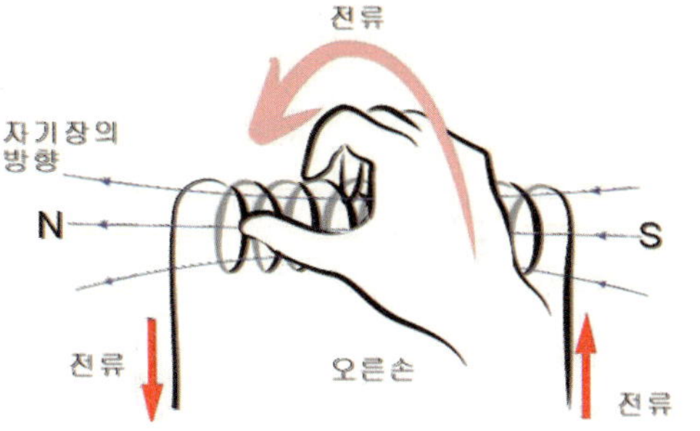

솔레노이드 자기장의 방향

〈생각해 보기〉

솔레노이드를 길게 잡아당기면 솔레노이드 내부 자기장의 세기는 어떻게 될까? 또 줄이면 어떻게 될까?

전자기유도현상과 렌츠의 법칙

코일 주변에서 자석을 운동시키면 (자기장 변화가 일어나) 코일에 전류가 흐른다. 이를 **전자기유도현상**이라 한다. 전자기유도현상은 자기장의 변화를 방해하는 방향으로 유도전류가 흐른다(**렌츠의 법칙**).

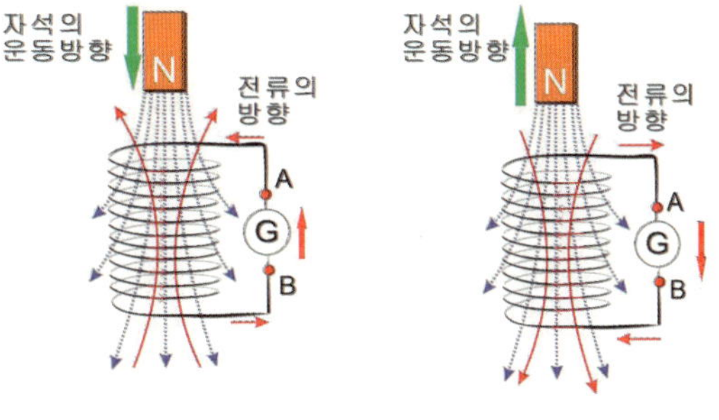

그림에서 자석의 N극이 코일에 접근하면 접근을 방해하는 방향, 즉 코일 윗쪽이 N극이 생기도록 유도전류가 흐른다.

유도기전력의 크기는 코일의 감은 수와 자속의 시간적 변화율에 비례한다.

즉,

$$V = -N\frac{\Delta\Phi}{\Delta t} = -N\frac{\Delta(BS)}{\Delta t}$$: Faraday 전자기유도법칙

(자속밀도 $B = \frac{\Phi}{S}$) (Wb/m^2)

와전류(맴돌이전류, Eddy Currents)

회전하는 알루미늄 판 위 아래로 자석이 놓여 있을 때, 알루미늄판의 운동이 방해를 받는다. 도체 주변에 시간적으로 변하는 자기장이 가해질 때 전자기 유도현상에 의해 소용돌이 모양의 전류가 생기는데 이 전류를 **맴돌이전류**라 한다. 도체가 자기장 내에서 운동하거나, 정지해 있는 도체 주위에 자기장이 변화할 때 맴돌이전류가 생긴다. **Lenz's 법칙**에 의하면, 이 때 유도되는 맴돌이전류는 자기장 변화를 방해하는 방향으로 흐르게 된다.

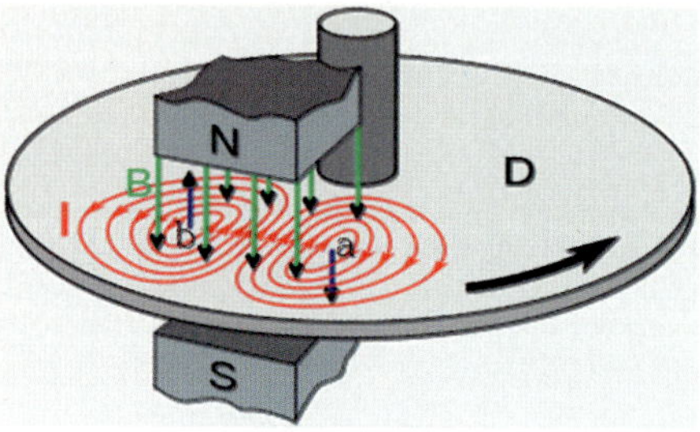

도체판이 그림과 같이 회전하면, 오른쪽 a 지점에서는 자석의 N극에서 멀어지므로 운동을 방해하는 방향(멀어지지 못하게 하는 방향)은 윗쪽이 S극(판 밑은 N극)이면 된다. 따라서 전류(와전류) 방향은 반시계방향이 된다.

한편, b점에서는 자석의 N극과 가까워지므로 운동을 방해하는 방향은 위쪽이 N극(밑판이 S극)이면 된다. 따라서 전류(와전류)의 방향은 시계방향이 된다.

모형 자기열차의 작동 원리

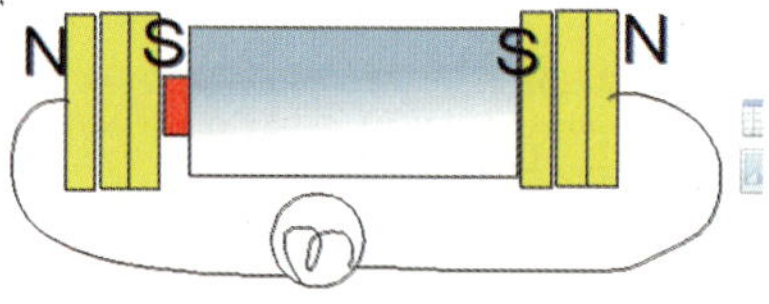

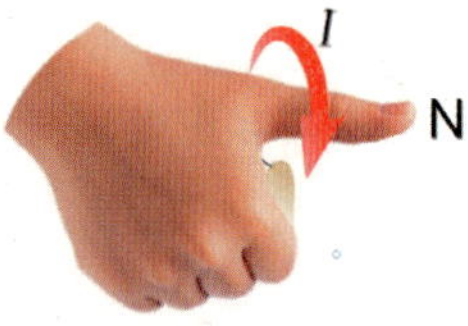

- 건전지 양쪽에 Nd자석을 붙이고 도선, 전구를 연결하면 폐회로가 되어 불이 온다. Nd자석 표면 코팅은 도체로 되어 있다.

- 열차를 만들어 구리선 레일 안에 넣으면 구리선 바닥과 Nd자석이 접촉되어 폐회로가 구성되고 열차가 놓인 코일의 일부에 전류가 흘러 솔레노이드 자기장이 생긴다. 위 그림에서는 왼쪽은 솔레노이드 S극이 되고, 오른쪽은 솔레노이드 N극이 된다.
- 왼쪽이 Nd자석의 N극, 오른쪽도 Nd자석의 N극이므로 열차는 왼쪽에서 당겨주고 오른쪽에서 밀어 열차는 왼쪽으로 달린다.

쌍레일 자기열차

막대에 구리선을 감고 막대 채로 나란히 놓고(닿지 않게) 그 위에 열차를 얹으면 달리게 할 수 있다.

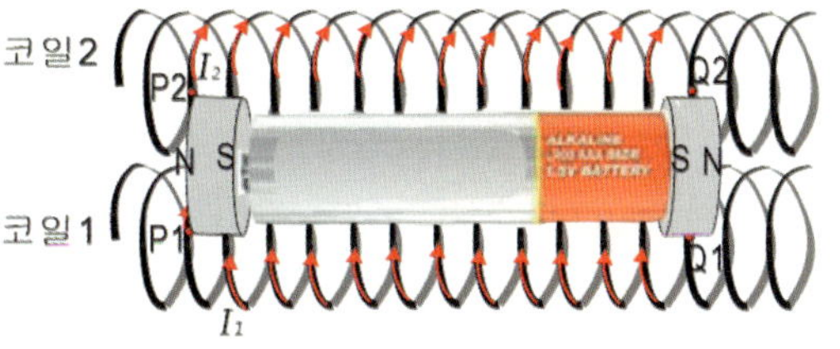

[작동원리]

- 코일 1 : 전지의 +극에서 전류가 흘러 Nd 자석과 P1점에서 닿기 때문에 P1부터 Q1까지 전류 I_1이 흘러 솔레노이드 자기장을 만든다(왼쪽이 N, 오른쪽이 S극).
- 코일 2 : 전지의 +극에서 전류가 흘러 Nd 자석과 P2점에서 닿기 때문에 P2부터 Q2까지 전류 I_2가 흘러 자기장을 만든다(왼쪽이 N, 오른쪽이 S극).
- 두 자기장은 같은 방향으로 생겨 열차는 왼쪽에서 척력, 오른쪽에서 인력이 생겨 오른쪽으로 움직인다.

모형 자기열차가 빠르게 달리려면…

- 자석이 강해야 한다. 자기장이 세면 자기력도 세어진다.
- 건전지가 가벼워야 한다. 가벼울수록 가속도가 커진다.
- 코일을 정교하게 잘 감아야 한다. 열차는 코일과의 마찰력이 작어야 잘 달린다.
- 코일이 굵으면 전기저항이 작아서 큰 전류가 흐르고 자기장이 세어진다.
- 건전지 기전력(V)이 크면 센 전류, 센 자기력이 작용해 빠르게 달린다.
- 레일을 촘촘하게 감을 때와 느슨하게 감을 때를 비교하면 접촉저항 때문에 자기력은 촘촘한 코일에서 더 커질 것이다(검증이 필요함).

한걸음 더 자기부상열차의 작동원리

자기부상열차 부상 방식

자기부상열차는, -270℃ 정도의 아주 낮은 온도에서 일어나는 초전도 현상을 이용해 강력한 전자석을 만들고, 그 전자석의 자기력으로 차체를 공중에 뜨게 하여 선형유도 모터(리니어 모터)로 열차를 움직이는 것을 말한다. 차체를 부양하는 데는 다양한 기술이 있다.

방식1 : 반발식(척력 방식)

차체와 레일에 각각 영구자석을 설치하여 인력을 이용하는 방식이다.

방식2 : 맴돌이전류에 의한 척력방식

도체판을 자석 위에서 움직이면 맴돌이전류(와전류)가 흘러 척력이 발생한다. 반대로 자석이 회전하거나 움직일 때도 그 위에 놓인 도체판에 맴돌이전류가 흐를 수 있다. 즉, 자석-도체 사이에 상대운동이 일어날 때 맴돌이 전류가 흐른다.

여기서 생기는 자기 척력을 이용해 차량을 부상시키는 방식이다. 차량 부상을 위한 충분한 힘을 얻기 위해 초전도 코일(초전도자석)의 반발력을 이용한다.

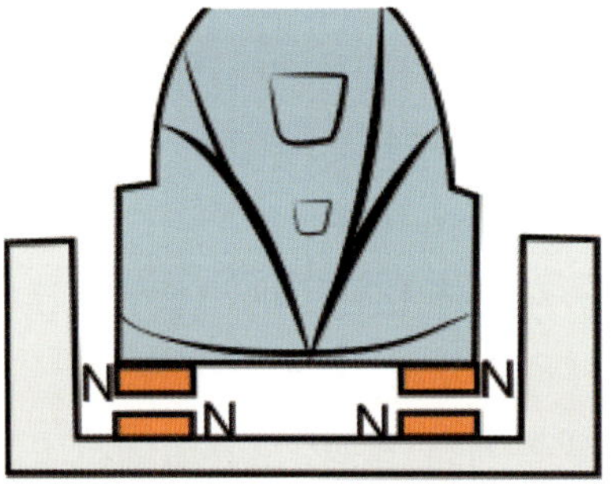

방식1 : 자석의 척력을 이용하는 방식

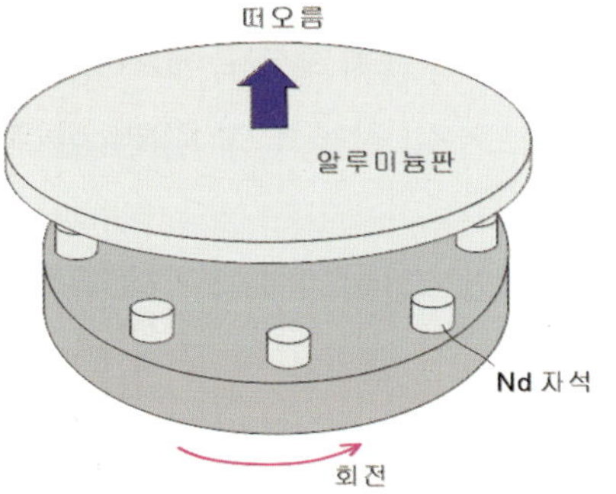

방식2 : 와전류에 의한 척력 방식

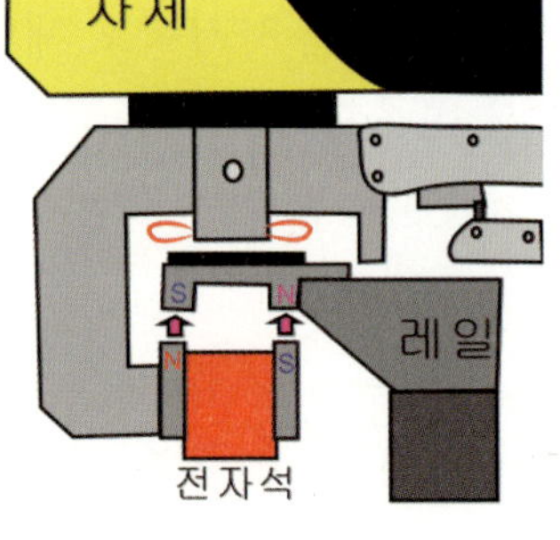

방식3 : 차체-레일 사이의 인력 방식

방식3 : 흡인식(인력 방식)

열차에 설치된 전자석이 레일의 아래를 감싸도록 설치하여 열차가 달릴 때 레일(도체)에 위로 달라붙는 흡인력에 의해 열차를 띄우는 방식이다. 부상 공극은 약 10mm인데 전류를 끊었다 이었다를 반복함으로써 공극이 일정하게 유지되도록 조절한다.

자기부상열차의 추진

자기부상열차가 달릴 때에도 밀고 당기는 힘을 이용한다. 선형전동기(리니어 모터)에 전류를 흘려주면 레일(도체)에도 유도전류가 흘러 레일에 자기장이 생긴다. 차체에는 많은 자석이 설치되어 있어(고정자, 1차 권선코일 전자석) 레일 위의 자기장과 밀고 당기는 힘이 생겨서 추진한다. 즉, 열차 특정 부위의 자극이 N이면 이 부위의 바로 뒤쪽 레일에 N극이, 바로 앞쪽에 S극이 위치해 열차를 뒤에서는 밀고, 앞에서는 당기게 된다. 열차와 선로의 자성이 계속 바뀌면서 척력과 인력을 활용해 자기부상열차가 앞으로 추진하게 된다.

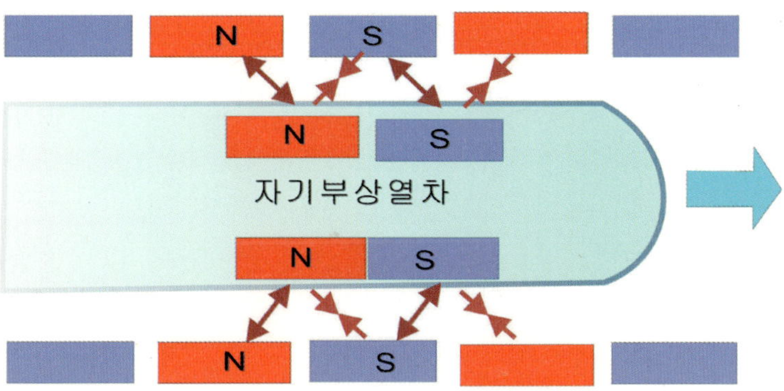

자기부상열차의 추진 원리

II. 생활의 과학[2]

II

1. 간이 스피커 만들기

2. 모형 전기기타 만들기

3. 바늘구멍사진기 만들기

4. 간이 망원경 만들기

DIY-Science

간이 스피커 만들기

DIY Science
아이디어

우리들의 정서 생활에서 음악을 빼놓을 수 없고 음악을 들으려면 스피커가 반드시 필요하다. 특히, 좋은 음질을 즐기려면 성능이 우수한 스피커가 필수적이다. 전기신호가 스피커로 들어와 어떻게 소리가 재생되는지 그 원리를 탐구하게 되면 우수한 음질의 소리를 일상생활에서 즐길 수 있는 방법을 찾을 수 있을 것이다.

또, 최근 많이 쓰이는 무선 기능을 가진 스피커, 즉 블루투스 스피커 작동 원리도 탐구할 수 있도록 하였다.

[평가기준]

<table>
<tr><th rowspan="2">평가 준거</th><th colspan="3">수 준</th></tr>
<tr><th>상</th><th>중</th><th>하</th></tr>
<tr><td>코일을 정교하게 제작했는가?</td><td>코일을 정교하게 제작하여 소리가 잘 난다.</td><td>코일 제작이 정교하지 못하여 소리가 작다.</td><td>제작한 스피커에서 소리가 나지 않는다.</td></tr>
<tr><td>작품은 창의적인가?</td><td>개선점을 찾아 창의적으로 설계할 줄 안다.</td><td>개선점을 찾았으나 창의적으로 설계하지 못한다.</td><td>개선점을 찾지 못한다.</td></tr>
<tr><td>원리 설명은 논리적인가?</td><td>스피커의 작동 원리를 잘 설명한다.</td><td>스피커의 작동 원리를 알고 있으나 논리적이지 못하다.</td><td>스피커의 작동 원리를 잘 모른다.</td></tr>
<tr><td>서로 협동하는가?</td><td>조원들끼리 잘 협동함</td><td>보통</td><td>협동이 이루어지지 않음</td></tr>
</table>

간이 스피커 만들기

〈과제〉

○ 자석과 코일을 이용하여 스피커를 만들어 보자.

○ 스피커가 작동하는 과학 원리를 설명해 보자.

DIY과제 간이 스피커 만들기

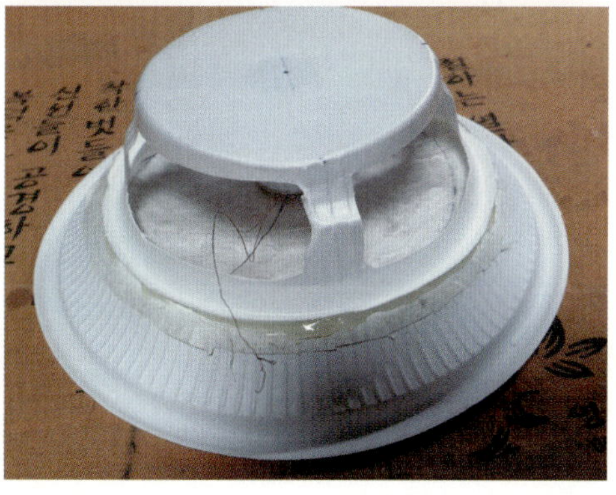

이 활동을 하면…

- 전자기력을 이용하여 간이 스피커를 만들 수 있다.
- 스피커의 핵심 부품인 보이스코일 작동 원리를 알 수 있다.
- 좋은 음질의 오디오를 구성할 수 있다.

스피커 용어

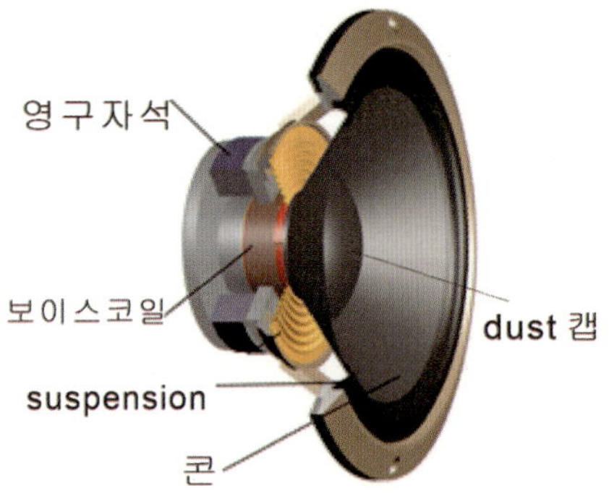

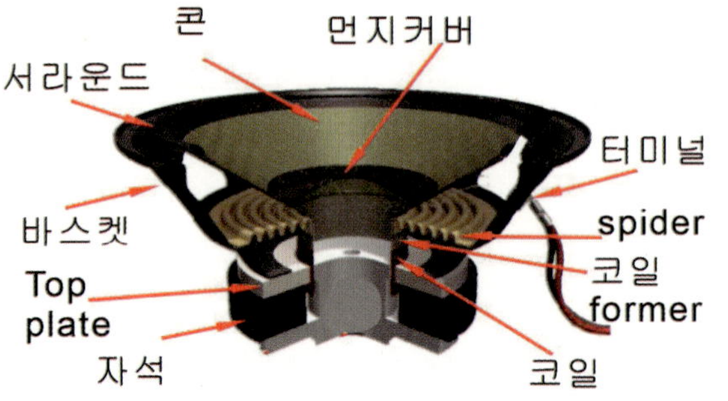

- Voice coil과 bobbin : 튜브 모양의 보빈에 보이스코일이 감겨 있어서 앰프로부터 오는 소리 신호가 이곳을 통해 전류가 흘러서 자기장을 만든다.
- Spider(suspension) : 물결 모양의 얇은 천으로 짜진 재질로 되어 있는데, 보이스코일 보빈을 지지하고, 또 진동하면서 콘이 제자리로 돌아오도록 돕는다.
- Cone과 dust 캡 : 콘 모양의 빳빳한 재질은 자석과 보이스코일에 의해 움직이며, 공기를 진동시켜 소리를 만든다. dust 캡은 콘 중심을 덮어서 먼지나 오염을 방지한다.
- Surround: 유연하고 내구성이 좋은 둥근 재질(보통 고무나 foam유형) 콘의 끝을 바스켓에 붙여 주는 역할을 한다.

□ 스피커의 기본 용어

- 저음역대(20Hz~200㎐) : 300Hz 이하의 주파수, 듣는다기보다 몸으로 느낌
- 중음역대(200Hz~3㎑) : 일상 대화나 가수의 목소리가 이 음역대에 해당함. 음의 강도나 긴장감 등에 많은 영향을 주며 음질이 좋은 스피커는 중음의 처리가 잘된 제품임.
- 고음역대(3~20㎑) : 고음역 재생이 뛰어나면 음이 맑고 다이나믹하다.
- 고조파(Harmonic) : 기본 주파수의 정수배가 되는 주파수 성분을 말한다. 악기에서 나오는 소리는 기본음과 배음(기본 주파수의 정수배의 소리)으로 구성되어 있다.
- 음의 3요소 : 음정(음의 높이), 음량(음의 크기), 음색(음의 성분). 음정은 그 음이 가진 주파수(진동수)에 의해 생긴다. 음량은 진폭으로 결정된다. 음색은 음원의 개별적 특징을 말한다.

DIY활동 간이 스피커를 만들어 보자.

준비물

종이 컵(ϕ=10cm), 위생공기(폴리스틸렌, ϕ=14cm), 코일(ϕ=0.2~0.3mm), Nd 자석, 백상지(또는 한지), 글루건, 납땜 인두, 땜납, 칼, 가위, 앰프 및 앰프 입출력 선, 도선 15cm, 전원어댑터(DC12V), 전기그네, 말굽자석, 직류전원장치

준비물 가이드

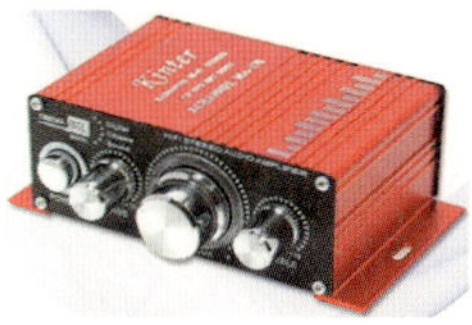

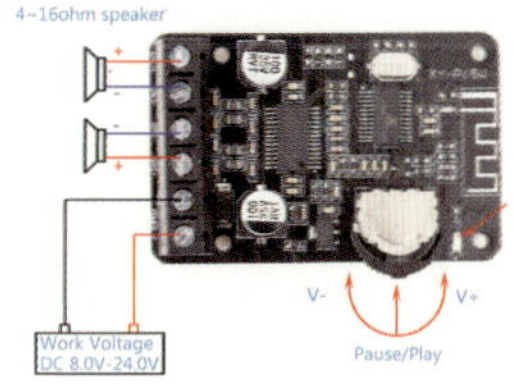

보이스코일 제작

- PVC 파이프에 종이를 말아 원통을 만들고 둘레에 에나멜 선을 감아 보이스코일 제작(지관을 잘라서 만들어도 됨), 에나멜 선은 시작 부분 5cm, 끝 부분 5cm를 남긴다.
- 에나멜 선 시작 부분, 끝 부분을 칼로 긁어 에나멜 피복을 벗긴다.
- 종이컵 바닥면에 글루건을 녹여 묻히고 원형 Nd자석을 그 위에 고정

* 자석에 열을 가하면 자성이 사라지므로 주의

* 자석 직경보다 보이스 코일 원통 직경을 약간 크게 한다.

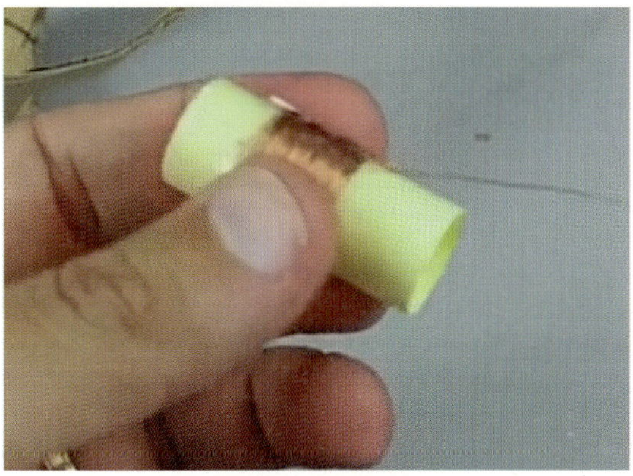

보이스코일 제작

자석 세트

내부 콘지 만들기

- 백상지(또는 한지)를 위생 공기(외부 콘) 안쪽에 헐겁게 붙도록 약간 크게 자른 다음 위생공기 둘레와 끝이 잘 맞도록 매직으로 원을 그린다.
- 매직 금을 따라 자르고 양 끝을 유리테이프로 연결하여 콘지를 만든다.
- 콘지 꼭지점 일부를 보이스코일 직경 크기에 맞춰 잘라낸다.

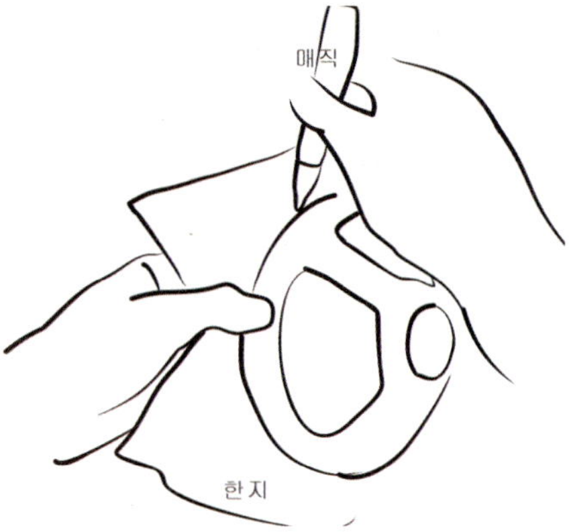

내부 콘지 오리기

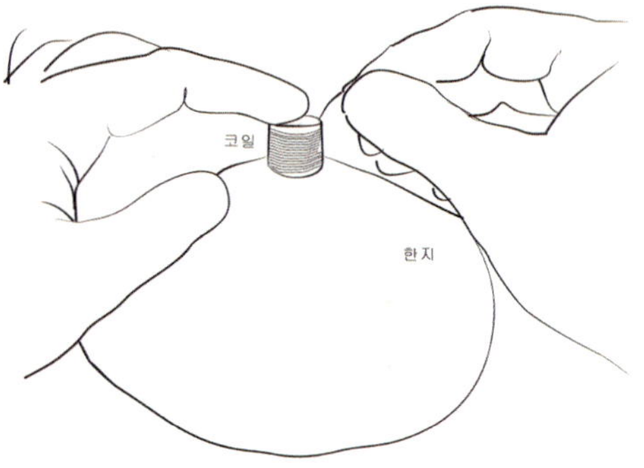

내부 콘지에 보이스 코일 붙이기

보이스 코일과 내부 콘지 조립

- 내부 콘지 잘라낸 부분에 보이스코일 원통을 잘 맞춰 글루건으로 접착한다.

외부 콘과 자석 세트 결합

- 위생공기 바닥면을 자석 세트의 종이 컵 둘레 크기에 맞게 잘라낸다.
- 위생공기 측면 4곳에 마름모 꼴로 구멍을 내어 외부 콘을 완성한다.
- 외부 콘 아래와 자석 세트 위를 잘 맞추고 접촉부를 글루건으로 결합한다.

외부 콘과 자석 세트 붙이기

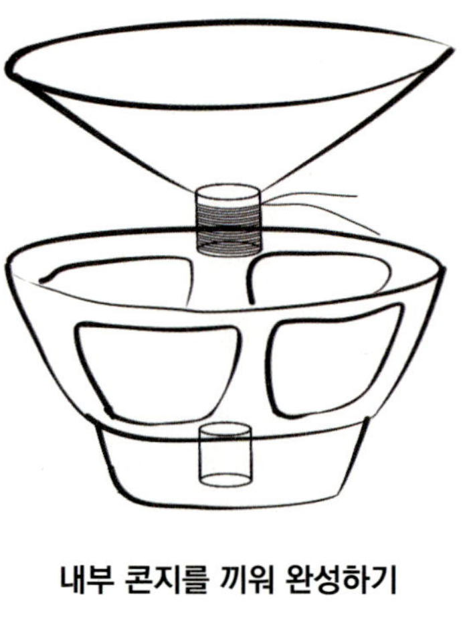

내부 콘지를 끼워 완성하기

스피커 마무리 작업

- 보이스코일이 부착된 내부 콘지를 외부 콘과 결합한다. 이 때, 보이스코일 원통은 자석을 감싸게 한다.
- 내부 콘지와 외부 콘 접촉부를 글루건으로 붙인다.

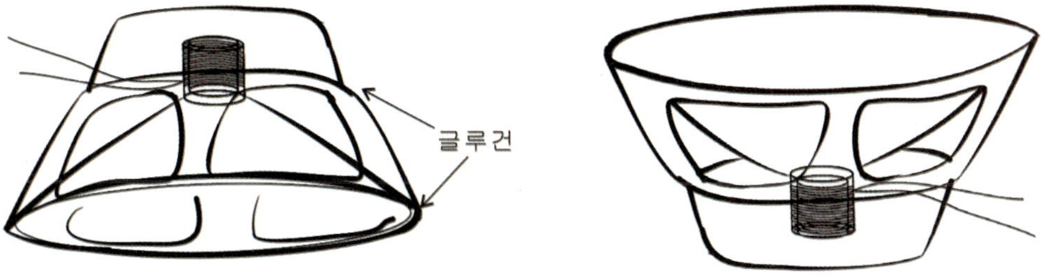

[앰프에 스피커 결선]

- 입력 : 입출력선 한 쪽은 휴대폰에, 다른 한 쪽은 앰프 입력부에 끼운다
- 출력 : 일반 도선의 피복을 벗긴 채 한 쪽 끝은 제작한 스피커 두 가닥 선에 각각 납땜하여 연결하고(글루건으로 연결 가능), 다른 쪽 끝은 피복을 벗겨 앰프 출력 단자에 연결한다.

DIY-s.탐구 전자기력 실험

실험1. 스피커의 동작 원리

[준비물] 건전지 1.5V 4개, 도선, 입출력 잭, 앰프

[과정]

- 스피커를 완성하기 전에 보이스 코일에 1.5V 건전지를 연결하여 전류를 흘려보자. 어떤 일이 일어나는가? 보이스코일 박스에서 일어나는 현상을 설명해 보자.
- 전류의 방향을 반대로 해보자. 어떻게 되는가?
- 건전지를 2개, 3개,… 사용하여 조금 더 큰 전류를 흘려보자. 어떻게 되는가?

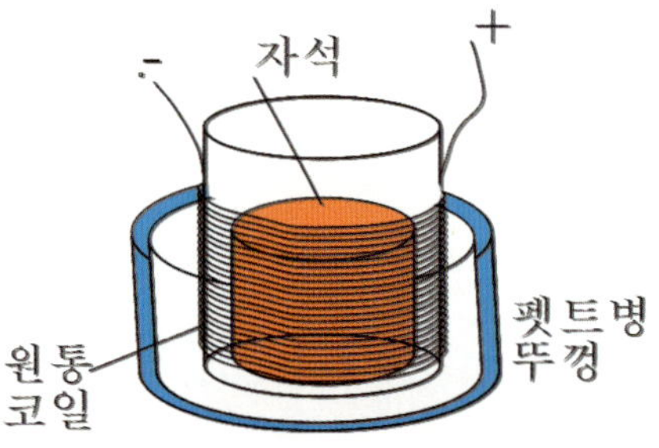

보이스코일 박스

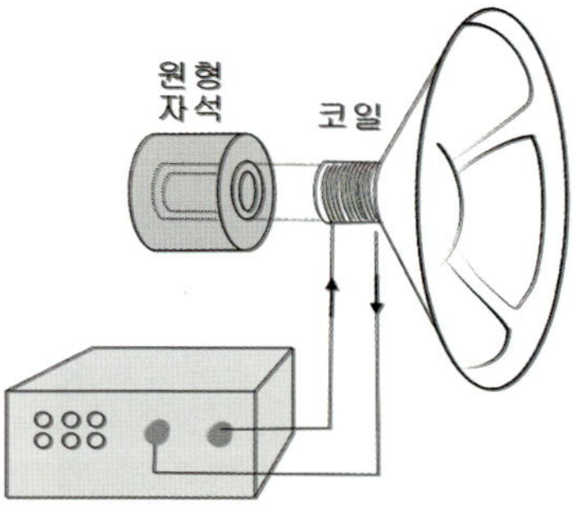

[고찰]

□ 휴대폰 잭을 사용하여 휴대폰의 음악(음성전류)을 들어 보자.

□ 폰 음악이나 마이크 음성은 음성전류의 형태로 스피커에 전달된다. 이 음성전류(교류)는 소리에 따라 진폭이 커지기도 하고 작아지기도 하며, 진동수가 많아지기도 하고 적어지기도 한다. 음성전류에 따라 스피커에서 일어나는 현상을 설명해 보자.

□ **휴대폰 음성을 앰프로 증폭시켜 직접 제작한 스피커로 소리를 들어보자.**

실험2. 전자기력 [선생님과 함께]

[준비물] 전기그네, 직류전원장치, 도선

[과정]

- 그림과 같이 전기그네를 설치하고 직류전원장치에 연결한다. 전기그네의 스위치를 눌러보자.
- 전압을 올려 전류를 크게 흘려 보자.
- 말굽자석을 두 개 사용해서 실험해 보자.
- 말굽자석의 방향을 바꾸어 실험해 보자.

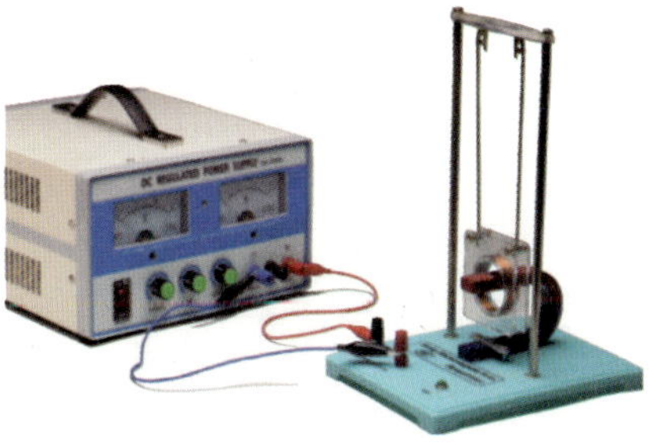

[고찰]

□ 전자기력의 크기를 결정하는 변인은 무엇인가?

□ 전자기력의 방향은 어떻게 정할 수 있을까?

개선점 찾기

장치에서 불편한 점, 개선점을 찾아보자.

창의설계

새 장치를 만들기 위한 창의 설계도를 그려 보자.

예1. 내부 콘지의 재료를 달리하여 만들어보자(한지, 마분지, 기타).

예2. 블루투스 스피커를 제작하는 설계도를 그려 보자.

고쳐 만들기

개선점을 고려하여 고쳐 만들어 보자.

개념 · 원리 스피커의 원리

전자기력

자기장 속에 놓인 코일에 전류가 흐르는 도선이 놓이면 힘을 받는다. 이 힘을 **전자기력**이라 한다.

- 힘의 크기 : $F = Bil$
- 힘의 방향 : Fleming의 왼손법칙을 따른다.(전류와 자기장 방향에 수직)

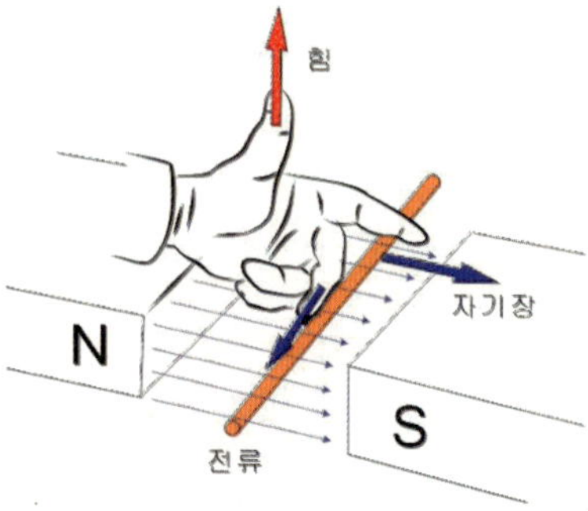

스피커의 소리 전달 원리

코일에 흐르는 음성전류는 교류 형태이므로 시시각각 전류의 방향이 바뀐다. 그때마다 자석과 코일이 상호작용하여 코일을 감은 케이스가 받는 힘 방향이 위 아래로 변하고 이 힘이 콘지를 진동하는 원인이 되어 소리가 재현된다.

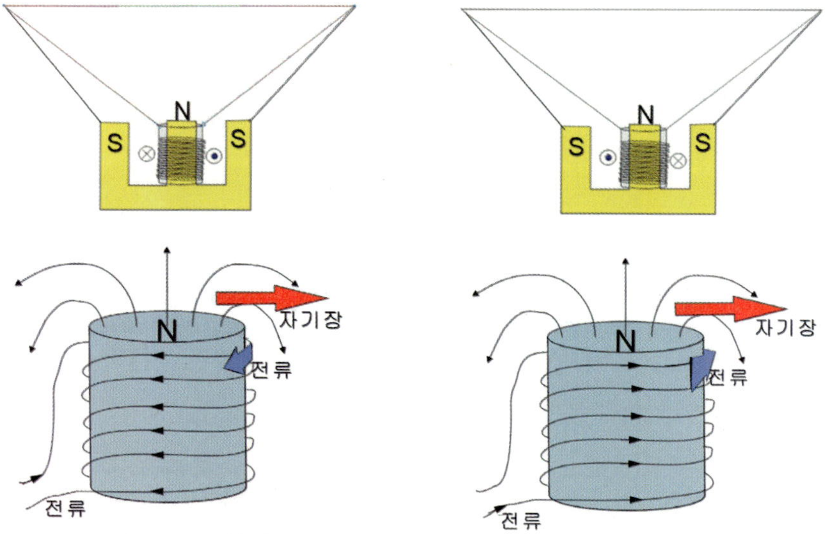

전류의 방향(I)　　전류의 방향(II)

- **고음, 저음의 재생** : 음원에서 입력된 음성전류의 진동수가 크면(또는 작으면), 자석과 코일 사이에 생기는 전자기력으로 인해 콘지가 빠르게(또는 느리게) 진동하여 고음(또는 저음)이 재생된다.
- **큰 소리, 작은 소리의 재생** : **큰 소리(또는 작은 소리)의 음성이 입력되면 음성전류**가 크게(또는 작게) 흘러 음성전류의 세기로 인해 콘지가 받는 전자기력이 크게(또는 작게) 작용해 콘지를 진동하게 되므로 큰 소리(또는 작은 소리)가 전달된다.

■ 보이스코일의 구조와 원리

보이스코일은 오디오 기술의 핵심이다. 보이스코일의 디자인과 재질의 특성은 스피커의 음질과 내구성에 영향을 준다.

■ 구조

- **Former(코일 틀)** : Former는 코일을 그 둘레에 감을 수 있는 틀이다. 코일에 의해 열이 발생하므로 열에 강해야 하고 스피커 콘에 효과적으로 힘을 전달해야 한다.
- **Wire** : wire는 보이스코일에 다양하게 사용된다. 구리선이 전기 전도성이 좋아 가장 일반적으로 쓰이지만, 알루미늄 같은 다른 재질 또는 CCA (Copper Clad Aluminum)도 쓰일 수 있다. 이들 재질은 스피커의 모든 기능을 수행하는 데 영향을 주는 다양한 특성들을 가진다.
- **Magnet** : 보이스코일은 영구자석의 자기장 속에서 작동한다. 전통적으로 페라이트 자석이 일반적으로 쓰이지만 요즘에는 가끔 자기장을 강하게 하기 위해 그리고 무게를 줄이기 위해 네오디뮴(Nd) 자석도 많이 쓰인다.

■ 코일의 종류

보이스코일은 스피커 콘을 상하로 진동하도록 만들어 주는 스피커의 핵심 부품이다. 콘이 상하로 진동할 때 공기를 움직이고 움직이는 공기가 소리를 만든다.

우퍼의 보이스코일은 얇고 단단한 원통형 틀(보빈)에 와이어가 감겨 있다. 감긴 와이어가 많다는 것은 보이스 코일이 더 커지고 표면적이 더 커진다는 의미이다. 또, 표면적이 커진다는 것은 열을 많이 발생한다는 것을 의미하며 이것은 더 큰 파워를 핸들할 수 있음을 의미한다. 우퍼 스피커에 있어 보이스코일은 **SVC(single voice coil), DVC(double voice coil)** 두 종류가 있다.

SVC 코일　　DVC 코일

● 싱글보이스코일(SVC)

우퍼에서 보빈에 한 줄을 감아 양극, 음극의 한 세트의 터미널(단자)를 가진 보이스코일이다. 전형적인 SVC는 임피던스가 1옴, 2옴 또는 4옴 값을 가진다.

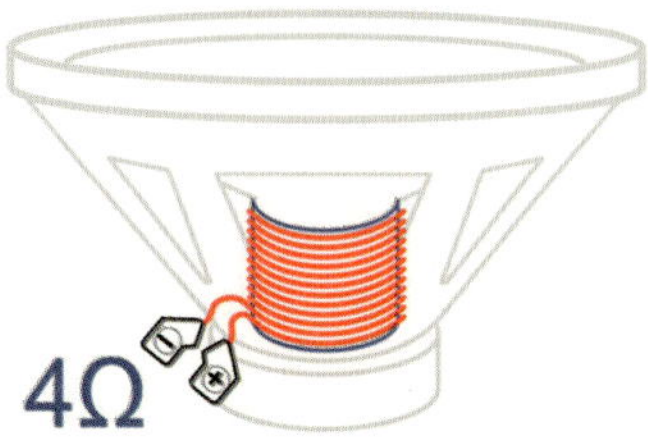

싱글보이스코일 스피커

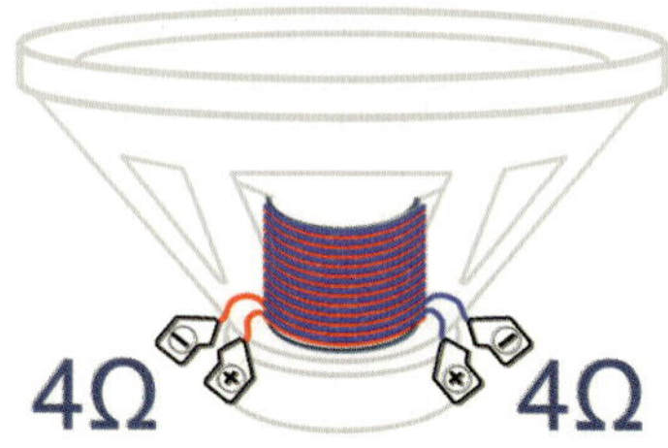

듀얼보이스코일 스피커

● 듀얼보이스코일(DVC)

듀얼보이스코일은 두 줄을 교대로 얽히게 감아 두 세트의 단자를 가진 코일이다. 두 줄이 함께 감겨서 얼핏 보면 한 개의 코일을 감은 듯이 보인다. A,B, A,B, A,B 순으로 감은 것이다. SVC, DVC 둘 다 우퍼를 보호하면서 파워를 올려 최대의 기능을 얻을 수 있다.

하나의 우퍼를 가진 베이스시스템이 주어지면 SVC는 한 가지 방법으로 밖에 연결할 수 없지만 DVC는 단자를 조합하면 2옴, 4옴, 8옴을 얻을 수 있다. 즉, 두 세트의 단자를 병렬로 연결하면 2옴, 직렬연결하면 8옴, 한 세트만 연결하면 4옴의 임피던스를 만들 수 있어 앰프에 다양하게 맞추어 사용할 수 있으며, 파워도 다양하게 선택할 수 있다는 장점을 가진다. 즉, 앰프가 가능한 최상의 파워를 가지도록 돕기 위해 여러 가지 와이어링 옵션을 허용해 주므로 multi-subwoofer systems을 구현하도록 도움을 준다. 4 DVC 코일의 우퍼스피커로 구현할 수 있는 임피던스의 경우는 다음과 같다.

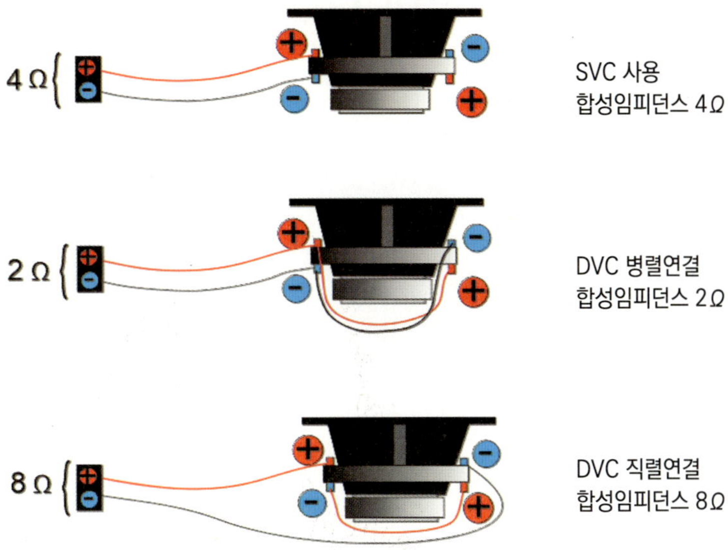

■ 보이스코일 임피던스

보이스코일의 한 가지 중요한 특징은 임피던스(Impedance, Z로 표시)인데, 단위는 옴(Ω)으로 표시한다. 스피커의 임피던스는 오디오 신호에 주는 전기저항의 값을 나타낸다. 낮은 임피던스를 가지는 스피커는 높은 임피던스를 가지는 스피커에 비해 같은 볼륨의 소리를 내는 데 더 많은 전류를 요구한다. 홈 오디오에서 일반적인 임피던스 값은 4Ω부터 8Ω 사이인데, 전문가들의 오디오 장비에서는 그보다 더 높은 값의 스피커가 쓰인다. 최적의 효과를 위해 **스피커 임피던스를 앰프의 임피던스와 매칭시키는 것이 중요하다.**

오디오 음질의 핵심은 Voice coils

보이스코일의 디자인과 퀄리티는 스피커의 음질에 현저한 영향을 줄 수 있다. 이것은 소리를 만드는 원인이 되는 동적인 부분이기 때문에 그 작동에 있어서 정교함, 신뢰성이 최고로 중요하다. 와이어의 타입, 게이지 같은 요인들, 코일의 디자인, 코일을 감는 방식 등은 모두 음질, 파워 핸들링, 스피커의 수명을 좌우할 수 있다.

한걸음 더

스피커 종류와 오디오 시스템

스피커의 종류

고음재생용 트위터

저음재생용 우퍼

동축 스피커(저음, 고음 동시 재생)

트위터 스피커

3~4KHz 주파수의 고음 영역을 출력하는 스피커로 모양은 돔형이 일반적이다. 유닛의 크기는 높은 주파수(긴 파장)의 음에 진동하려면 크기가 작아야 유리하다. 따라서, 유닛의 크기도 2~10cm 안쪽이다. 진동판의 재질도 빠르게 진동하기에 유리한 섬유질이나, 알미늄같은 금속 재질이 많이 쓰이지만 근래에는 다양한 재질이 개발되고 있다.

우퍼(서버우퍼) 스피커

200~300Hz 이하의 저음을 출력하는 스피커이다. 저음 영역은 파장이 길고 많은 에너지가 필요하기 때문에 작은 유닛으로는 재생할 수 없다. 따라서 스피커의 크기가 크고, 재질은 딱딱한 진동판을 사용한다. 우퍼 유닛의 크기는 5인치~15인치까지가 많이 사용되지만 30인치 넘는 경우도 있다.

2way의 경우에는 우퍼 스피커가 중대역까지 담당해야 하므로 크기가 너무 크면 저음 영역에는 유리하나 중음은 담당하기가 불리하므로 크기에 제한적이다. 음역대가 매우 낮아서 어느 정도 음량을 높이면 가슴을 두드리는 듯 온몸으로 느낄 수 있는 것이 우퍼의 소리이다. 딱딱한 재질, 큰 사이즈의 유닛을 진동시키기 위해서는 높은 출력이 요구된다.

동축스피커(Coaxial speakers)

동축스피커는 싱글콘 스피커와 컴포넌트 스피커의 중간이다. 이 스피커는 동축에 설치된, 또는 동일 스피커어셈블리에 설치된 2-way 스피커다. 동축 스피커는 공간을 줄이고 싱글콘 스피커를 대신하기 위해 디자인된 타입이다. 보통 이것은 하나의 스피커에 트위터, 주파수분배기(Crossover)를 한꺼번에 연결하여 구성되어져 있다.

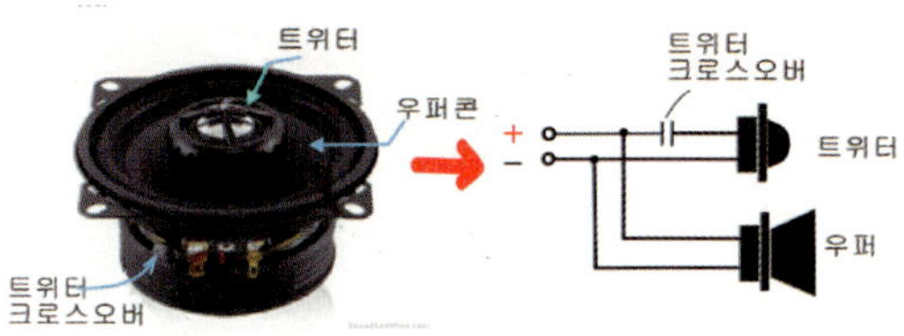

동축스피커의 구조

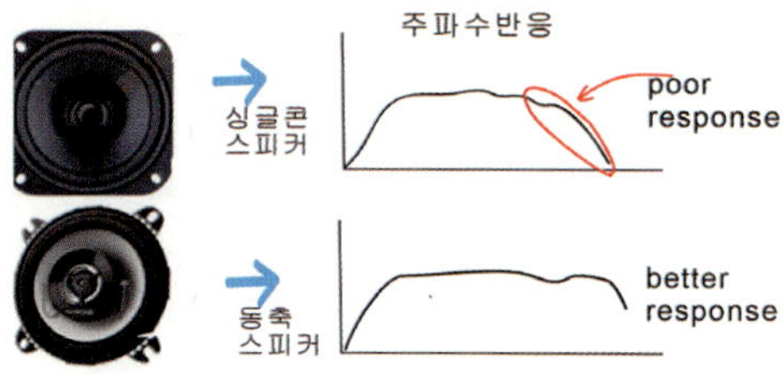

표준스피커-동축스피커의 주파수 반응 비교

대부분 동축스피커는 싱글콘스피커에 비해 주파수 반응이 좋고 개선된 사운드 충실도를 위해 크로스오버를 장착한 별도의 트위터를 추가함으로써 전 주파수 영역을 커버할 수 있다.

오디오시스템의 구성

2way speaker crossover

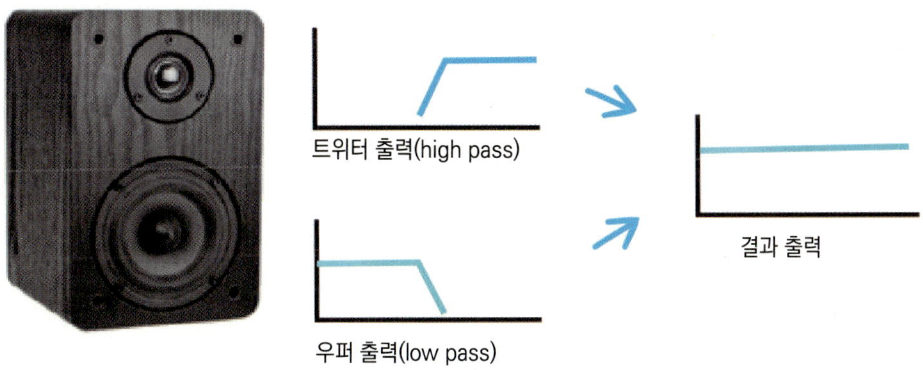

트위터스피커는 고음영역에서, 우퍼스피커는 저음영역에서 찌그러짐이 없어서 동축스피커 혼합 출력은 전 영역에서 찌그러짐이 없다.

2-way 시스템에서 크로스오버(주파수 분배기, 필터)는 전기적 구성을 앰프나 스테레오로부터 오는 전기적 음악 신호를 나누고 필터링하여 트위트와 우퍼로 나누는데 사용한다.

하이패스 필터는 트위터가 처리할 수 없는 저음, 중음 영역에 의해 찌그러지는 음을 차단한다(고음 영역 통과). 마찬가지로 로패스 필터는 저음 스피커가 잘 재생할 수 없거나 만약 사용되었다면 음질이 떨어지는 높은 주파수 영역을 차단한다(저음 영역 통과).

3way speaker crossover

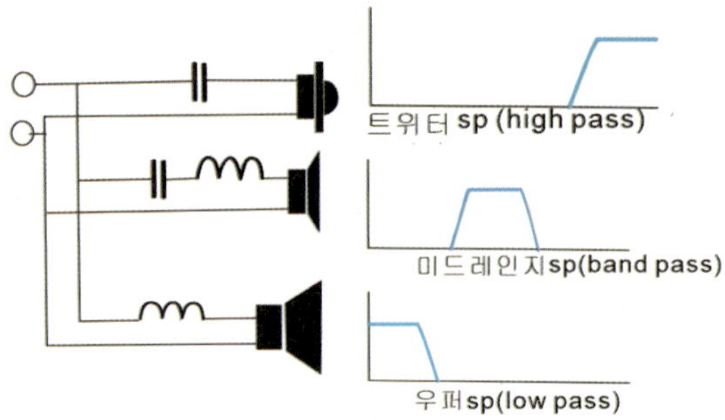

3-way 스피커는 bandpass 분배기를 사용하는 또 다른 스피커를 추가한 2-way 스피커의 확장이다. 세 번째 스피커는 중음영역 스피커에 부하를 줄임으로써 중음 영역을 개선시켜 주고 나아가 더 나은 소리를 재생시켜 주며 중음 영역의 사운드를 찌그러짐이 적고 맑은 소리를 얻도록 해 준다. 그러나 crossover 디자인은 훨씬 복잡하다. 3-way 스피커는 가격이 비싸고 복잡하기 때문에 덜 일반적이지만 더 나은 음악을 즐기려는 음악 매니어에게는 훌륭한 선택이다. 3-way 스피커는 중저음 모델보다 더 적합한 질 높은 중음 영역 스피커를 사용함으로써 사운드를 개선해 준다.

블루투스 스피커 만들기

스피커를 만들어 일반 앰프로 연결하는 대신 블루투스 앰프에 연결하여 휴대폰에서 블루투스를 연결하면 휴대폰 음악을 들을 수 있다.

- 시중에 유통되고 있는 블루투스 스피커용 앰프 키트를 구입한다.
- 좌우 +, - 극을 찾아 스피커를 연결한다.
- 전원선을 연결한다. 대체로 8V~ 24V 사이의 전원을 연결해 주면 된다. 유선으로 들으려면 입력 잭을 휴대폰과 연결하면 되고, 충전전원을 구입해서 연결해도 된다.
- 휴대폰 블루투스 기능을 찾아 주변기기를 입력해 준다.

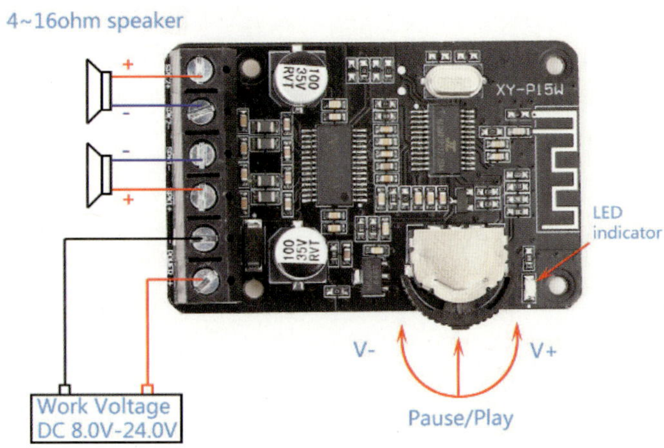

DIY-Science

모형 전기기타 만들기

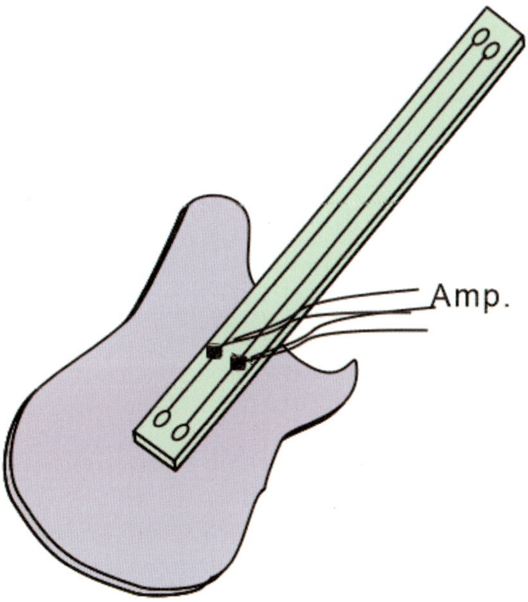

DIY Science
아이디어

음악은 인간의 감정을 표현하는 중요한 영역인 동시에 일상을 풍요롭게 만드는 장르이다. 악기 중 전기기타는 통기타의 울림통 대신 앰프를 써서 풍부한 음량으로 대중음악을 폭넓게 표현하는 악기이다.

자석과 코일을 조합하여 전기기타를 만들어 보면서 그 과학 원리를 이해하게 하고 전기기타로 표현하는 음악 장르를 접해보는 기회를 만들어 보면 어떨까?

실제 악기처럼 만드는 일은 매우 정교한 기술이 필요한 일이므로 좀 단순화 시켜 악기의 과학 원리를 구현하는 수순으로 목표를 정했다.

[평가기준]

평가 준거	수 준		
	상	중	하
픽업코일을 정교하게 제작했는가?	픽업코일을 정교하게 제작하여 소리가 잘 난다.	픽업코일 제작이 정교하지 못하여 소리가 약하다.	제작한 전기기타에서 소리가 나지 않는다.
작품은 **창의적**인가?	개선점을 찾아 창의적으로 설계할 줄 안다.	개선점을 찾았으나 창의적으로 설계할 줄 모른다.	개선점을 찾지 못한다.
원리 설명은 **논리적**인가?	전기기타의 작동 원리를 잘 설명한다.	전기기타의 작동 원리를 알고 있으나 논리적이지 못하다.	전기기타의 작동 원리를 잘 모른다.
서로 **협동**하는가?	조원들끼리 잘 협동함	보통	협동이 이루어지지 않음

SCIENCE DIY cafe.daum.net/hiphys

모형 전기기타 만들기

〈과제〉

○ 자석에 코일을 감아 전기기타를 만들어 보자.

○ 전기기타가 작동하는 원리를 설명해 보자.

○ 개선점을 찾아 창의적인 장치를 새로 설계해 보고 제작해 보자.

DIY과제 모형 전기기타 만들기

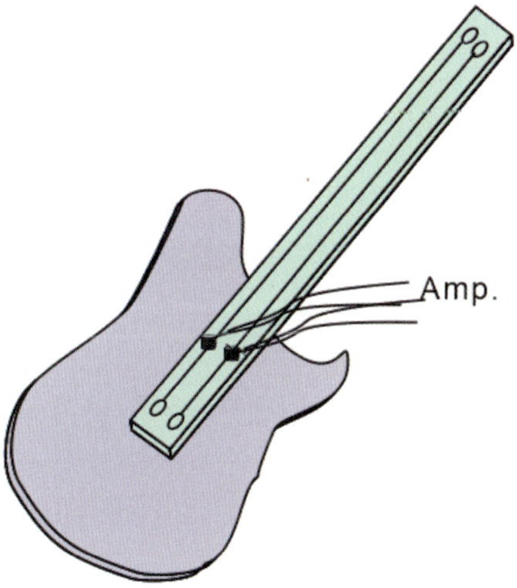

이 활동을 하면…

- 금속의 자화에 대해 이해할 수 있다.
- 전기기타의 핵심 부품인 픽업코일의 과학 원리를 알 수 있다.
- 자화된 금속이 자석 주위에서 운동할 때 전류가 생성되는 전자기유도 현상을 이해할 수 있다.

전기기타의 명칭

• 넥(neck) : 기타의 바디와 헤드를 연결하고 있는 장치
• 프렛(fret) : 넥 속에 은색으로 박혀 있는 쇠. 이 프렛에서 헤드 쪽의 왼쪽 지판을 누르라는 표시다.
• 헤드머신, 줄감개(tuning key) : 넥 위에 있는 헤드에 나사처럼 돌리는 장치. 이것을 돌려서 줄을 감거나 풀면 음정을 조절할 수 있다.
• 픽업(pick-up) : 기타 줄에서 만드는 음파를 전기신호로 바꾸어주는 장치. 앰프로 이어지고 스피커로 전달된다. 싱글(Single) 픽업과 험버커(Humbucker) 픽업이 있다.
• 픽업 셀렉터 : 바디에 있는 픽업들 중 한 가지나 두 가지 픽업을 선택하는 장치. 연주법에 따라 적합한 픽업을 선택한다.

DIY활동 전기기타를 만들어 보자.

준비물

우드락 1장, 각목 1 (60×15×600mm), 에나멜선(Ø=0.2~0.3mm), Nd자석(원형, Ø=1cm) 2, 전기기타줄 2, 피스, 십자드라이버, 앰프, 스피커, 글루건, 칼

준비물 가이드

Pick-up 코일 만들기

- 수도배관용 관(XL 관)을 잘라 보빈 몸체(원기둥형)를 만든다. (내경 1.5cm, 외경 2.0cm, 높이 2.0cm)
- 하드보드를 잘라 보빈 윗판, 아랫판을 만든다. (3.0×3.0cm, 두께 1.5mm, 구멍 직경 1.5cm)
- 몸체 양 끝에 순간 접착체를 묻히고 윗판과 아랫판을 결착한다. 결착된 이음새를 글루건으로 마감한다.
- 코일을 촘촘하게 여러 겹 감고(약 700~1000회 이상) 그 중심에 자석을 끼운다.

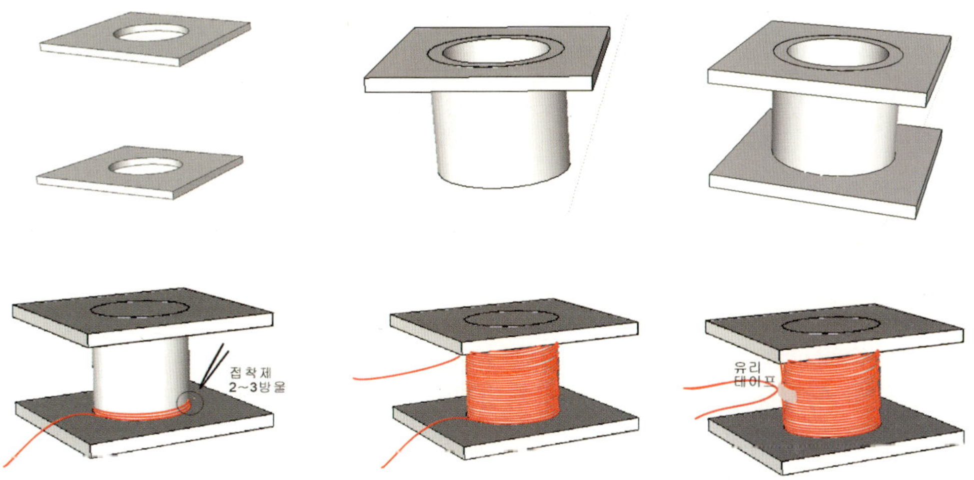

조립하기

- 하드보드지로 기타 몸체를 오린다.
- 넥 만들기 : 기다란 송판(또는 각목) 양 끝에 피스를 박고 금속선을 팽팽하게 고정시킨다.
- 픽업 코일을 기타 몸체에 고정하고 그 위를 금속선이 지나가게 설치한다.
- 몸체와 넥을 접착제로 단단히 붙인다.
- 픽업 코일을 앰프에 연결한다.

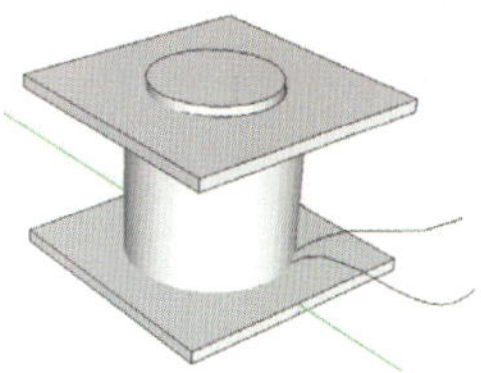

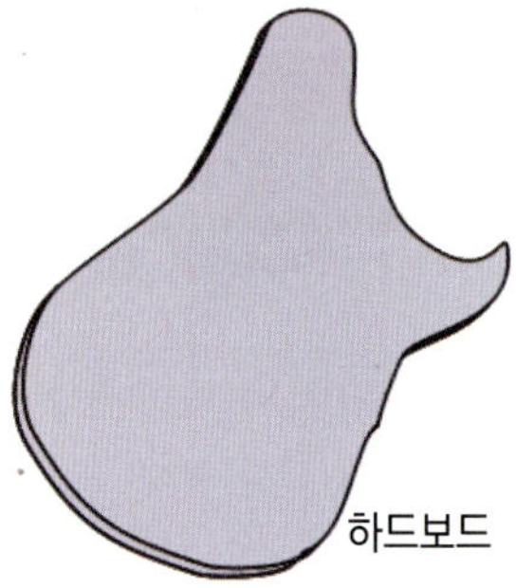

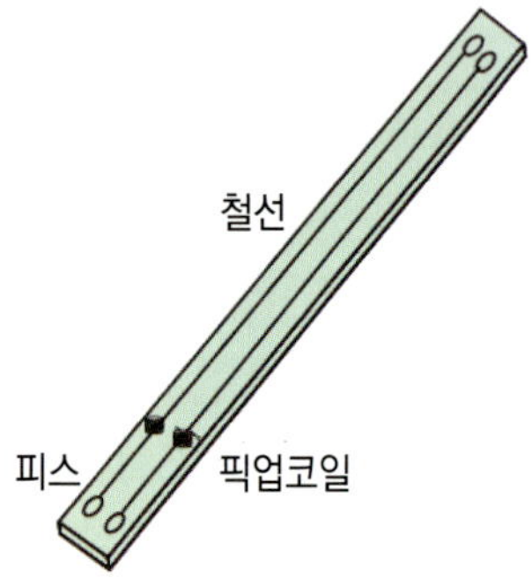

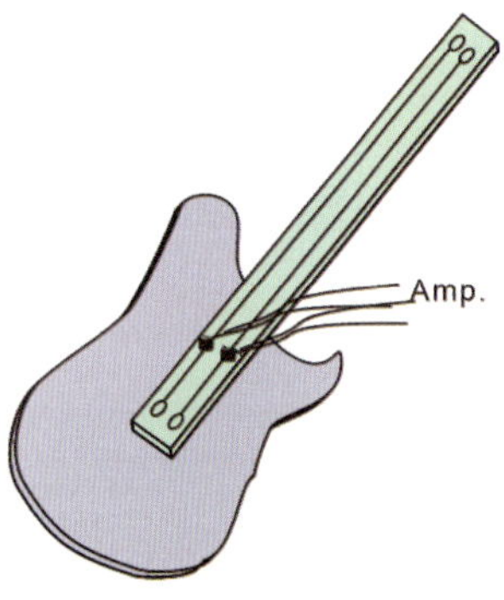

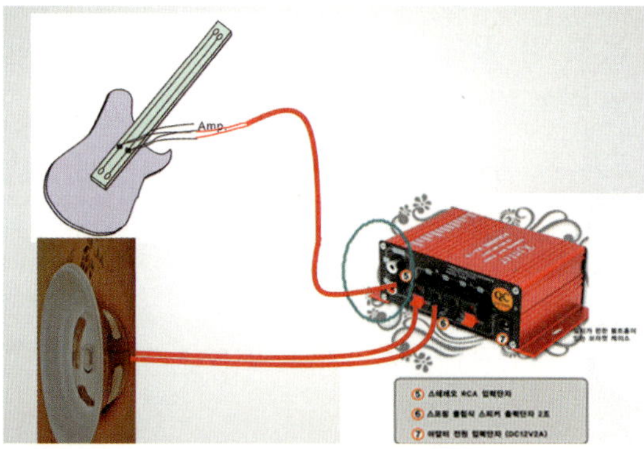

전기기타 테스트

- 전기기타의 픽업 코일 두 가닥 선을 앰프 입력부와 연결한다.
- 앰프 출력부와 스피커를 연결한다.
- 앰프의 스위치를 켜고 볼륨을 조절한다.
- 기타 줄을 튕겨 본다. 세게-약하게 튕길 때 소리를 들어 본다.
- 기타 줄을 느슨하게 당길 때와 팽팽하게 당겨 튕길 때(진동수가 더 커질 때) 나는 소리를 듣고 차이를 구별해 본다.

DIY-s.탐구 전기기타 탐구

실험1. 전자기유도 현상

[준비물] 솔레노이드 코일, 자석, 검류계, 도선

[장치 및 과정]

• 솔레노이드 코일에 검류계를 연결한 다음 솔레노이드 근처에서 막대자석을 상하로 또는 좌우로 움직여보자.

• 솔레노이드 근처에서 자석을 큰 폭으로, 또는 작은 폭으로 움직여보자.

• 솔레노이드 근처에서 자석을 빠르게, 또는 느리게 움직여보자.

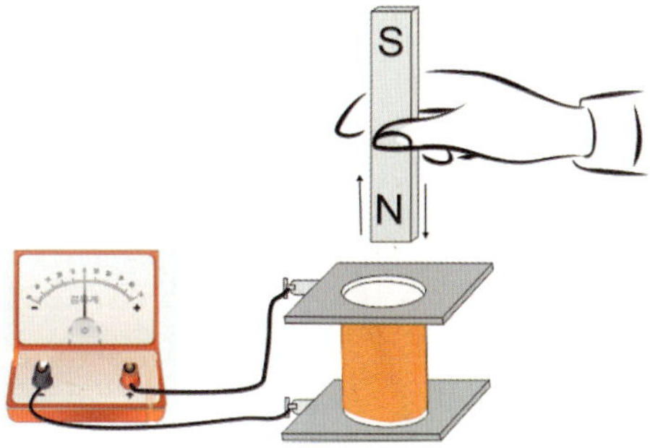

[고찰]

□ 각각 어떤 현상을 발견할 수 있는가?

□ 각각의 현상에 대하여 그 이유를 설명해보자.

실험2. 전기기타 원리

[준비물] 전압계, 바늘, 막대자석, 픽업코일, 기타

[장치 및 과정]

• 자석 근처에 금속선을 잠시 접근시켰다가 격리시키거나, 자석으로 금속선을 문지른다음 그 금속선을 주변의 금속바늘에 대어 보자.

• 픽업 코일의 선을 전압계에 연결한 다음 자석으로 문지른 금속선을 상하로 튕겨보고 미세한 변화를 관찰해보자.

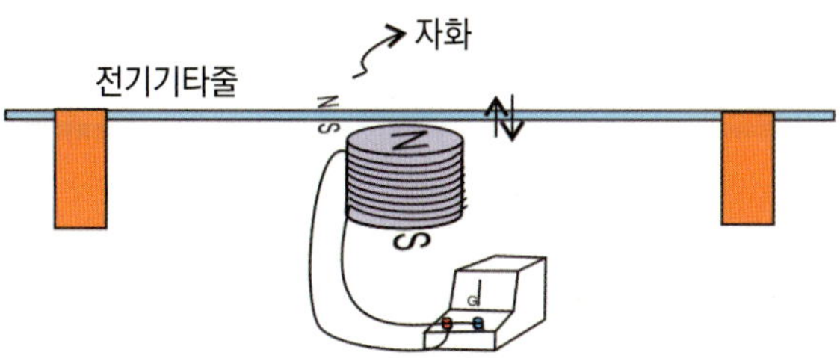

[고찰]

□ 자석으로 문지른 금속선에 바늘이 붙는 이유는 무엇일까?

□ 전압계 바늘이 움직인다면 그 이유는 무엇일까?

□ 전기기타의 음정은 어떻게 정해질까?

□ 전기기타에서 통기타의 공명통 역할을 하는 것은 무엇인가?

개선점 찾기

장치에서 불편한 점, 개선점을 찾아보자. 전기기타에서 큰 소리를 얻지 못하는 이유는 무엇일까?

창의설계

새 장치를 만들기 위한 창의 설계도를 그려 보자.

기존 픽업을 구하여 연결한다.

고쳐 만들기

개선한 설계도에 따라 장치를 개조해 보자.

개념 · 원리 전기기타의 원리

자화

- 미시적으로 자석은 극히 작은 자기 조각들로 구성되어 있는데 이를 **자기구역**(domain)이라 한다. 각각의 자기구역은 N극과 S극을 가진 작은 자석과 같다.
- 자기를 띠지 않은 쇳조각의 자기구역은 제 멋대로 배열되어 있다. 개개의 자기구역에서는 자기 효과가 서로 상쇄되므로 이러한 쇳조각은 자석이라 할 수 없다. 그러나, 자기를 띠지 않는 쇳조각에 강한 자석을 접근시키면 그림과 같이 자기구역이 일렬로 배열되어 자석이 된다. 이를 **자화**라 한다.

〈예〉 클립이나 머리핀은 자석이 아니지만 자석을 가져가면 **자화**되어 자석에 붙는다.

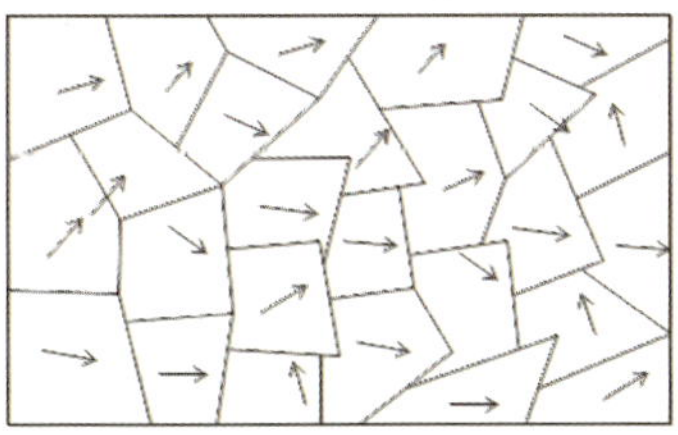

철원자 하나에 들어 있는 자기구역을 미시적으로 본 것. 각 구역은 수백만 개의 정렬된 철 원자로 이뤄져 있다.

자화되지 않은 철

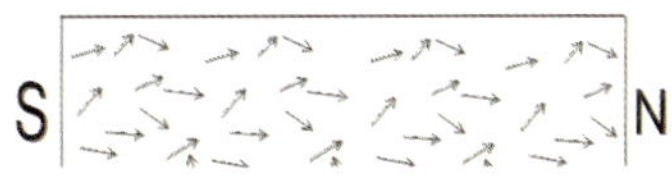

약간 자화된 철

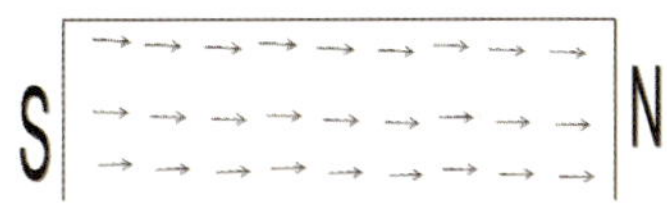

강하게 자화된 철

- 자성, 자성체 : 철, 니켈, Cr 등 금속 물체들을 끌어당기는 힘을 가진 물체
- 금속 물체가 자석에 끌리는 이유는 금속이 자화되기 때문이다.

자기장(자속밀도)

- 자기장(B) : 자기력이 작용하는 공간 (영구자석에 의한 자기장, 전류에 의한 자기장)
- 자기장의 방향 : 분자자석(자기쌍극자)의 N극이 받는 힘의 방향으로 결정한다.
- 자기장의 세기: **자속밀도**(단위면적당 자속)로 표시한다.

$$B = \frac{\text{자속}}{\text{면적}} = \frac{\Phi}{S}, \quad \text{단위}: Wb/m^2 = T(\text{테슬러})$$

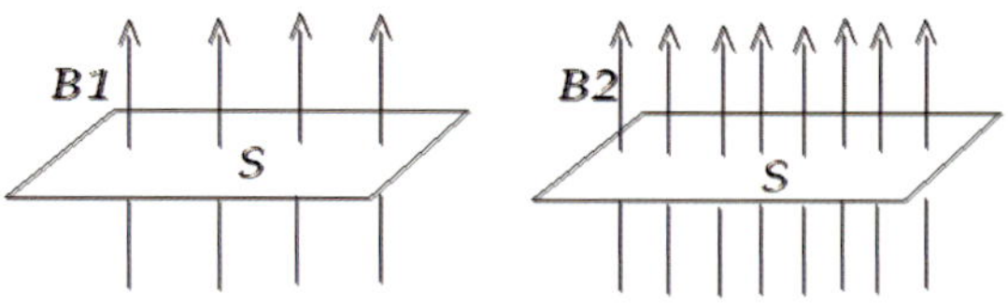

약한 자기장(자속밀도 소)　　　　센 자기장(자속밀도 밀)

전자기유도현상

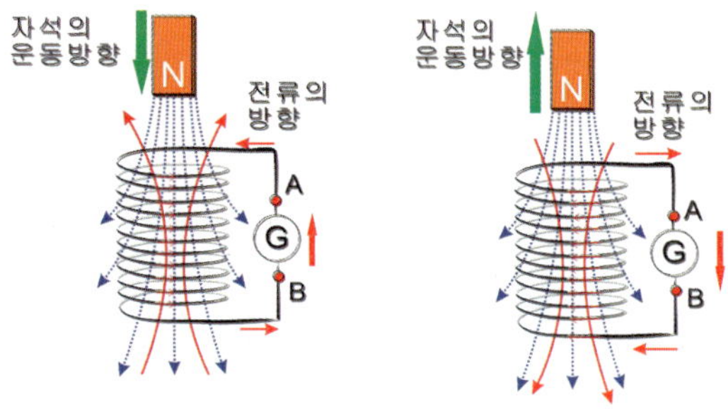

코일 주변에서 자석을 운동시키면(자기장 변화가 일어나) 코일에 전류가 흐른다. 이를 **전자기유도현상**이라 한다. 전자기유도현상은 자기장의 변화를 방해하는 방향으로 유도전류가 흐른다. 그림(왼쪽)에서처럼 자석의 N극이 코일에 접근하면 접근을 방해하는 방향, 즉 코일 윗쪽이 N극이 생기도록 유도전류가 흐른다.(렌츠의 법칙)

유도기전력의 크기(V)는, 코일의 감은 수(N)와 자속의 시간적 변화율에 비례한다. 즉,

$$V = -N\frac{\Delta\Phi}{\Delta t} = -N\frac{\Delta(BS)}{\Delta t} \quad ;\ \text{Faraday 전자기유도법칙}$$

$$(\text{자속밀도 } B = \frac{\Phi}{S}) \quad (Wb/m^2)$$

전기기타의 작동 원리

전기기타의 픽업 코일은 가운데에 영구자석을 심으로 하여 코일을 감아 만들어져 있다. 그 위에 금속 줄이 놓여 있어서 금속 줄은 영구자석에 의해 자화된다. 자화된 금속의 기타 줄을 진동시키면 픽업 코일에 자기장이 변화를 일으켜 픽업 코일에 유도 전류가 흐른다.(**전자기유도현상**)

이 신호들은 앰프에서 증폭되어 큰 전류가 흐르게 되어 큰 소리가 난다.

한걸음 더 픽업코일의 구조와 기능

Pick-up coil

픽업코일의 구조

전기기타 픽업은 하나 혹은 두 세트의 코일로 구성되어 있다. 한 세트로 되어 있으면 '**single coil 픽업**'이라 하고, 두 세트 코일을 가진 것은 '**humbucking 픽업**'이라 부른다. 픽업은 자석(알니코 자석[1]), 보빈, 코일로 구성되어 있다.

기본적인 보빈 구성은 상하 플레이트에 6개의 자석 폴이 끼워져 있고 그 둘레에는 직경 0.05~0.06mm 정도의 극도로 가는 코일(와이어)이 4,000~10,000회 이상 촘촘하게 감겨 있다.

기본적으로 6개의 자석 폴은 자기장을 만들어 준다. 금속선(기타줄)이 자석 근처에서 자화되어 자기장을 교란(변화)시키면 결과적으로 코일은 전류를 생성한다. 이 때 전류의 세기는 자기장의 세기, 와이어의 굵기, 와이어의 길이에 의존한다. 대부분 픽업의 출력 전압은 100mV~1V(rms) 정도인데 바깥에 별도의 앰프로 전달되어 신호가 증폭된다.

몇 가지 구조적 특징 요소, 예를 들면, 와이어의 길이, 게이지(와이어의 두께), 와이어 감는 방법 등이 전기적 신호에 영향을 미치게 되며 기타 소리에 영향을 준다. 특히 와이어의 길이(turns or wraps))는 소리를 결정하는 팩터 중 결정적 요소이다. 더 많은 와이어를 가질수록 더 강한 신호가 생산된다. 그러나 너무 많이 감으면 소리는 오히려 둔해질 수 있다.

픽업코일의 종류

• Basic single coil (단일코일 픽업)

한 줄로 세워진 6개의 자석 주위를 코일로 둘러 싼 구조를 갖고 있다. 단일코일 픽업은 밝고 깨끗한 사운드와 고음 응답을 특징으로 한다. 미묘한 음을 민감하게 표현할 수 있다. 그렇기 때문에 연주자의 기술이 매우 중요해 진다. 또, 왜곡 없이 명확하고 밝은 사운드를 원할 때 유용하다. 톤이 매우 밝고 맑지만 음의 표현에 제한적이다. 컨트리, 팝, 록 음악에서 자주 사용된다.

싱글코일 픽업의 유일한 단점은 다른 신호와의 간섭(노이즈)에 매우 민감하여 "윙윙거리는" 소리가 날 수 있다는 점이다.

---

1) 알루미늄, 니켈, 코발트 주성분의 자석으로 부식이 잘 안 되고 열에도 강하다.

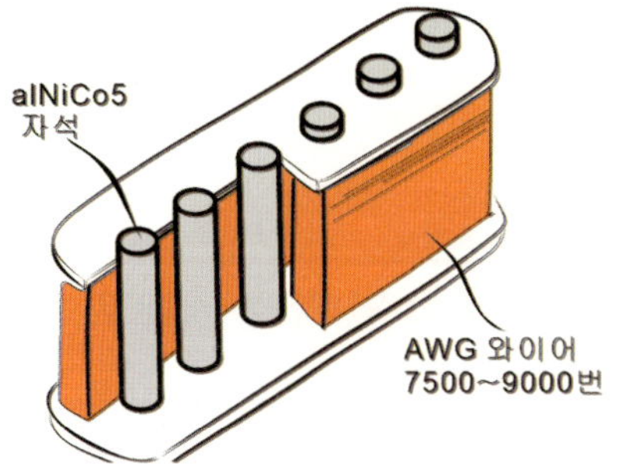

single 픽업

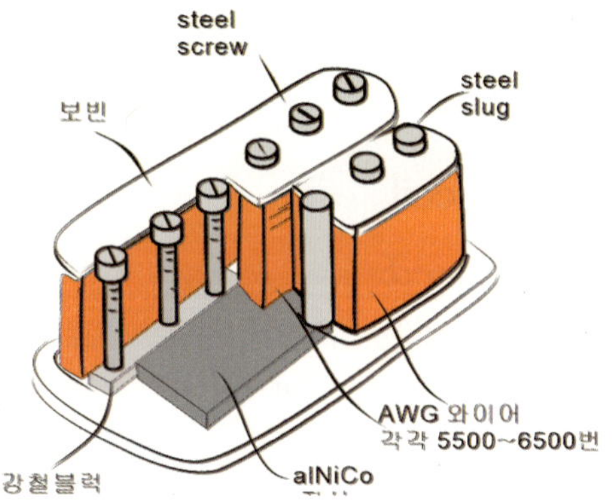

Humbucker 픽업

• Humbucker (더블 코일, 험버커 픽업)

자석, 보빈, 코일 세트를 두 줄로 나란히 붙여 놓은 형태이다. 각 세트는 자극이 서로 반대 방향이며 주위를 둘러싸고 있는 코일도 반대 방향으로 감겨 있다.

험버커 픽업은 따뜻하고 풍부한 사운드를 가진다. 싱글 코일보다 더 강력한 베이스 주파수를 생성할 수 있기 때문에 재즈와 하드 록, 블루스, 메탈 음악 등 거의 모든 장르에서 유용하다. 음의 왜곡 표현에도 탁월하다. 가장 큰 장점은 싱글 코일 픽업에서 문제가 되는 노이즈를 상쇄할 수 있다는 점이다. 단일 코일이 역 극성으로 감겨 있기 때문에 험이 상쇄된다.

험버커 톤은 베이스 주파수 영역의 두껍고 완전한 사운드를 가지고 있지만, 그 때문에 다소 선명도가 부족할 수 있다.

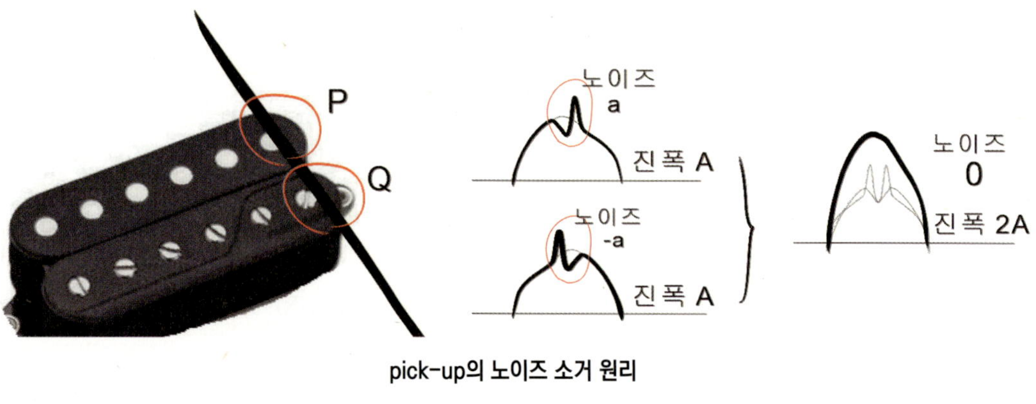

pick-up의 노이즈 소거 원리

Humbucker pick-up의 노이즈 소거

홈버크코일 픽업에서 쌍으로 놓인 두 개의 코일은 서로의 바깥에서 들어오는 노이즈(주로 교류 전류에 의한 자기장 영향)를 제거할 수 있다.

앞의 그림에서 P와 Q는 자석의 극이 서로 반대로 놓여 있고 감은 방향도 반대로 되어 있다. 그 때문에 줄을 튕겼을 때 출력 파형의 위상은 바뀌지 않으면서 간섭을 일으켜 진폭이 두배로 된다. 그러나 노이즈 파는 기타줄을 튕겨서 얻어지는 신호와는 다르기 때문에 위상이 반대가 되어 두 노이즈 파동은 간섭을 일으켜 진폭이 0이 된다.

[참고] [3D설계] 픽업코일 보빈

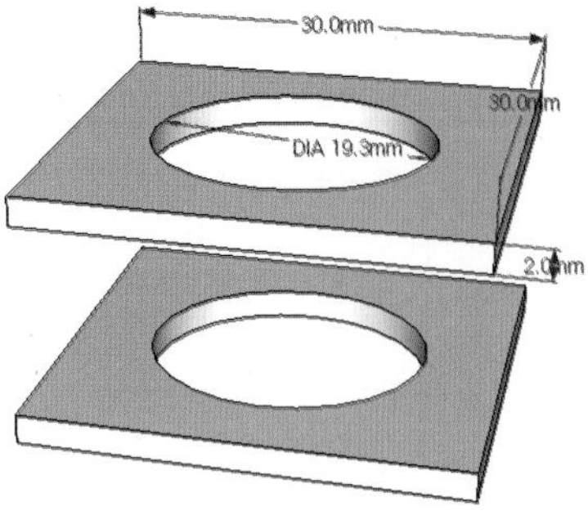

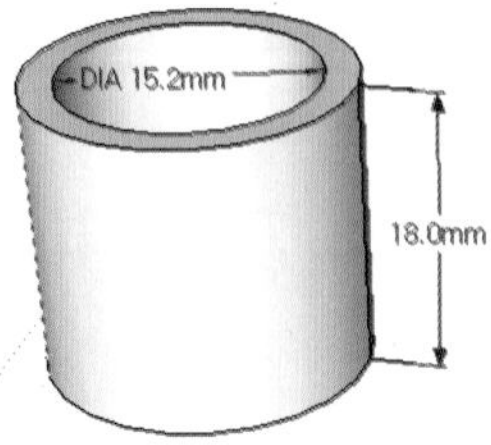

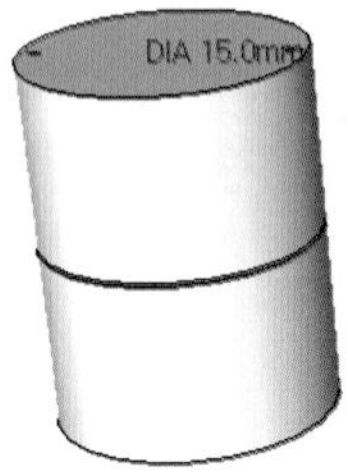

(위, 아래판을 출력하여 원통 위아래에 판을 꽉 끼워 보빈을 고정한다. 원통과 판의 틈새를 글루건으로 마감한다.)

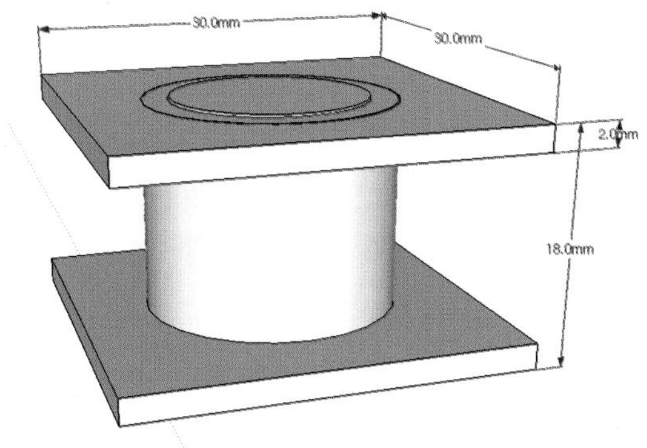

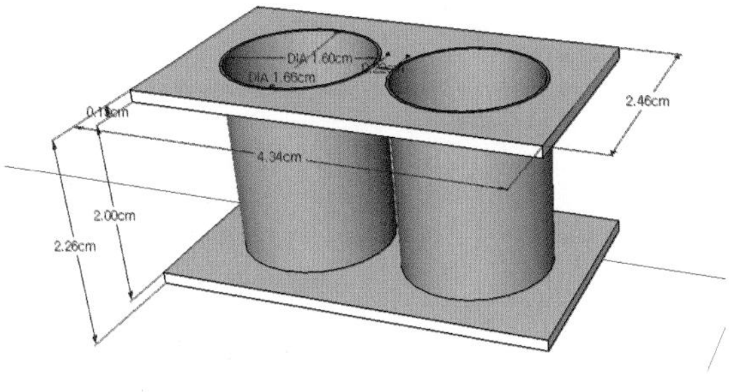

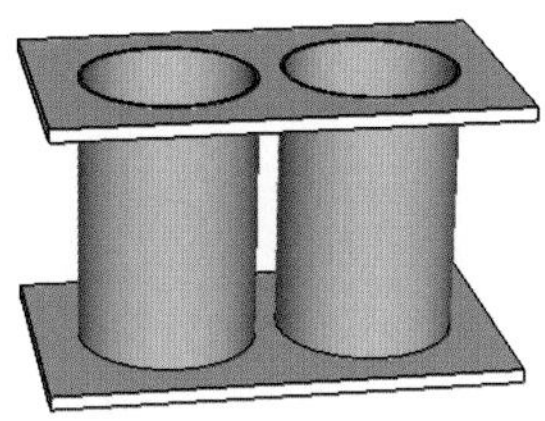

DIY-Science

바늘구멍사진기 만들기

DIY Science
아 이 디 어

인간의 감정을 표현하거나 주변에서 일어나는 많은 현상을 기록하는 매체로는 그림, 음악, 문학, 사진 등 무수히 많지만, 간단한 기록물에서부터 예술 작품에 이르기까지 다양한 수준으로 자유자재로 표현할 수 있는 도구로 사진기만한 것이 없다. 사진기의 시작은 바늘구멍사진기에서 출발하였다. 문명의 발달로 사진기 제작 기술은 날로 발전하여 지금 이 순간에도 다양한 카메라가 진화되어 가고 있다.

바늘구멍사진기를 만들어 그 원리를 탐구함으로써 인간이 사물을 정확하게 기록하기 위해 빛(자연)을 어떻게 창의적으로 이용해 왔던가를 알 수 있을 것이다.

[평가기준]

평가 준거	수 준		
	상	중	하
바늘구멍사진기를 제작하여 상을 얻는가?	바늘구멍사진기를 제작하여 선명한 상을 얻는다.	바늘구멍사진기를 제작하지만 상이 흐릿하다.	바늘구멍사진기를 만들어 상을 찾지 못한다.
작품은 **창의적**인가?	개선점을 찾아 창의적으로 설계할 줄 안다.	개선점을 찾지만 창의적이지 못함	개선점을 찾지 못하고 창의적이지 못함
원리 설명은 **논리적**인가?	개념원리를 제대로 잘 설명한다.	개념 원리를 일부만 알고 있다.	원리를 잘 모른다.
서로 **협동**하는가?	조원들끼리 잘 협동함	보통 수준	협동이 이루어지지 않음

바늘구멍사진기 만들기

〈과제〉

○ 바늘구멍사진기를 만들고 상을 관찰할 수 있는 원리를 설명해 보자.
○ 사진기의 작동원리를 알아보자.
○ 개선점을 찾아 창의적인 장치를 새로 설계해 보고 제작해 보자.

DIY과제 바늘구멍사진기 만들기

이 활동을 하면…

- 바늘구멍사진기를 만들 수 있다.
- 카메라 사진의 원리를 알고 상을 얻는 방법을 알 수 있다.
- 디지털카메라 기술에 의한 모바일카메라의 원리를 알 수 있다.

DIY활동 바늘구멍사진기를 만들어 보자.

준비물

볼록 렌즈(초점거리 150mm), 볼박스(30cm×20cm, 4장), 양면테이프, 반투명 종이, 칼, 자, 기타

제작 방법

- 전개도에 따라 바늘구멍 사각 상자를 만든다.
- 전면에 1cm×1cm 크기의 사각형 구멍을 뚫는다.
- 바늘구멍 크기를 달리하는 3~4종의 필터를 만들고 사각 상자 전면 구멍 앞에 설치한다.
- 스크린 상자를 만든다. 바늘구멍 상자 속에 들어갈 수 있도록 약간 작게 만든다. 스크린 상자 전면에는 반투명지를 풀로 붙인다.

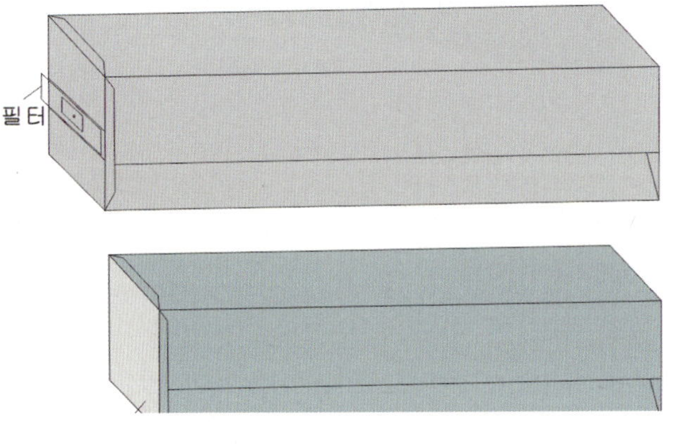

DIY-5.탐구 바늘구멍사진기 탐구 [Home exp.]

실험1. 바늘구멍사진기에 의한 상

[준비물] 촛불, 성냥, 바늘구멍사진기

[장치 및 과정]

- 책상 위에 백지를 펼치고 약 1.5m 직선을 긋는다.
- 직선의 한 쪽 끝에 촛불을 세운다.
- 바늘구멍사진기의 스크린 통을 앞뒤로 움직여 가면서 촛불의 상을 관찰한다.

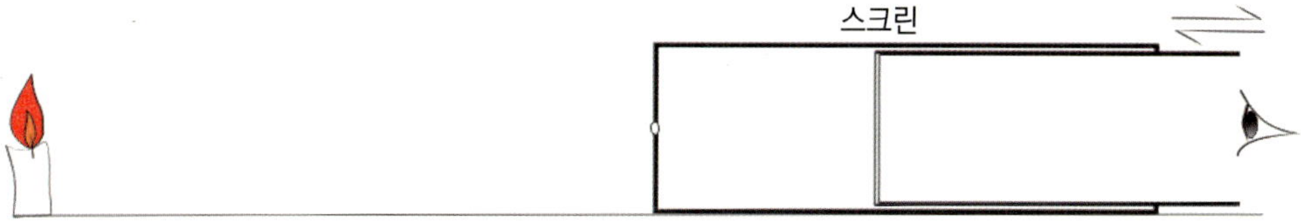

[고찰]

□ 바늘구멍 사진기에서 상은 어떻게 맺히는가?

□ 바늘 구멍의 크기를 달리하면서 상을 관찰해보자.

□ 상을 밝게 맺게 하는 방법을 찾아보자.

안전 : 촛불이 넘어져 화재가 나지 않도록 잘 고정한다. 촛불대신 꼬마전구를 설치하는 것도 좋은 방법이다.

[DIY-Tip] 밝은 상을 얻기 위해 실물 뒤편에 반사거울(또는 스텐양푼이 그릇 등)을 사용하는것도 좋은 방법이다. 이때, 거울과 실물 사이 거리는 반사경의 초점 거리가 좋다.

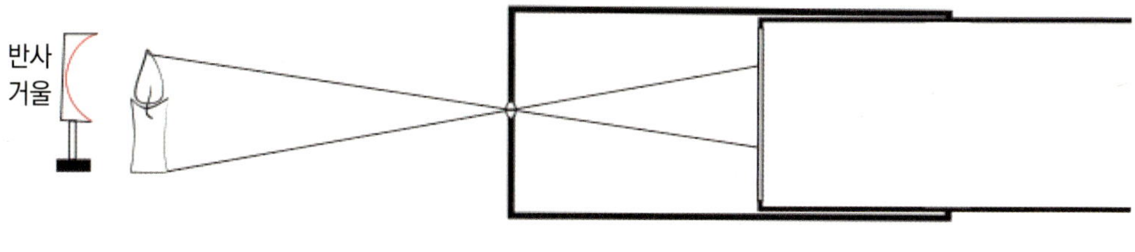

실험2. 렌즈에 의한 상

[준비물] 촛불, 성냥, 찰흙, 볼록렌즈, 스크린, 미터자

[장치 및 과정]

- 촛불의 오른 쪽 적당한 위치에 볼록렌즈를 세운다(찰흙을 이용).
- 직선 위에서 스크린을 옮겨가면서 상의 위치를 찾아본다.
- 촛불의 위치를 구심 위, 구심 밖, 구심과 초점 사이, 초점 위, 초점 안쪽 등에 있을 때 상의 위치를 스크린을 옮겨가면서 찾아 본다.
- 스크린 만들기
  볼박스를 잘라 ㄱ자로 꺾은 다음 꺾은 모서리를 따라 나무젓가락을 대어 실리콘 건으로 접착한다.

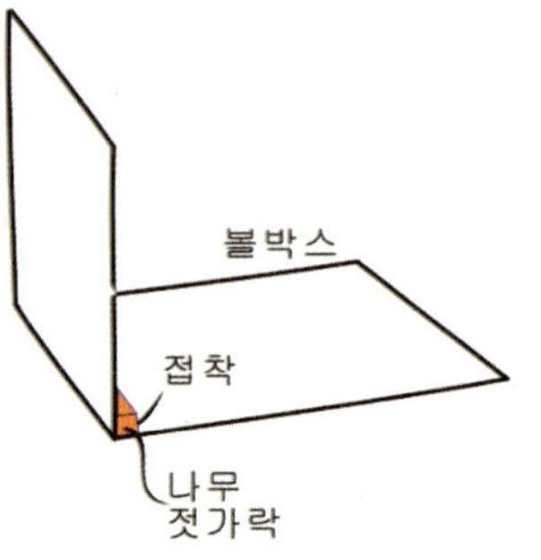

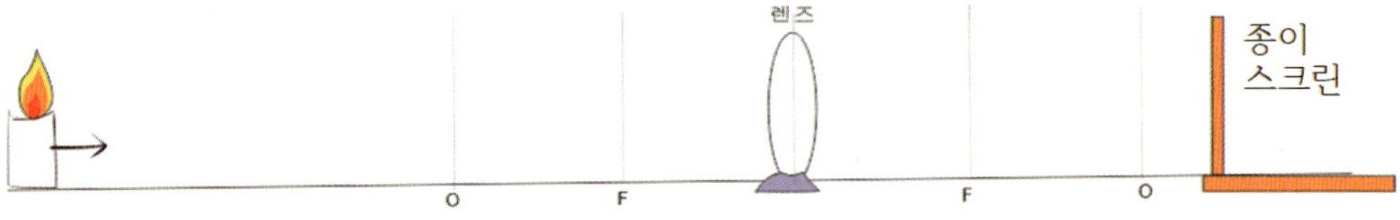

[고찰]

□ 상의 상하좌우는 실물과 어떻게 다른가?
□ 물체의 위치에 따라 상의 위치는 어떻게 변하는가?
□ 상을 크게 맺게 하려면? 작게 맺게 하려면 어떻게 하면 될까?
□ 바로 선 상을 만들려면 어떻게 하면 될까?

개선점 찾기

안정을 유지하기 위해 개선해야 할 점을 찾아보자.

창의설계

새 장치를 만들기 위한 창의 설계도를 그려 보자.

고쳐 만들기 바늘구멍 대신 볼록렌즈

바늘구멍 위치에 볼록렌즈를 붙여 사진기를 만들어 보자. 이 때 렌즈의 초점 거리가 길면 경통이 길어 제작이 어려우므로 초점거리를 짧게 하기 위해 볼록렌즈 두 개를 겹쳐서 사용할 수도 있다. 필름이 놓일 위치에 폰을 사용하여 상을 찍어보자.

개념 · 원리 바늘구멍사진기의 원리

■ 빛의 성질

● 직진

일상에서 경험하는 빛은 진행하는 공간 즉, 매질이 변하지 않으면(동일 매질에서는) 직진한다. 커튼 틈으로 방안으로 들어오는 햇살이나 손전등으로부터 나오는 빛줄기는 빛의 직진성의 증거다. 또, 태양으로부터 오는 빛이 물체의 그림자를 만드는 것도 빛이 직진한다는 증거이다.

● 반사

빛이 진행하다가 어떤 물체의 표면에 닿으면 그 빛의 일부는 반사하고 나머지는 물체에 흡수(투명제에서는 투과)되거나 반사된다. 빛이 평면의 임의의 점에 입사될 때 그 점에서 세운 법선과 이루는 입사각은 반사각과 크기가 같다.

● 굴절

목욕탕 물이나 풀장의 물은 모두 실제보다 얕아 보인다. 봄날 도로 위에는 아지랑이가 생기고 밤하늘의 별들은 반짝거린다. 이는 빛이 한 매질 속을 진행해 가다가 다른 매질로 진행할 때 빛의 속력이 변하기 때문에 생기는 현상이다. 빛이 진행하다가 매질이 변할 때 두 매질의 경계면에서 그 경로가 꺾이는 현상을 빛의 굴절이라 한다.

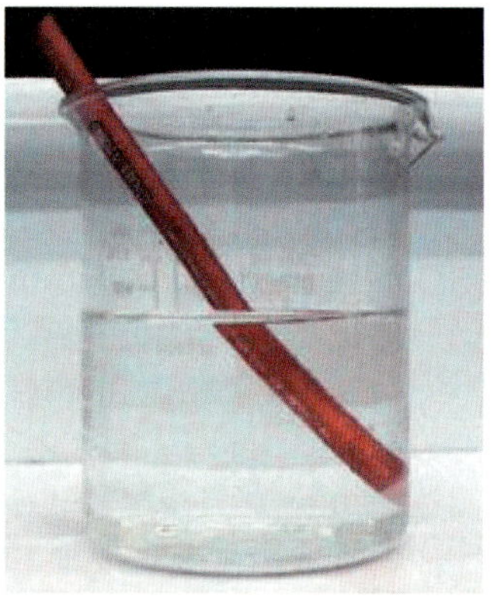

빛의 굴절

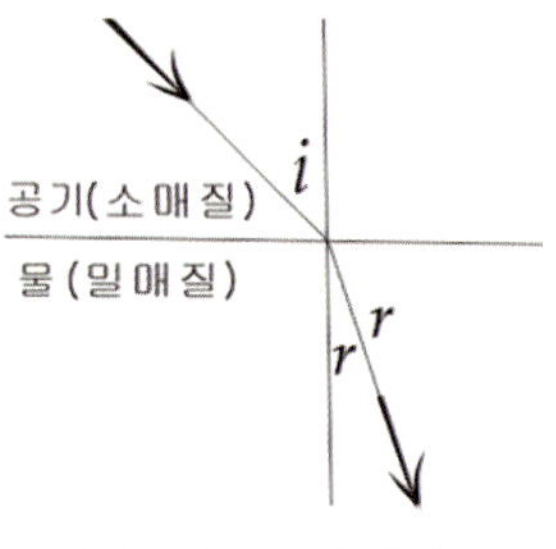

소에서 밀로 진행할 때, $i > r$

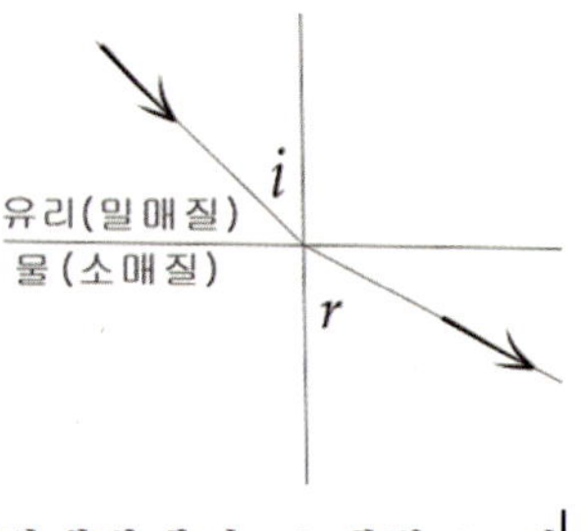

밀매질에서 소매질로 진행할 때, $i < r$

볼록렌즈에 의한 상

상의 작도 원칙

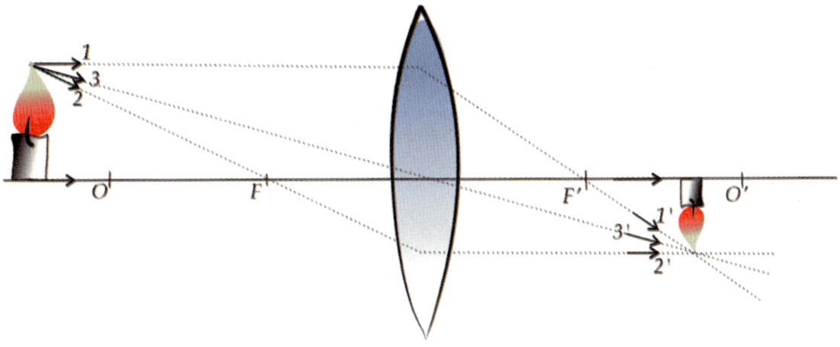

- 축에 평행하게 입사한 광선(1)은 굴절 후 반대 편 초점을 통과한다.
- 초점을 향해 입사한 광선(2)은 굴절 후 광축에 나란하게 진행한다.
- 렌즈 중심을 향해 입사한 광선(3)은 굴절 후 경로를 그대로 유지한다.

물체의 거리에 따른 상의 위치

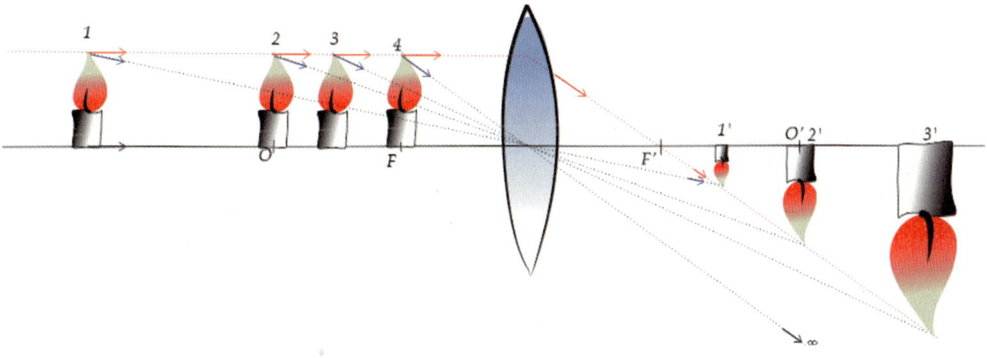

- 물체가 렌즈에서 먼 곳(1)에 있을 때는 상은 렌즈 반대편 초점 밖 가까운 곳(1′)에 실물보다 작은 실상이 생긴다.
- 물체가 점점 렌즈 쪽으로 다가오면 상은 실상으로 반대편 초점에서 점점 멀어지고 크기는 커진다.
- 물체가 구심 위(2)에 있을 때, 상은 실상으로 반대편 구심(2′)에 실물과 같은 크기로 생긴다.
- 실물이 구심과 초점 사이(3)에 있을 때 상은 실물보다 큰 실상이 렌즈 반대편 구심 밖에(3′) 생긴다.
- 실물이 초점(4)에 있을 때는 상이 생기지 않는다.
- **실물이 초점 안쪽에 있을 때는 실물보다 큰 허상이 생긴다.**

■ 바늘구멍사진기의 원리

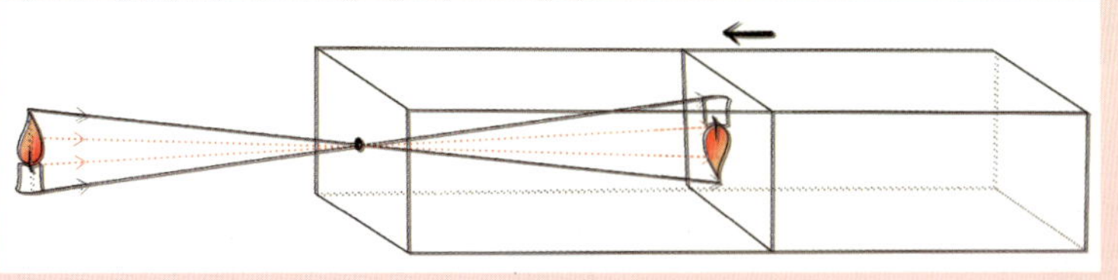

바늘구멍사진기의 속 상자를 밀었다 당겼다 하면서 상이 가장 선명하게 맺어지는 위치를 찾을 수 있다. 촛불에서 나온 여러 방향의 빛들은 바늘구멍을 통해 직진하여 스크린에까지 도달한다. 실물에서 나온 무수히 많은 각 점들에 대응하여 스크린에 상이 맺힌다. 이 때 상은 빛이 실제로 모여 만들어졌기 때문에 실상이다. 즉, 바늘구멍사진기에는 거꾸로 선 실상이 맺어진다.

■ 바늘구멍사진기의 상

- 바늘구멍이 작을수록 선명한 상이 맺어진다. 그러나 구멍이 작으면 광량이 적어 상이 어두워진다. 반대로 바늘구멍이 크면 광량이 많아 밝은 상이 되지만 흐릿하게 나타난다.
- 물체 뒤에 오목거울을 설치하여 반사광이 사진기 렌즈로 향하게 하면 광량이 많아져 밝은 상을 맺게 할 수 있다.
- 바늘구멍 사진기의 상은 도립 실상이다. 빛이 실제로 모여 만들어진 상이기 때문이다. 상하도 바뀌지만 좌우도 바뀐다.
- 빛이 실제로 모여 있는 상이기 때문에 폰으로 사진 촬영할 수 있다.

■ 사진기에 맺힌 상은 어떻게 캡쳐될까? −필름에 의한 상

필름은 플라스틱 젤라틴 층으로 덮인 sheet로 만들어져 있다(Base). 이 젤라틴은 빛에 감응하는 할로겐화은[1]이라는 감광유제를 발라 만든다.

흑백 필름은 한 층의 할로겐화은(AgBr 등)으로 되어 있고 브롬화은(AgBr)에 빛이 닿으면 빛이 많이 닿은 부분은 브롬화은이 Ag 이온과 Br 이온으로 분해되고, 빛이 적게 닿은 부분은 AgBr이 그대로 남게 된다. 분해된 Ag은 필름에 보이지 않는 상(잠상)을 새기는데, 빛의 강도에 따라 백색부터 검은색까지 다양하게 분리되어 나타낸다. 이것이 흑백 사진의 원리이다. 이 잠상은 현상과정을 거쳐 눈에 보이는 상(흑백

---

1) 할로겐족 원소와 은의 화합물(AgF, AgCl, AgBr, AgI)을 말함. AgBr은 감도가 높아 필름에 많이 쓰이며 확대용 인화지에도 쓰인다. AgCl은 감도가 낮아 밀착 인화지에 쓰이며, AgI는 AgBr, AgCl에 첨가하여 감도를 높이는 데 쓰임

반전상)을 얻는다.

■ 선명하고 밝은 상을 얻으려면…

● 조리개로 빛의 양을 조절(f수 조절)

f수가 작을수록 구멍이 커지고 빛이 들어오는 양이 많아진다. 최대로 개방하면 밝은 사진을 찍을 수 있지만 상이 흐릿해진다. 반면, 조이면 상은 또렷하지만 어두운 상을 얻게 된다.

● 움직이는 물체는 셔터속도 조절

빠르게 움직이는 물체는 셔터 속도를 짧게 한다. 그러지 않으면 블러가 생긴다. 즉, 사진에 흔적이 남는다. 모션블러란 빠른 피사체를 찍을 때 셔터스피드를 길게 하여 흔적을 찍는 것을 말한다. 스포츠 경기 장면을 찍을 때는 셔터 속도를 1/1000 ~ 1/8000 정도로 매우 빠르게 설정한다.

● 감도(ISO) 조절

감도 (ISO)는 최종적으로 이미지 센서가 조리개와 셔터를 거쳐 노출된 빛을 증폭할 수준이다. 일반적으로 밝은 야외에서는 ISO 100 ~ 200 사이, 어두운 실내나 야간에는 400 ~ 3200 사이로 사용하는 것이 권장된다.

☕ **대부분의 경우, 조리개 우선 모드** (A 또는 Av 모드)로 두고 감도를 낮은 감도(100~200)으로 고정하여 조리개를 통해 심도를 조절하다가, 광량이 부족하여 안전 셔터 속도가 확보되지 않을 경우에는 감도를 한 단계씩 올리는 것이 좋다.

☕ **움직이는 피사체**를 찍거나 움직이는 자동차 안에서 사진을 찍는 경우에는 **셔터 속도 우선 모드** (S또는 Tv 모드)로 두고 셔터 속도를 빠르게 설정한 후 감도와 조리개를 자동으로 두는 것이 좋다.

한걸음 더 사진기의 발달

■ 카메라 옵스큐라

카메라 옵스큐라(camera obscura)는 camera(방)+obscura(어두운)의 합성어로 '어두운 방'이란 의미이다. 어두운 방의 한 부분에 구멍을 뚫어 놓으면 밖의 풍경이 구멍을 통해 들어와 맞은편 벽에 거꾸로 맺히게 되는 장치이다.

17-8세기의 몇몇 사실주의 화가들은 카메라 옵스큐라를 이용하여 그림을 그렸다. 이들 화가의 그림은 놀랄만한 정도로 사실적이다. 베르메르는 드로잉을 하지 않고 직접 캔버스에 그림을 그렸다. 미술사가들은 베르메르가 이렇게 사실적인 그림을 쉽게 그릴 수 있었던 비밀은 카메라 옵스큐라를 사용한 때문일 것이라고 추측하고 있다.

■ 스틸카메라

가장 기본 카메라인 스틸카메라에서는 바늘구멍사진기의 바늘구멍 자리에 볼록렌즈를 설치한 카메라이다. 조리개를 렌즈 앞에 대고, 반투명지 자리에 감광지를 댄 다음 조리개를 순간적으로 열었다가 닫음으로써 사진이 찍히도록 하였다.

■ SLR(일안반사식) 카메라

SLR카메라에서 렌즈를 통해 빛이 입사되어 45도로 놓인 거울에 도달한다. 이 거울은 빛을 상방향 프리즘 속으로 반사시키는데, 여기서는 빛을 뷰파인더로 방향을 돌린다. 이렇게 함으로써 피사체 이미지를 실시간으로 보도록 해 준다. 셔터를 누를 때 거울이 튀어 올라 빛을 감광매체(센서 또는 필름)에 도달하게 한다.

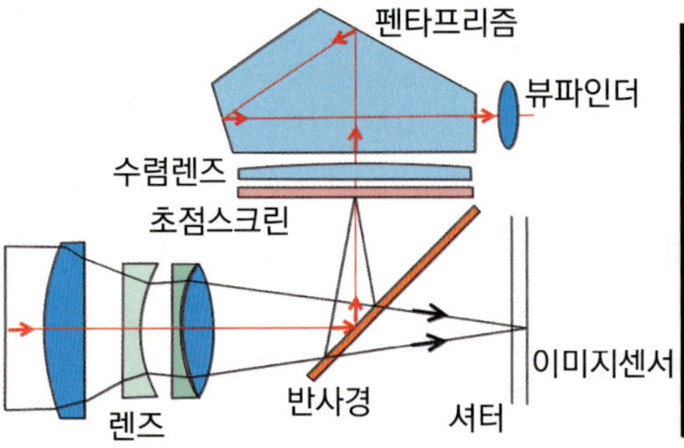

SLR 카메라의 원리(상세)

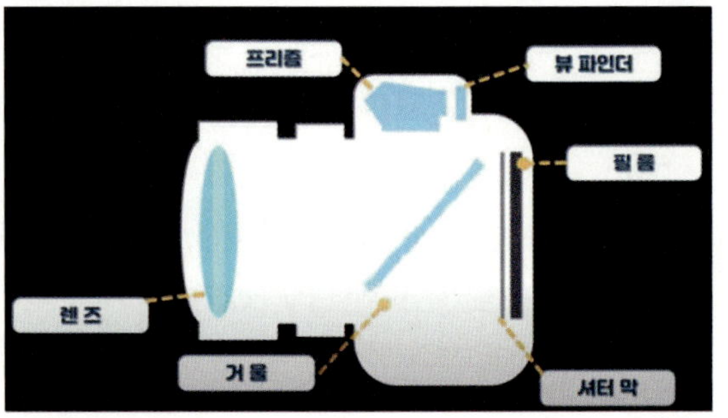

SLR카메라의 원리(약식)

밀러리스 카메라

이것은 거울과 프리즘을 생략한 카메라이다. 이미지를 실시간으로 디스프레이하기 위해 LCD 스크린을 사용한다. 가볍고 무소음 작동이 되는 등 장점을 제공한다.

DSLR(디지털일안반사식) 카메라

DSLR은 "Digital Single Lens Reflex"를 뜻한다. 기본 원리는 똑같으나 상은 필름 대신 이미지 센서에 의해 캡쳐된다. 이미지 센서는 빛 정보를 디지털 정보로 변환되고 디지털이미지 파일로 저장된다.

정교한 사진 작품을 제공하고 렌즈를 교체할 수 있도록 해 준다. 디지털 기술의 발전과 함께 SLR 카메라는 전자적 이미지 센서를 사용할 수 있도록 DSLR 카메라로 진화했다. SLR, DSLR 카메라는 렌즈를 대체할 수 있다는 것이 최대 장점이다.

모바일 카메라

카메라 모듈은 기본적으로 렌즈, 액츄에이터(actuator), 센서, A/D컨버터, 디지털 신호처리 프로세서(DSP), 메모리 저장장치 등으로 구성되어 있다.

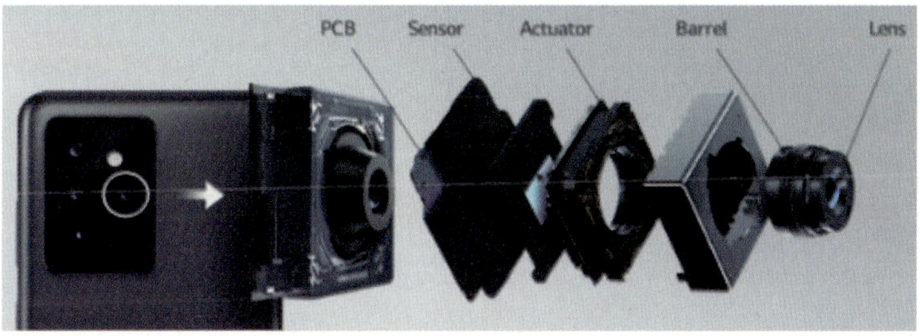

카메라모듈 구조, 출처 : LG이노텍

물체로부터 빛이 렌즈를 통해 들어오게 되고, CMOS와 CCD등의 센서에 의해 들어온 광학 신호는 전기적인 신호로 변환되며, 이 아날로그 신호는 A/D컨버터에 의해 디지털 신호로 변환된다. 디지털 신호는 DSP에 의해 IT기기를 위한 신호로 변환되어 처리되며, 메모리 등의 저장장치를 거쳐서 최종적으로 디스플레이 화면에서 이미지를 볼 수 있게 된다.

또한, 렌즈와 센서 사이에 있는 액츄에이터는 렌즈를 상하좌우로 움직여가며 초점을 자동으로 맞추거나, 손 떨림에 의한 이미지 흔들림을 보정해주는 역할을 하는 부품이다.

- **렌즈** : 렌즈 모듈은 **렌즈**, **배럴**(Barrel), **스페이서**(Spacer) 등 3가지로 구성되는데 렌즈는 빛을 모으는 역할, 배럴은 케이스, 스페이서는 렌즈 간의 거리를 유지하는 역할을 한다.

모바일카메라의 렌즈모듈 구조 [출처 : 삼성전기]

● **카메라 센서(이미지 센서)** : CCD(charge coupled device)와 CMOS(complementary metal oxide semiconductor)센서 두 가지가 있는데, 렌즈에 의해 받아들인 광학 신호를 전기적인 신호로 변환시켜주는 역할을 한다. CCD는 비싼 가격, 높은 전력 소비, 복잡한 제조 공정이 단점이지만, 우수한 광학 감도의 특성으로 인해 이미지 품질이 우수한 편이다. 반면, CMOS는 낮은 전력 소비, 간단한 제조 공정이 장점이지만, CCD에 비해 이미지 품질이 낮은 편이다.

이미지 센서들 예시

● **이미지센서의 구조와 감광 원리**

디지털 카메라의 감광장치는 이미지 센서가 빛에 감응한다. 그러나 이미지를 캡처하는 데는 **'포토사이트'**라고 하는 수많은 미세한 공동의 장을 사용한다. 각 포토사이트는 작은 칸막이방 같은 곳에서 데이터가 분석되고 가공된다.

셔터를 눌러 포토사이트를 빛에 노출시키면 각 포토사이트는 빛 입자를 모으기 위해 열린다. 셔터를 닫으면 포토사이트는 닫혀서 각 사이트에 들어 온 빛을 분석한다. 포토사이트가 취한 빛 입자의 양은 카메라 속으로 보내는 전기 신호로 바뀐다.

그런데, 이 지점에서 포토사이트는 빛의 컬러를 구별하지 못한다. 감광센서에서 빛이 밝은 정도, 어두운 정도만 감지한다. 더 많은 정보가 없다면 흑백 이미지만을 얻게 된다.

컬러 이미지를 얻기 위해서는, 각 공동 위에 빛의 특정 색만을 허용하는 칼라 필터를 설치해야 한다. 컬러 필터 배열의 일반적인 타입은 '**Bayer array**'라 한다. Bayer filter는 붉은색이 1/4, 푸른색이 1/4, 녹색이 나머지 반을 허용하여 문양 배열을 이룬다. 녹색 영역이 많은 이유는 사람의 눈이 녹색에 더 민감하기 때문이다.

사실상 모든 카메라는 각 공동에서 단지 R, G, B 삼원색 중 하나만을 캡처할 수 있을 뿐이다. 마치 스테인드글라스 창문에서 빛이 한색만 허용되는 것과 같다.

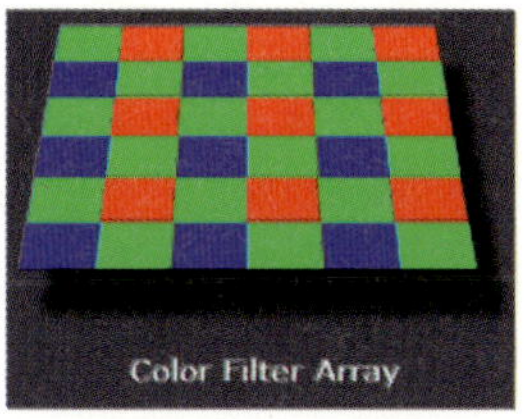

A Bayer Filter Array.
(출처; Cambridge in Colour)

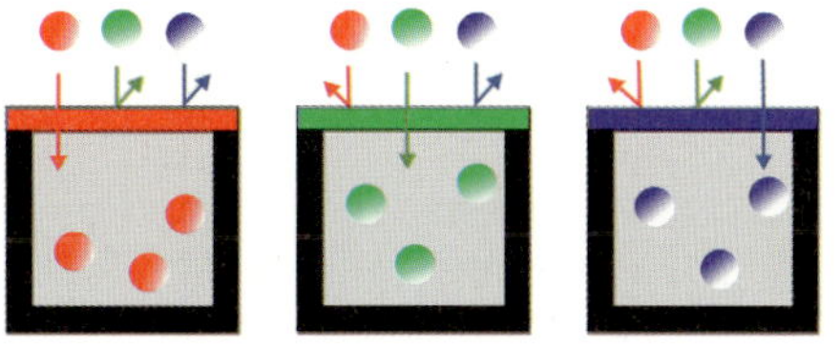

컬러필터를 지닌 포토사이트
(출처; Cambridge in Colour)

따라서, 들어온 빛의 2/3는 받아들이지 못한다. 카메라가 매 픽셀에서 풀컬러를 구현하기 위해서는 삼원색 중 나머지 두 색에도 접근해야 한다.

적색필터는 피사체에서 들어오는 적색 이미지를 만들고, 청색필터는 청색 이미지를, 그린 필터는 그린 이미지를 만든다. 이처럼 RGB로 분리된 세 개의 이미지는 카메라에 내장된 이미지 처리 프로그램에 의해 하나의 이미지로 합쳐지면서 풀칼라의 완성된 이미지로 최종적으로 메모리 카드에 파일로 저장된다.

● 디지털 신호처리 프로세서(DSP)

디지털 신호처리 프로세서는 디지털 신호를 처리하기 위한 칩으로 ISP(이미지 신호 처리기), JPEG 인코더 등으로 구성되어 있다. 기본적으로 CCD와 CMOS에서 받아들인 원시 데이터는 RAW data 라고 하는데, 말 그대로 가공되지 않은 데이터 형식으로서 ISO 설정, 셔터 속도, 조리개값 등이 기록되어 있다.

이 RAW data를 가공하여 RGB와 YUV형식의 이미지 파일로 변환할 수 있으며, 이를 압축하여 JPEG, MPEG, H.261/H.263, H.264 등의 이미지 파일로 변환할 수 있다.

DIY-Science

간이 망원경 만들기

DIY Science 아이디어

누구나 밤하늘 별을 쳐다보면서 먼 미지의 세계를 한 번쯤은 동경해 본 적이 있을 것이다. 저 별나라에는 생명체가 살까? 저 별나라에 가려면 얼마나 걸릴까?

천체 관측은 오랜 옛날부터 시작된 학문이었다. 천체 관측을 위한 장비가 날로 발달함에 따라 천체의 신비를 풀 수 있는 날이 차츰 다가오고 있다. 간이 망원경을 만들어 봄으로써 망원경의 원리에 대해 탐구해 보고 천체에 대해 더욱 큰 관심을 가지는 계기를 만들 수 있을 것이다.

[평가기준]

평가 준거	수 준		
	상	중	하
망원경을 제작하여 상을 얻는가?	망원경을 제작하여 선명한 상을 얻는다.	망원경을 제작하지만 상이 흐릿하다.	망원경을 만들지만 상을 찾지 못한다.
작품은 **창의적**인가?	개선점을 찾아 창의적으로 설계할 줄 안다.	개선점을 찾지만 창의적이지 못함	개선점을 찾지 못하고 창의적이지 못함
원리 설명은 **논리적**인가?	개념원리를 제대로 잘 설명한다.	개념 원리를 일부만 알고 있다.	원리를 잘 모른다.
서로 **협동**하는가?	조원들끼리 잘 협동함	보통 수준	협동이 이루어지지 않음

SCIENCE DIY
cafe.daum.net/hiphys

간이 망원경 만들기

〈과제〉

○ 망원경을 만들어 천체를 관측해 보자.

○ 망원경으로 멀리 있는 물체를 가까이 관측할 수 있는 원리를 설명해 보자.

DIY과제 간이 망원경 만들기

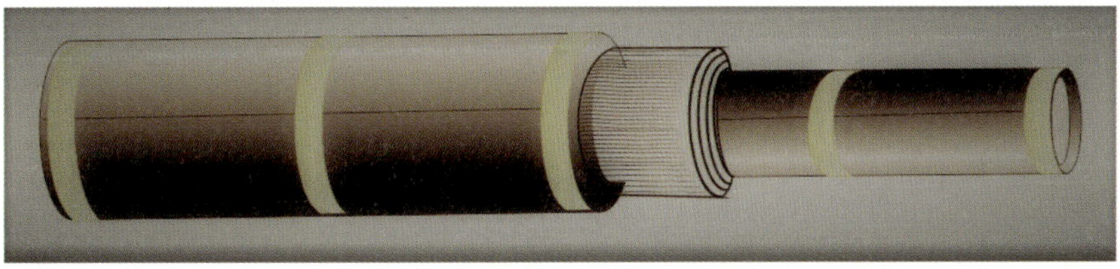

이 활동을 하면…

- 케플러식 간이 망원경을 만들 수 있다.
- 망원경에서 상이 만들어지는 원리를 설명할 수 있다.
- 천체관측을 더 정교하게 하는 방법을 알 수 있다.

망원경의 명칭

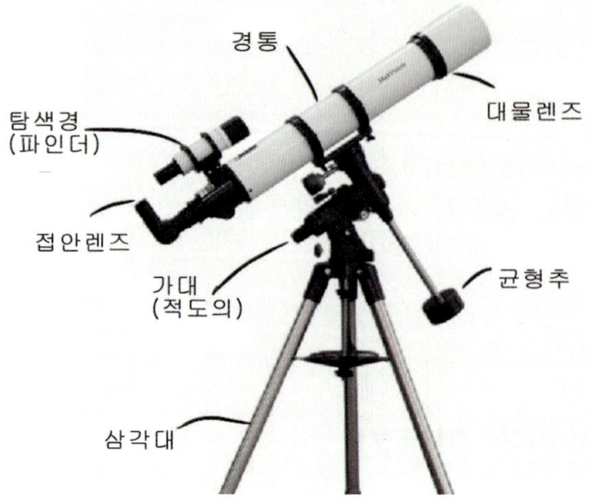

- 대물렌즈 : 관측 대상에서 오는 빛을 모으는 역할
- 경통 : 렌즈 보호, 산란광을 막아 주는 기능
- 탐색경(파인더) : 넓은 시야에서 관측 대상을 쉽게 찾을 수 있는 도구
- 접안렌즈 : 관찰자의 눈에 접하는 렌즈, 교환함으로써 배율 조정 가능
- 균형추 : 망원경의 동작 시 무게와 균형을 맞추는 역할
- 가대(적도의) : 경통을 관측 대상으로 방향을 변화시키는 장치
- 삼각대 : 망원경을 지지하는 역할

DIY활동 망원경을 만들어 보자.

준비물

볼록렌즈 f=430mm(직경 75mm) 1, 볼록렌즈 f=100mm 1, 골판지, 양면테이프 또는 글루건, 자, 가위, 절연 테이프, 삼각대 기타

초점거리 구하기

- 대물렌즈의 초점거리를 측정한다. 태양 빛을 이용해서 대략적 초점을 맞추고 막대자를 이용하여 초점거리를 구한다.
- 대안렌즈의 초점거리를 측정한다. 태양 빛을 이용해서 대략적 초점을 맞추고 막대자를 이용하여 초점거리를 구한다.

경통 만들기

- 골판지를 잘라 길이로 놓고 가로 변에 양면 테이프를 붙인다.
- 또 다른 골판지를 가늘고 길게 잘라 세로 변에 두 줄로 붙여 렌즈 끼울 자리를 만든다.
- 대물렌즈를 굴려가면서 골판지를 말아 대물렌즈 경통(약 500mm)을 만든다.
- 대안렌즈 경통도 같은 방법으로 만든다.

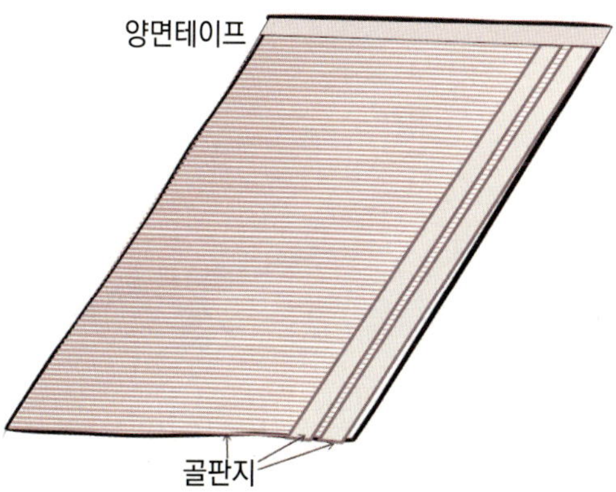

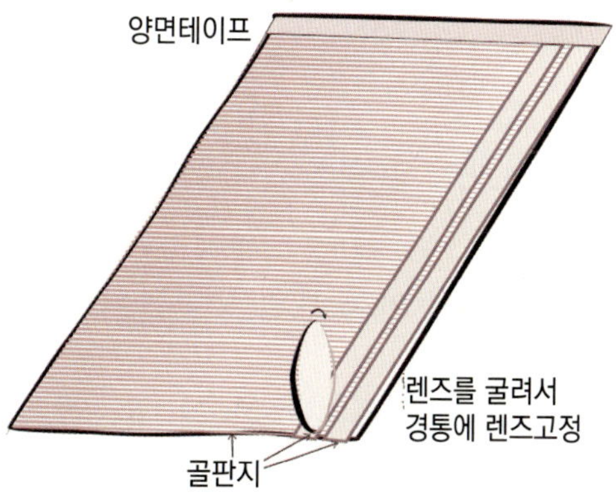

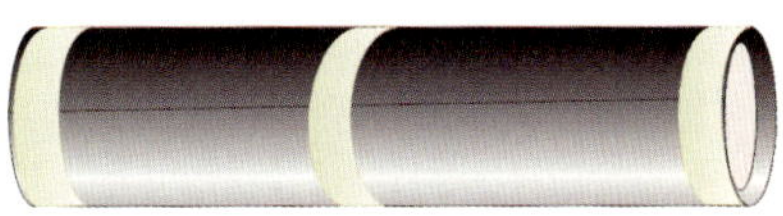

대안, 대물렌즈 경통 끼우기

• 대안렌즈 경통을 대물렌즈 경통에 끼울 수 있도록 직경을 가늠하여 대안렌즈 경통 바깥 둘레에 골판지를 2~3겹 둘러싼다.

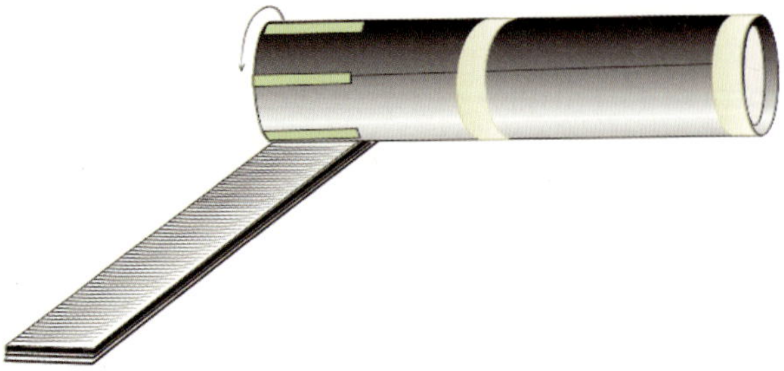

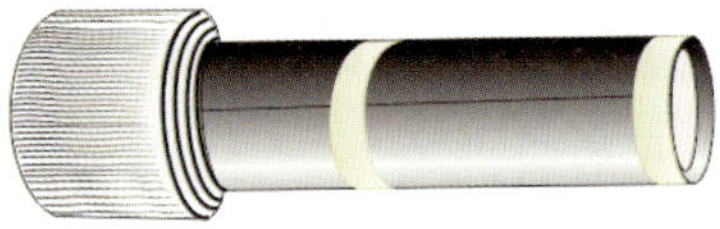

• 대안렌즈 경통 끝을 대물렌즈 경통 끝에 틈이 안 생기도록 잘 맞춰 두 경통을 조립한다.

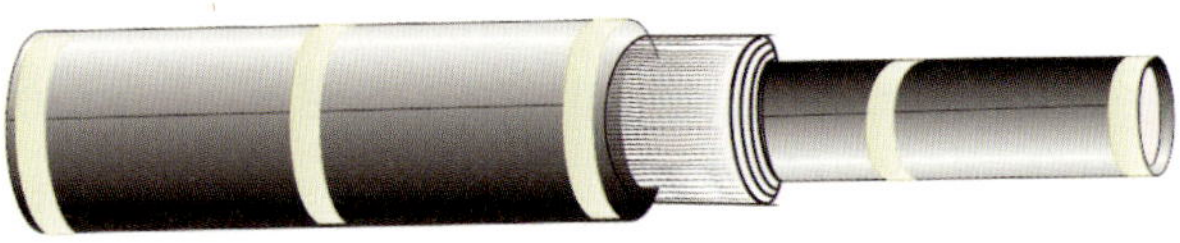

망원경 거치 및 관측

• 망원경을 카메라 삼각대에 거치시킨다. 대물렌즈 경통 아래쪽에 연결 부위를 만들어 흔들리지 않도록 고정한다.
• 대물렌즈 경통을 고정한 채 대안렌즈를 당겼다 밀었다하면서 물체의 상이 또렷하게 보이도록 조절한다.

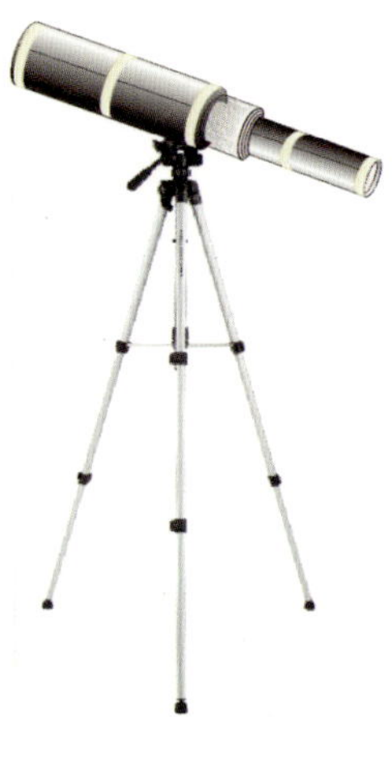

DIY-s.탐구 초점거리 측정하기

실험. 볼록렌즈 초점거리 구하기

[준비물] 백지(전지 크기), 초불 (또는 꼬마전구, 전지홀더, 건전지, 도선), 렌즈, 대자, 스크린(두꺼운 종이를 세워서 제작)

[장치 및 과정]

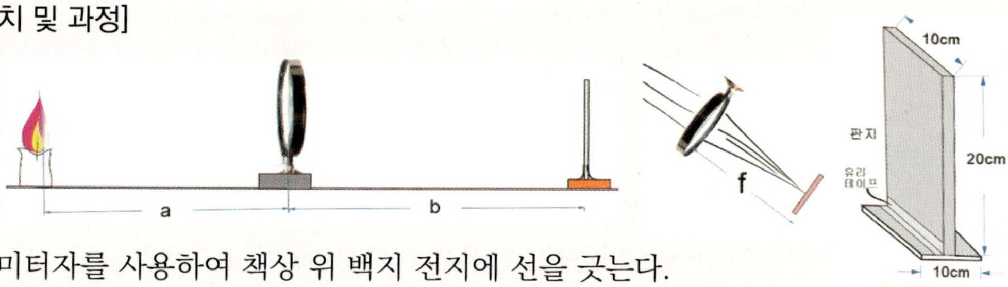

- 미터자를 사용하여 책상 위 백지 전지에 선을 긋는다.
- 광원(촛불)과 렌즈를 고정하고, 스크린을 앞 뒤로 움직여서 상이 뚜렷하게 나타나는 스크린 위치를 표시하고 cm 단위로 읽는다.
- 실물(촛불) 까지 거리(a), 상까지 거리 b를 측정한다.
- 공식에 대입하여 얇은 렌즈의 횟수별 초점거리를 계산한다.

$$\frac{1}{a} + \frac{1}{b} = \frac{1}{f}$$

- [다른 방법] 실물을 태양으로 하면 $a=\infty$가 되므로 렌즈에서 스크린까지 거리 b가 초점거리가 된다.

개선점 찾기

제작한 망원경에서 불편한 점, 개선할 점은 무엇인가?

창의설계

반사망원경에 도전해 보자. 렌즈대신 거울을 사용한다. 새 장치를 만들기 위한 설계도를 그려 보자.

고쳐 만들기

개선할 점을 찾아 창의설계한 대로 고쳐 만들어 보자.

개념 · 원리 망원경의 원리

빛의 굴절

빛의 굴절이란?

목욕탕 물이나 풀장의 물은 모두 실제보다 얕아 보인다. 봄날 도로 위에는 아지랑이가 생기고 밤하늘의 별들은 반짝거린다. 이는 빛이 한 매질 속을 진행해 가다가 다른 매질로 진행할 때 빛의 속력이 변하기 때문에 생기는 현상이다. 빛이 진행하다가 매질이 변할 때 두 매질의 경계면에서 그 경로가 꺾이는 현상을 **빛의 굴절**이라 한다.

빛이 굴절하는 원리는 페르마의 법칙으로 설명할 수 있다. '**페르마의 법칙**'이라고 불리는 이 원리는 '**두 점 사이를 연결하는 빛의 경로는 그 소요 시간을 최소화하는 것이 된다**'는 것이다. 그림에서 P점에서 Q점까지 가는 데 어느 경로가 최단 시간 경로일까? 땅에서 걷는 것이 물 속에서 걷는 것보다 빠르다고 가정한다. 빛의 경로도 최단시간 경로인 B를 택한다.

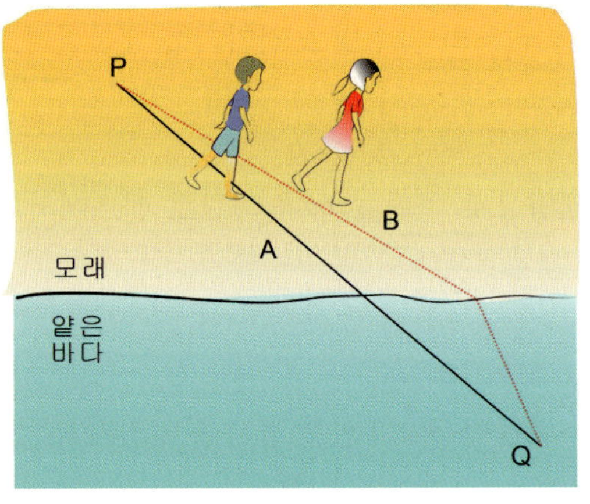

굴절

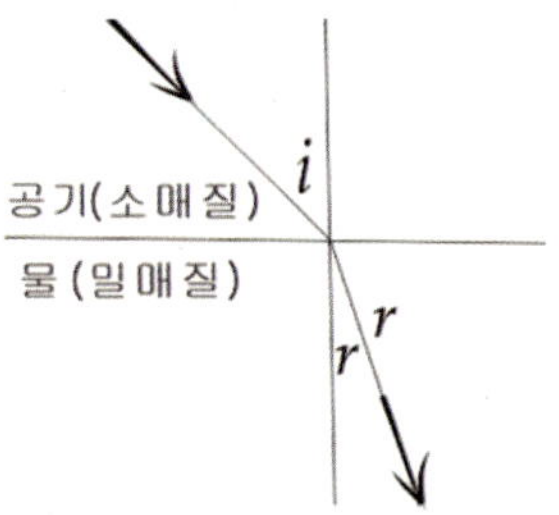

소에서 밀로 진행할 때, $i > r$

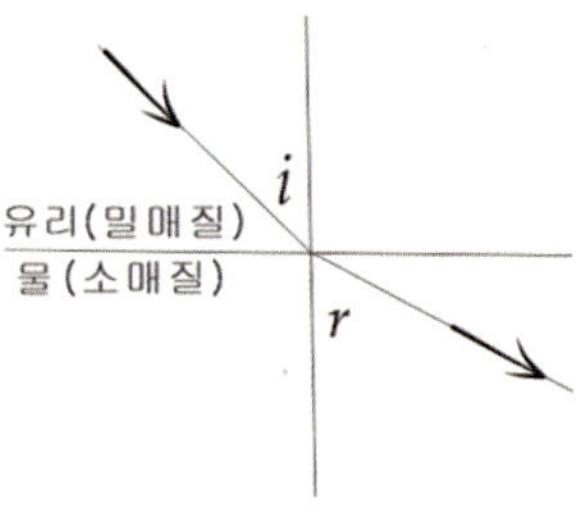

밀매질에서 소매질로 진행할 때, $i < r$

매질에 따른 빛의 속도

빛의 굴절 현상은 매질이 다르면 그 속에서 빛의 속도가 다르기 때문에 일어난다. 소한 매질에서 빛의 속도는 빠르고, 밀한 매질일수록 빛의 속도는 느리다. 예를 들면 진공 속에서 빛의 속도는 약 30만 km/s로 최대이다. 그러나 빛이 공기보다 더 밀한 물 속에서는 22.5만 km/s로 공기에서보다 더 느리며, 물보다 더 밀한 유리 속에서는 20만 km/s로 물에서보다 더 느리다.

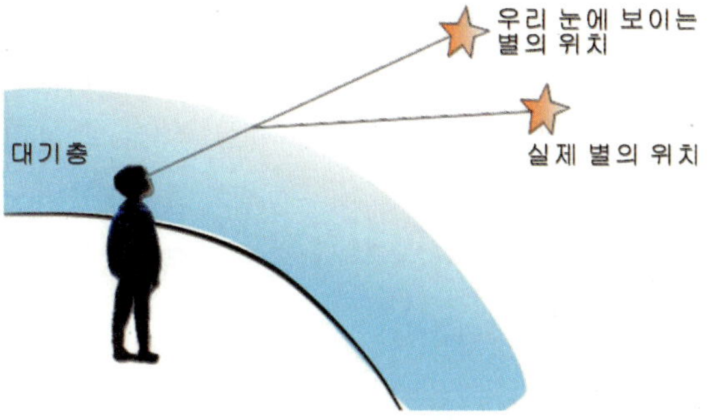

별빛이 우주에서 진공을 빠르게 진행하다가 지구 근처 공기 속을 진행하면서 느려져서 굴절한다.

굴절률

• **절대 굴절률** : 굴절률은 절대 굴절률과 상대 굴절률로 나눌 수 있다. 빛의 굴절률의 기준은 항상 진공이다. '어떤 물질의 굴절률'이란 빛이 진공에서 그 물질로 진행할 때 광속의 비로 정의한다. 이를 그 물질의 **절대 굴절률**이라고도 한다.

즉, 진공에서 광속을 c_0, 임의의 어떤 물질에서 광속을 c_1이라면 절대 굴절률은,

$$n_{01} = n_1 = \frac{c_0}{c_1}$$

가 된다.

공기의 절대 굴절률은 1, 물의 절대 굴절률은 약 1.33, 유리는 약 1.5 정도이다. 따라서, 물속에서의 광속은 $c_{물} = \frac{c_0}{n_{물}} = \frac{3\times10^5}{1.33} = 2.25\times10^5\ (km/s)$, 즉 22.5만 km/s이다.

• **상대 굴절률** : 빛이 물질1 속을 진행하다가 물질2로 매질이 바뀌었을 때, **매질1에서의 광속에 대한 매질2의 광속의 비를 상대 굴절률**이라 한다. 즉, 매질 1에서 속도 v_1, 파장 λ_1, 입사각 θ_1으로 진행하다가 경계면에서 매질 2로 진행할 때, 속도 v_2, 파장 λ_2, 굴절각이 θ_2였다면, 매질1에 대한 매질2의 상대 굴절률은,

$$n_{12} = \frac{v_1}{v_2} = \frac{\lambda_1}{\lambda_2} = \frac{\sin\theta_1}{\sin\theta_2}$$

이 된다.

빛의 분산

물질의 굴절률은 파장에 따라 조금씩 달라진다. 파장이 증가하면 굴절률은 조금 감소한다. 파장에 따른 굴절률의 변화를 **분산**이라 한다. 백색광은 여러 파장의 색이 섞여 있는 빛이다. 백색광을 프리즘에 통과시키면 그 파장에 따라 여러 색을 분리할 수 있다. 적색의 빛의 파장이 가장 길기 때문에 가장 적게 굴절하고 보라색 빛의 파장이 가장 짧아서 가장 크게 굴절한다. 비 온 뒤 생기는 무지개도 백색광이 대기 중의 물방울에 도달하여 파장별로 굴절하는 **분산의 원리**이다.

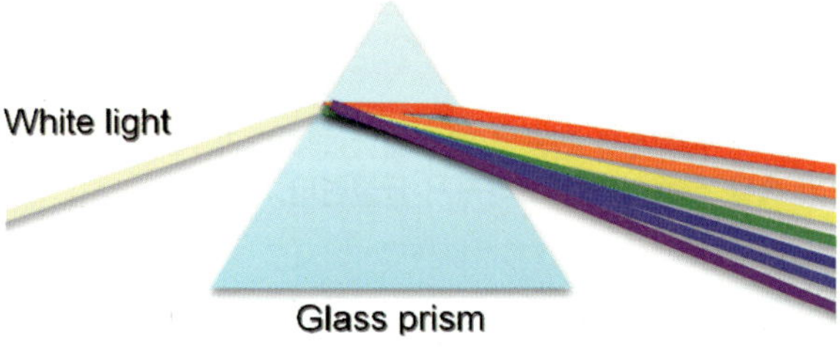

상의 작도 원칙

렌즈의 굴절

렌즈는 빛이 유리를 통과할 때 굴절하는 원리를 이용하여 광학기기를 만드는데 사용하는 도구이다. 빛이 공기 중을 진행하다가 볼록렌즈의 한 부분을 통과할 때는 굴절각이 입사각보다 작게 굴절하며 다시 유리에서 공기 중으로 진행할 때는 굴절각이 입사각보다 더 커서 그림과 같이 수렴한다. 반면, 오목렌즈는 발산한다.

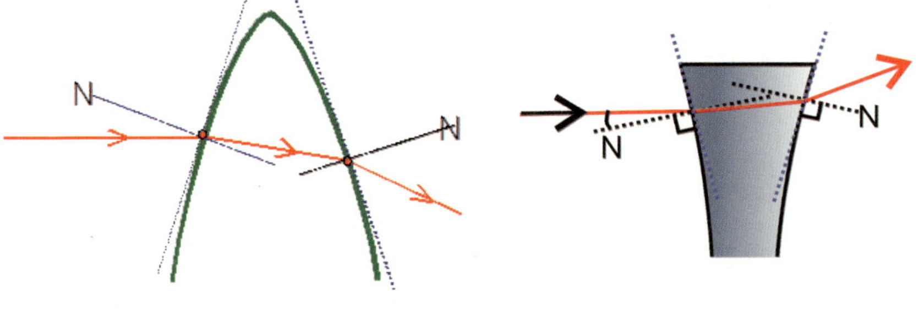

● 상의 작도 원칙

물체에서 나오는 빛은 무수히 많지만 특정 방향으로 진행하는 몇몇 광선이 렌즈에서 굴절하는 경로를 중심으로 상이 얻어지는 원칙이 만들어졌다. 렌즈를 통해 생기는 실물의 상은 다음 법칙들 중 2가지만 충족되면 얻어진다.

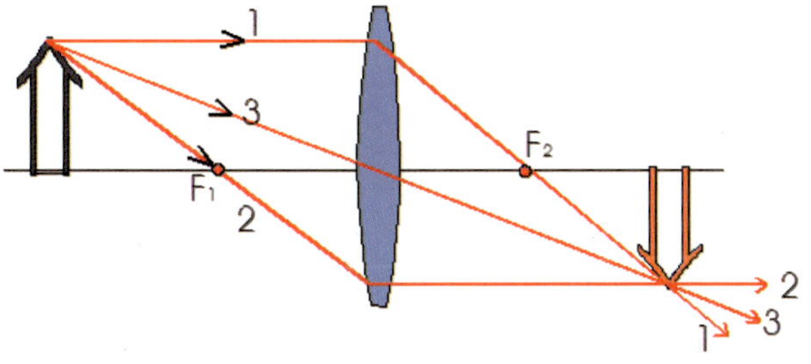

① 렌즈의 축에 나란하게 입사한 광선은 굴절 후 초점을 지난다.

② 렌즈의 초점을 지나는 빛은 굴절 후 축에 나란하게 진행한다.

③ 렌즈의 중심을 지나는 빛은 그대로 직진한다.

케플러식 망원경의 상

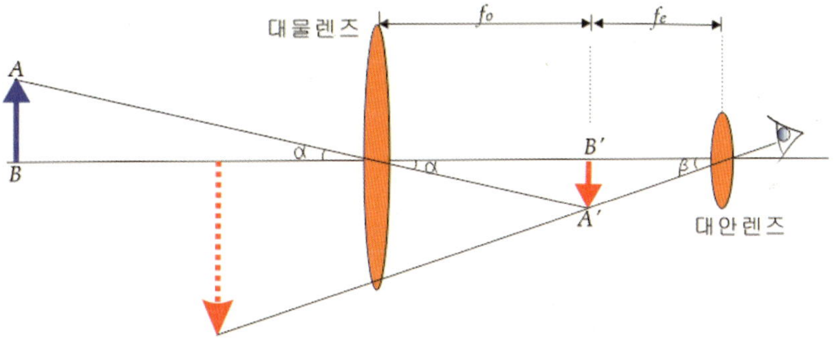

망원경은 먼 곳에 있는 물체를 좀 더 가까이 있는 것처럼 하여 보는 장치이다.

초점거리(f_o)가 긴 대물렌즈로 먼 곳에 있는 물체의 실상을 맺게 하여 초점거리(f_e)가 짧은 대안렌즈로 명시거리에 허상으로 확대하여 본다.

망원경의 배율 : $$m = \frac{\text{시각}\beta}{\text{시각}\alpha} = \frac{\tan\beta}{\tan\alpha} = \frac{A'B'/f_e}{A'B'/f_o} = \frac{f_o}{f_e}$$

대물렌즈의 초점 거리는 긴 렌즈를, 대안렌즈의 초점 거리는 짧은 렌즈를 쓰면 배율이 커진다. 또, 상을 밝게 하기 위해서는 반지름이 큰 렌즈를 써야 한다.

한걸음 더 망원경의 수차와 보정

렌즈의 색수차, 구면수차

구면수차와 보정

물체의 한 점에서 나온 광선들이 하나의 점으로 모아지지 않을 때 상이 흐릿해 지는 것을 **수차**라 한다. 렌즈의 중심축에서 먼 곳에서 오는 광선은 더 많이 구부러져 렌즈 중심에 더 가까이 수렴하고 축에 가까이 오는 광선은 더 멀리 수렴하여 렌즈를 통과한 모든 굴절 광선이 한 점에 모이지 않는 것을 **구면수차**(spherical aberration)라 한다.

구면수차를 보정하는 한 가지 방법은, 광축에서 먼 쪽으로 진행하는 광선을 차단하여 광축에서 가까운 경로로 진행하는 광선만 남기는 방법이다. 사진기에서 조리개를 더 조여서 초점을 정확하게 맞추는 데 이 원리가 사용된다.

또, 다른 방법은 렌즈를 여러 개 사용하거나 비구면렌즈를 사용하는것이다.

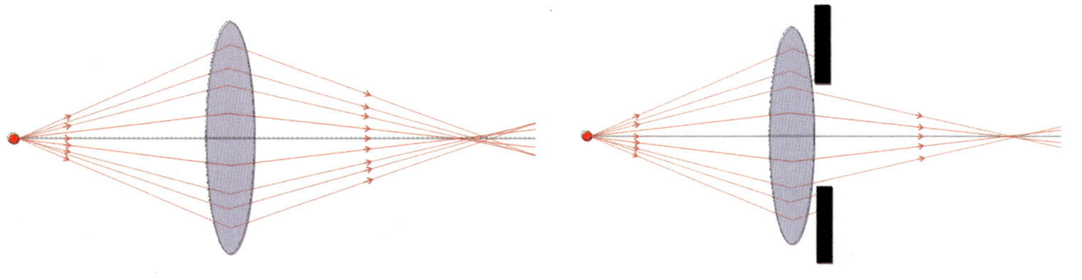

색수차와 보정

렌즈의 굴절률은 컬러 즉 파장에 의존하므로, 다양한 컬러에 대해서 상은 다른 위치, 다른 크기, 다른 색으로 생긴다. 렌즈의 굴절은 파장이 긴 적색보다 짧은 보라색에서 더 크게 일어난다. 이처럼 파장에 따라 굴절률이 다르기 때문에 초점이 한 점에 모이지 않고 흩어지는 초점 이탈을 **색수차**라 한다. 반사의 법칙은 파장에 의존하지 않는다. 그래서 거울은 이 문제를 가지지 않으므로 망원경과 같은 광학 시스템에서 거울을 사용하여 색수차를 보정한다.

아래 그림은 단일 수렴렌즈에 대한 색수차 및 그 보정을 나타낸것이다. 짖의 색 중에서 보라색 광선은 굴절률이 크기 때문에 적색 광선 보다 더 많이 굴절한다. 따라서, 렌즈 가까이 초점이 맺힌다. 비록 완전하지는 않지만 발산렌즈가 부착되어 수차를 수정한다. 여러 렌즈 재료와 다양한 분산이 사용될 수 있다. 즉, 크라운유리로 만들어진 수렴렌즈 구성의 색지움 이중렌즈(achromatic doublet)와 접촉부에 프린트 유리를 붙인 발산렌즈는 효과적으로 색수차를 줄일 수 있다.

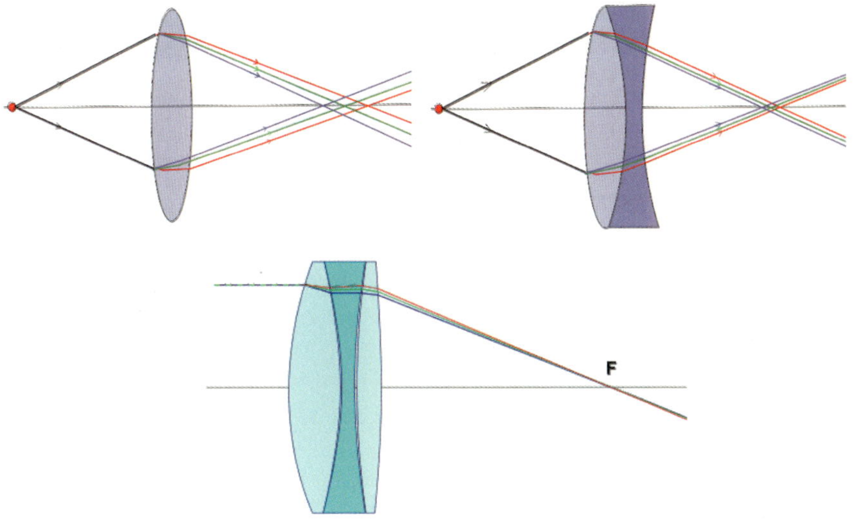

아프 굴절, https://t.ly/9JrGY

반사망원경(뉴턴식 반사망원경)

천체망원경의 중요성은 그 확대율이 아니라 대물렌즈의 크기에 영향을 받는 빛을 수렴하는 능력이다. 대물렌즈의 크기가 클수록 상은 밝다. 수차가 없는 렌즈를 만들기는 어렵다. 반사망원경은 대물렌즈 대신 오목거울을 사용한다. 일단 거울은 색수차를 일으키지 않기 때문에 유용하다.

뉴턴식 반사망원경은 굴절망원경의 대물렌즈 대신 포물면경을 주경으로 사용하고, 주경의 초점 바로 앞에 부경으로 평면거울을 45도로 설치한 망원경이다. 부경에서 다시 반사된 빛은 경통 밖에서 접안렌즈를 통과해 상을 맺는다.

배율은 포물면경(볼록거울)의 초점 f_0, 대안렌즈의 초점 f_e라면 배율 m은,

$$m = \frac{f_o}{f_e}$$

가 된다.

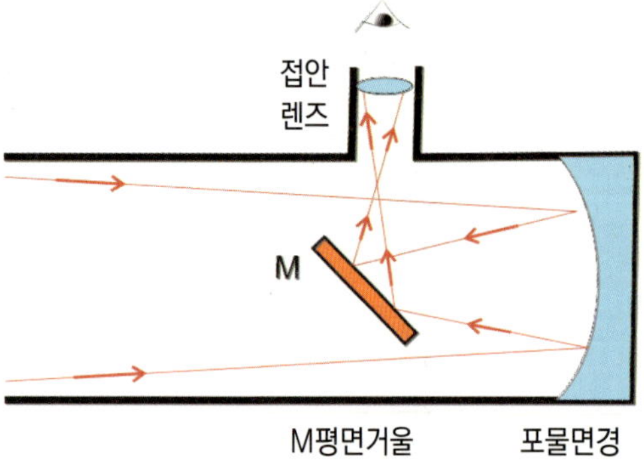

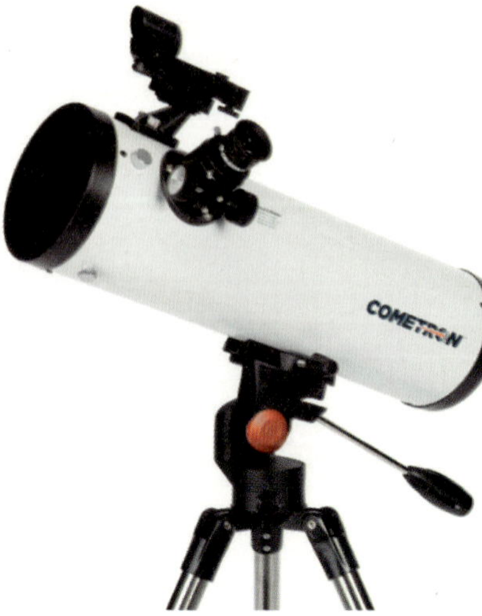

반사망원경의 단점

일반적으로 반사망원경은 색수차가 없고 가격도 싸 천체관측에 많이 사용되지만 단점도 있다.

굴절망원경의 렌즈는 빛을 99% 통과시키지만 알루미늄코팅 된 거울은 반사과정에서 10% 이상 손실된다. 두 개 이상 사용하면 거의 20% 빛의 손실이 생긴다. 부경으로 사용되는 평면거울에 의한 빛의 차단 손실 등을 고려하면 30% 이상 손실된다. 또 반사망원경은 틀어진 광축을 조정해 주어야 하는 등 관리가 까다롭다.

III. 놀이의 과학

III

1. 종이새비행기 만들기
2. 제기 만들기
3. 전통 팽이 만들기
4. 방패연 만들기

DIY-Science

종이새비행기 만들기

DIY Science
아이디어

새는 어떤 원리로 하늘을 날까? 또, 비행기는 어떻게 하늘을 날 수 있을까? 하늘을 올려다 볼 때마다 늘 궁금해 하던 과학 현상이다.

한편, 종이 접기는 노작 활동의 기본이다. 종이새비행기를 접어 날리고 놀이를 하면서 종이새비행기의 작동원리를 탐구함으로써 비행기나 새의 비행 원리를 살펴 보는 것은 어떨까?

종이새비행기는 현재까지 개발된 것들이 많으며 각각 비행하는 모습들이 실제 새의 비행과 유사한 경우도 많다. 비행 원리를 탐구해 보면서 더 잘 날 수 있는 종이새, 특이하게 나는 종이새를 개발해 보면 창의성을 기를 수 있을 것이다.

[평가기준]

평가 준거	수 준		
	상	중	하
작품은 창의적인가?[30P]	개선점을 찾아 창의적으로 설계할 줄 안다.	개선점을 찾지 못하여 창의적 설계가 미흡함	제시한 방법으로만 제작함
원리 설명은 논리적인가?[20P]	비행 원리를 논리적으로 잘 설명한다.	비행원리를 알지만 논리적이지 못하다.	원리를 모르거나 잘 못 알고 있다.
비행 방향 조종을 잘 하는가?[30P]	방향 조정 원리를 알고 그 원리대로 방향을 조종한다.	방향 조종 원리는 알고 있으나 방향 조종에 실패한다.	방향 조종 원리를 잘 모르거나 방향 조종을 못한다.
서로 협동하는가?[20P]	조원들끼리 잘 협동함	보통 수준	협동이 이루어지지 않음

SCIENCE DIY
cafe.daum.net/hiphys

종이새비행기 만들기

〈과제〉

○ 종이새비행기를 만들어 보자.
○ 종이새비행기가 비행하는 원리와 실제 새가 나는 원리를 비교해서 설명해 보자.
○ 더 잘 나는 창의적인 종이새비행기를 새로 설계해서 만들어 보자.

DIY과제 종이새비행기 만들기

이 활동을 하면…

- 종이새비행기의 비행 원리를 설명할 수 있다.
- 과학 원리대로 비행 방향을 조종할 수 있다.
- 실제의 새가 비행하는 역학적 원리를 알 수 있다.

DIY활동 종이새비행기를 만들어 보자.

준비물 A4 용지, 가위, 풀, 기타

제작과정

A4 용지를 써서 종이새비행기를 접어 보자.

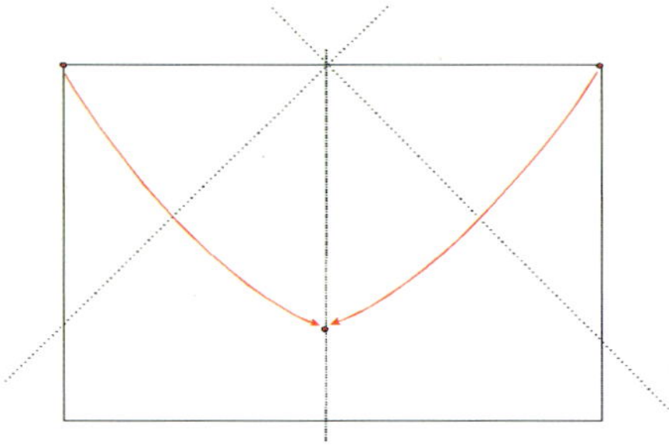

A4용지를 가로로 놓고 반을 접었다가 편다. 양쪽 귀를 가운데에 모은다.

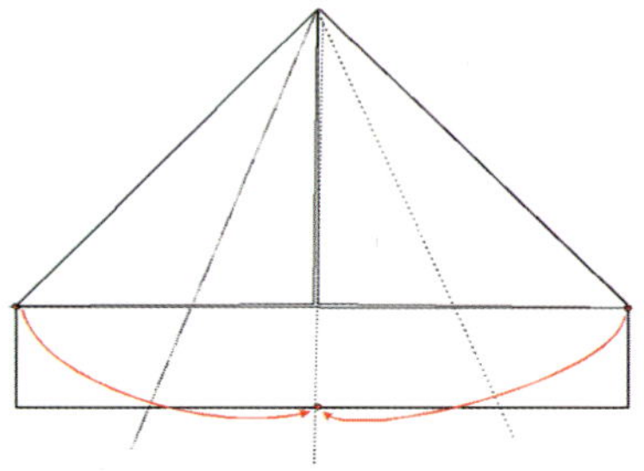

양쪽 점선을 중심으로 다시 반을 접어 가운데서 만나게 한다.

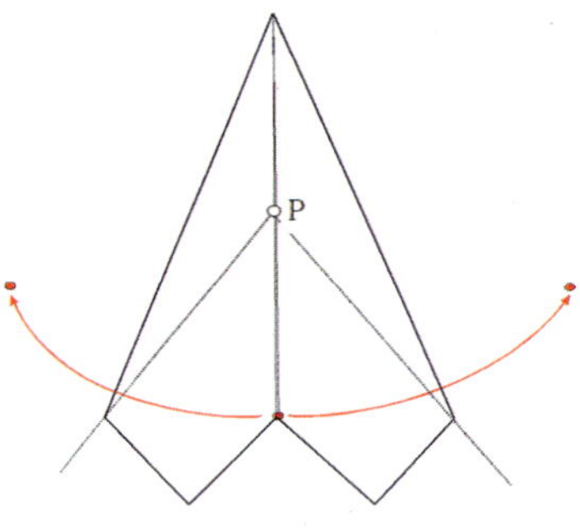

접는 선을 기준으로 가운데 귀를 양쪽으로 펼친다. P점은 꼭지점에서 약 1/3 지점

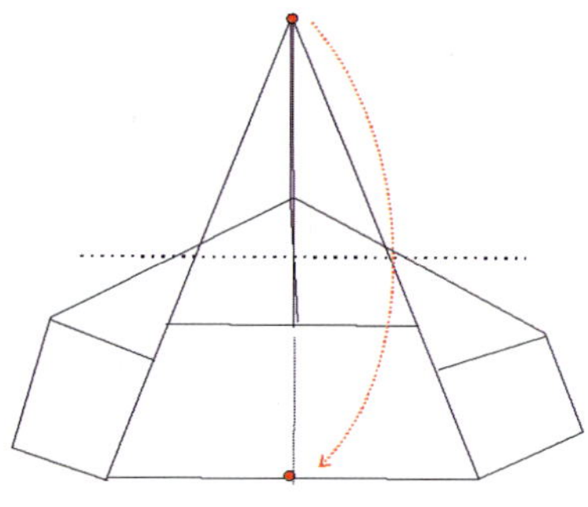

꼭지점을 아래쪽 변에 놓이도록 반으로 접는다.

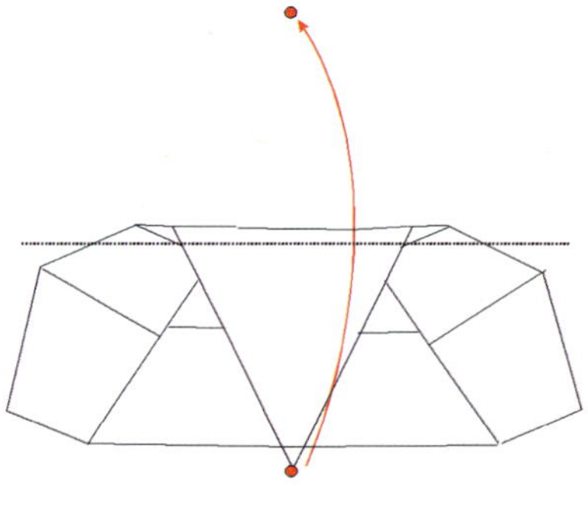

다시 가로 점선을 축으로 접어 올린다.

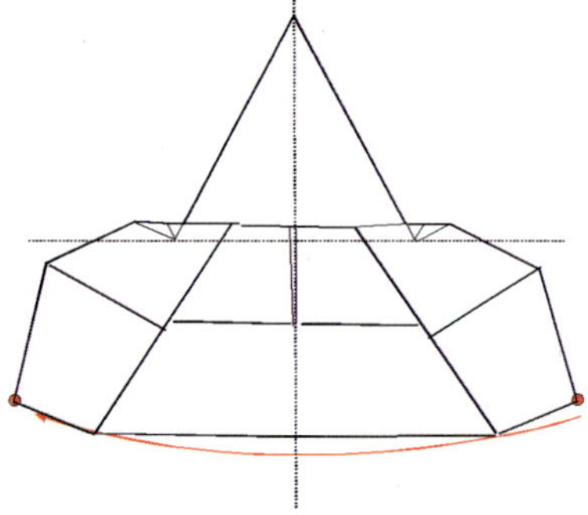

세로 점선을 축으로 좌우 양 끝점이 만나도록 반을 접는다.

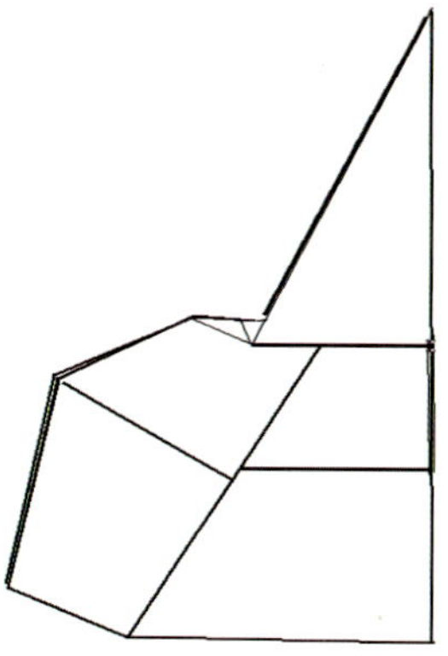

반으로 접은 모양

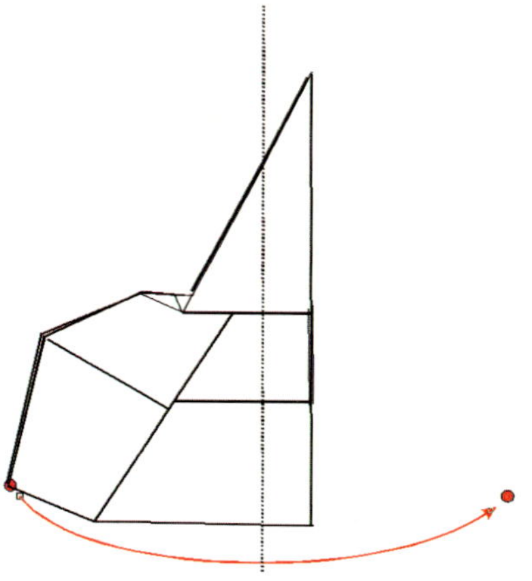

세로 점선을 축으로 두 날개를 편다.

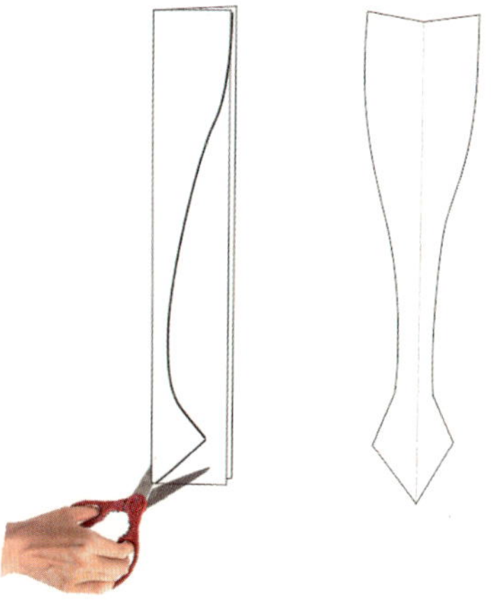

새의 다리 오려 붙이기

새 날개 오리기, 새 다리 끼우기

〈추가 작업〉

- □ 새 부리 오리기,
- □ 새 다리 만들어 끼우기
- □ 새의 부리, 꼬리에 색칠을 해 보자.

DIY놀이 종이새비행기 만들기

상반각과 하반각으로 날리기

- 상반각으로 날리기 : 양 날개 끝을 윗 방향으로 들어 올림
- 하반각으로 날리기 : 양 날개 끝을 아랫 방향으로 내림

상반각 날리기

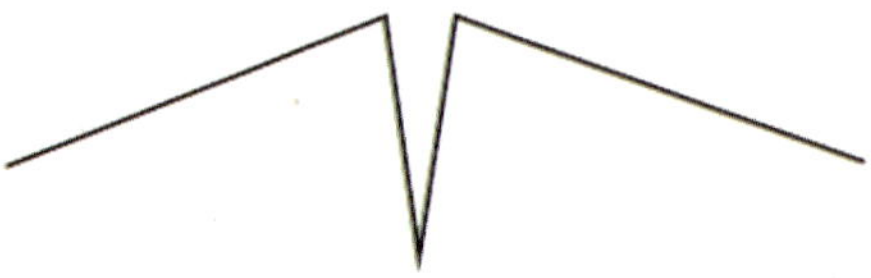

하반각 날리기

두 비행의 특징은 어떻게 다른가? 종이새비행기를 잘 날게 하려면 어떤 각으로 접는 것이 좋을까?

종이새비행기의 비행 방향 조종하기

- **상하 비행 조종**

  날개 뒷 부분을 살짝 접어 올리거나(a) 내려(b) 날리기

- **선회(롤링)**

  날개 뒤쪽 좌측 부분을 살짝 접어 올리거나(d) 우측 부분을 살짝 접어 올려(c) 날리기

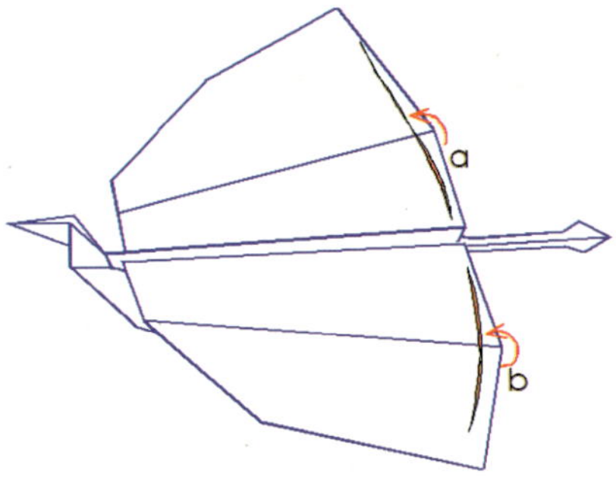

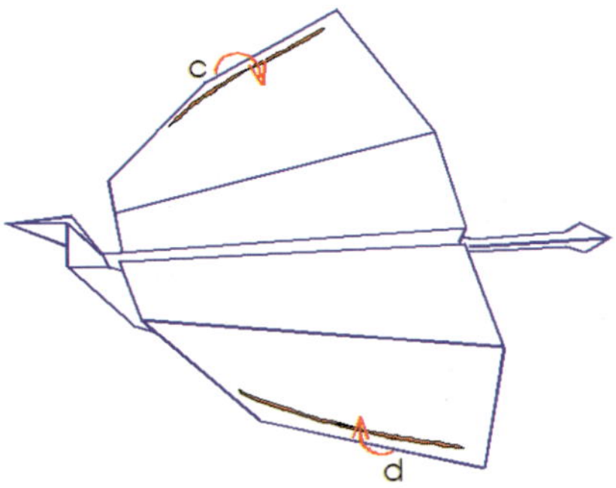

좌우 방향 조종

꼬리 하단부를 좌(a방향)로 살짝 접어 날리면 공기 충돌에 의해 오른쪽으로 힘을 받아 머리 부분은 왼쪽 방향으로 비행한다. 꼬리 하단부를 b방향으로 접어 날리면 오른쪽으로 비행한다.

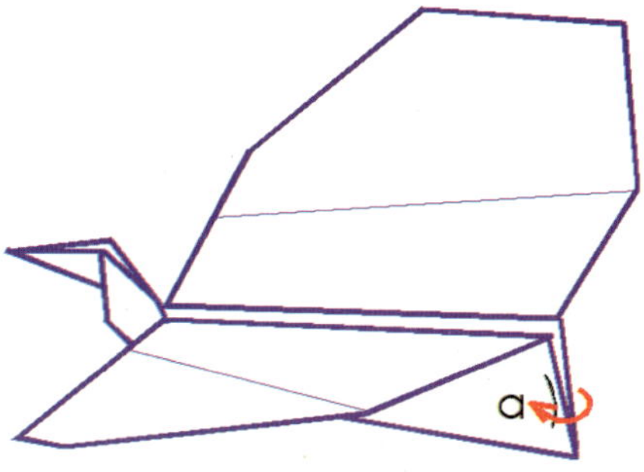

꼬리 하단부를 왼쪽(a)으로 살짝 구부린다.

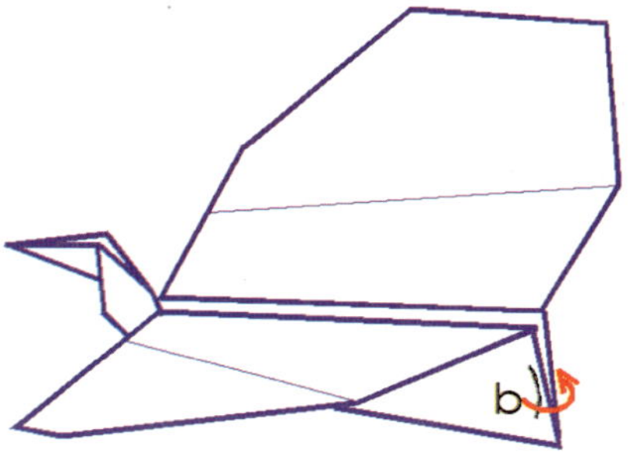

꼬리 하단부를 오른쪽(b)으로 살짝 구부린다.

DIY-5.탐구 종이새비행기 탐구

종이새비행기를 여러 번 날려 보고 대략적으로 비행 경로를 그려보자.

□ 종이새비행기가 잘 날기 위해 어떤 조정이 필요할까? 과학적 원리는 무엇인가?

□ 종이새비행기가 비행하는 원리는 무엇일까?

□ 종이새비행기에 작용하는 힘은 어떤 힘일까?

□ 실제 새가 비행할 때 추진하는 힘은 무엇일까?

□ 종이새비행기의 방향 조종을 해 보자. 또, 실제 비행기는 방향 조종을 어떻게 할까?

[해보기] 베르누이원리

□ A4 용지의 길이가 짧은 쪽 끝 모서리를 두 손으로 잡고 용지 위쪽으로 입김을 불어 보자. 용지는 어느 쪽으로 움직이는가? 왜 그럴까?

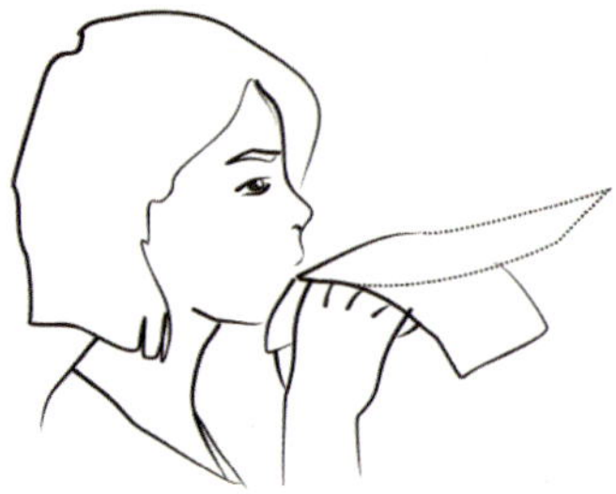

개선점 찾기

장치에서 불편한 점, 개선점을 찾아보자.

창의설계

개선점을 토대로 창의적 종이새비행기를 설계해 보자.

고쳐 만들기

창의설계를 고려하여 고쳐 만들어 보자.

개념 · 원리 종이새비행기의 비행 원리

작용반작용 법칙

뉴턴 운동 제 3법칙은 작용반작용 법칙이다. 작용반작용 법칙은 두 물체 사이에 힘이 작용하는 경우에 적용되는 법칙이다. 즉, '물체 A가 물체 B에' 힘(작용력)을 작용하는 경우, 정확히 크기가 같고 방향이 반대인 힘을 '물체 B가 물체 A에' 되돌려주는 법칙이다.

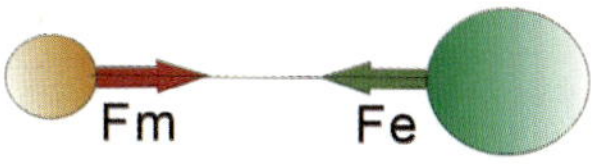

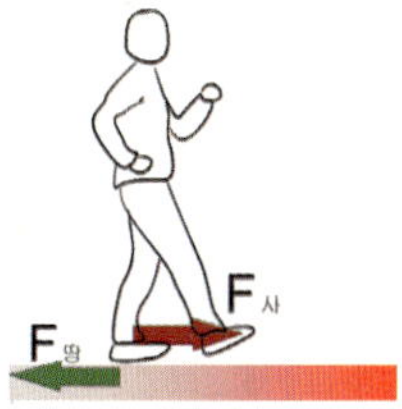

예를 들면, 지구가 달을 Fm의 힘으로 끌어 당기면(작용력) 달은 Fe의 힘(반작용력)으로 끌어 당긴다. 두 힘의 크기는 같다. 사람이 길을 걸어 갈 때, 사람이 땅을 밀면(작용력) 땅이 사람을 밀어(반작용력) 주므로 사람이 앞으로 나아갈 수 있다. 또, 얼음판 위에서 두 사람이 서로 밀때, 남자의 작용력에 대해 여자의 반작용력이 동시에 작용하고 두 힘은 크기가 같다.

베르누이 원리

베르누이에 의하면, 유체가 흐르는 경로상의 임의의 점에서, **압력에 의해서 한 일은 운동에너지, 위치에너지 변화를 일으키므로 합**은 일정하다. 만일, 위치 변화를 무시할 수 있는 많은 경우에 위치에너지 항을 제외하면,

압력에 의한 일 + 운동에너지 = 일정

즉,

"속도가 크면(운동에너지가 크면) 압력이 작고, 속도가 작으면 압력이 크다."

이를 **베르누이 원리**라 한다.

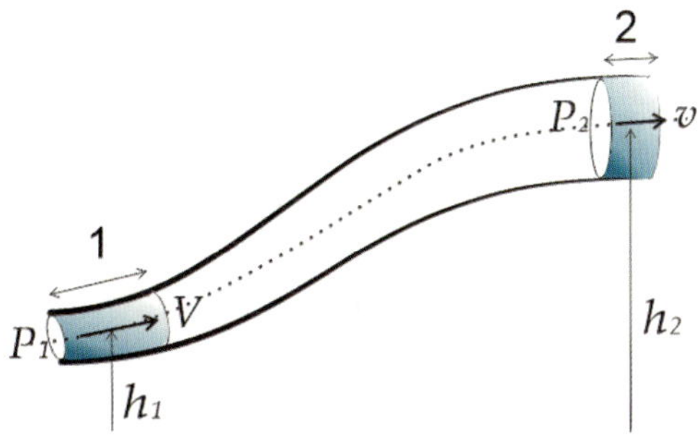

압력에 의한 일+ 운동에너지+위치에너지=일정하다. 같은 시간에 1지점과 2지점에서 흐르는 부피는 같으므로, 1지점에서 거리는 길고, 속력이 빠르다. 2지점에서 거리는 짧고 속력은 느리다.

A4 용지의 길이가 짧은 쪽 끝 모서리를 두 손으로 잡고 종이 위쪽으로 입김을 불면 종이 위쪽 공기가 빠르게 흐르게 되어 아래쪽 공기보다 압력이 작아지고, 종이는

끝이 위쪽으로 떠 올라오게 된다. 즉, **유체의 속력이 빠를 때 압력이 작아짐**을 알 수 있다.

양력[1]

양력은 물체의 주위에 유체가 흐를 때 물체의 표면에서 유체의 흐름에 대하여 수직 방향으로 발생하는 힘을 말한다. 비행기의 날개는 위쪽을 흐르는 공기는 빠르게 아래쪽을 흐르는 공기는 느리게 흐르도록 고안되어 있는데. 위쪽은 압력이 낮고, 아래쪽은 압력이 커 상하의 압력차로 양력을 얻는다.

- 비행속도가 증가하면 양력의 크기는 증가한다. 비행기가 빠른 속도로 날수록 더 안정적으로 떠 있을 수 있다.
- 날개의 면적이 클수록 양력도 커진다. 무거운 짐을 운반하는 수송기나 여객기는 큰 양력이 필요하다. 따라서 이들의 날개는 넓게 만든다. 반면 전투기는 고속비행을 하므로 날개의 면적이 상대적으로 좁다.
- 날개 모양에 따라서 양력의 크기가 달라진다. 경항공기는 대체로 저속 비행한다. 저속에서도 충분한 양력을 얻기 위해 날개가 두껍다. 그러나 전투기는 빠른 속도로 날기 때문에 날개 단면이 얇아도 충분한 양력을 얻을 수 있다.

영각(받음각)에 의한 양력

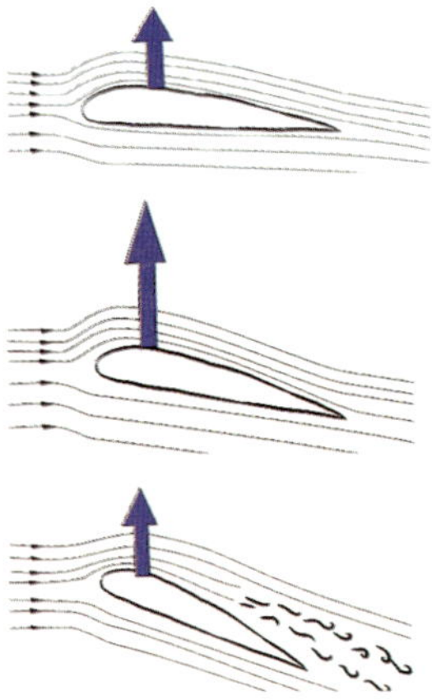

영각(받음각)은 유체의 흐름과 날개의 시위선이 이루는 각이다. 일반적으로 영각이 커지면 양력도 증가하게 된다. 공기의 유속이 빠른 공중에서 새는 작은 영각으로도 충분히 중력을 이기고 비행할 수 있지만 유속이 느릴 때는 영각이 작으면 중력을 못 이기고 추락할 수 있다. 이 때 날갯짓을 통하여 부족한 양력을 보충함으로써 중력을 이긴다.

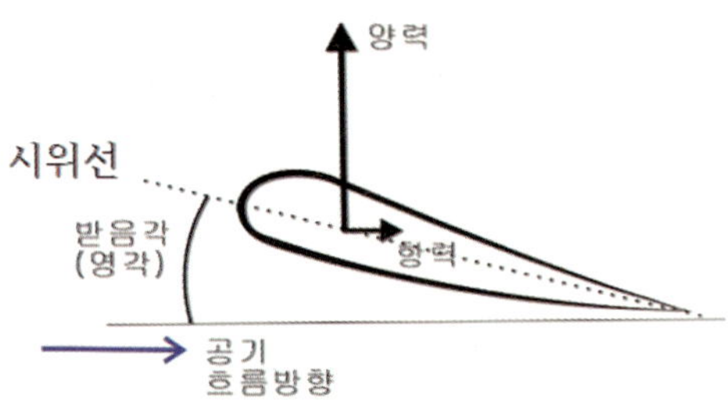

1) 뉴턴의 운동 제3 법칙 작용 반작용의 법칙에 의하면 공기가 비행기의 날개에 부딪힐 때 속도 변화(즉, 운동량 변화)가 생기고 그 반작용으로 날개에 양력이 발생한다. 야구공이 날아와 배트에 맞을 때 속도 변화(운동량 변화)가 생기고 배트는 그 반대 방향으로 힘(충격력)을 받는 이치와 같다.

그러나 영각이 지나치게 커지면 새는 오히려 날개 뒷면에 저항을 크게 받아 양력이 줄어 들 수 있다.

- 항력(Drag) : 공기 저항에 의한 운동을 방해하는 힘. 날개가 전진함에 따라 반대 방향으로 작용하는 힘

■ 종이새 비행기에 작용하는 힘

종이새에 작용하는 힘은, 중력, 항력, 양력이 주가 된다. 비행기에 작용하는 힘에는 엔진 동력에 의한 추력이 있지만 날릴 때 던지고 나면 손을 떠난 종이새는 추력을 받을 수 없다. 새의 추력은 새가 두 날개를 오므릴 때 날개 사이의 공기를 압축하면서 생긴다. 공기를 밀어 낼 때 공기의 반작용력으로 추진한다.

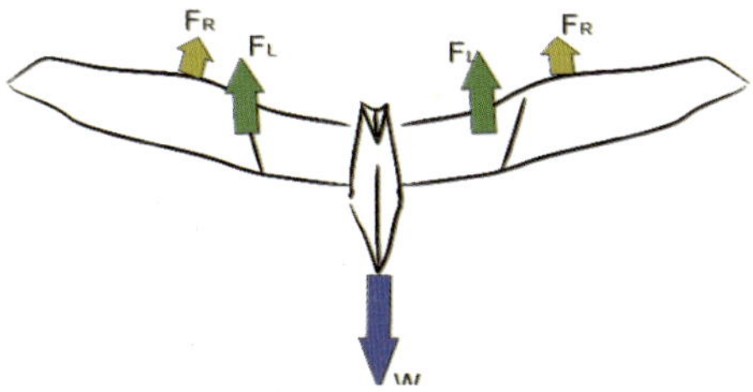

W: 중력, F_L: 양력, F_R: 항력

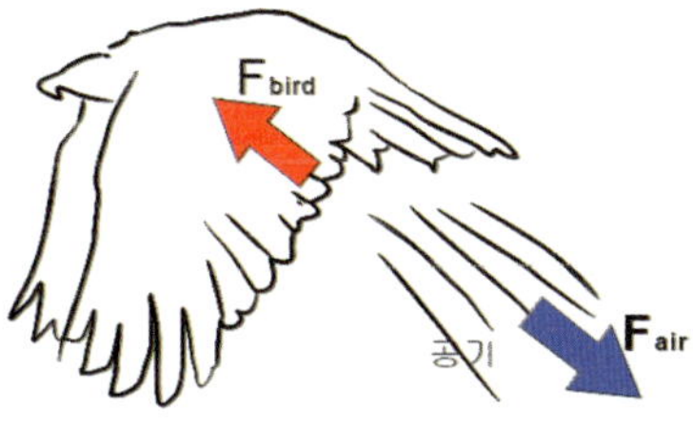

두 날개를 오므릴 때 새가 공기를 밀면서 작용력 F_{air}를 가하면 새는 공기가 밀어주는 반작용력 $F_{bird.}$을 받아 추진한다.

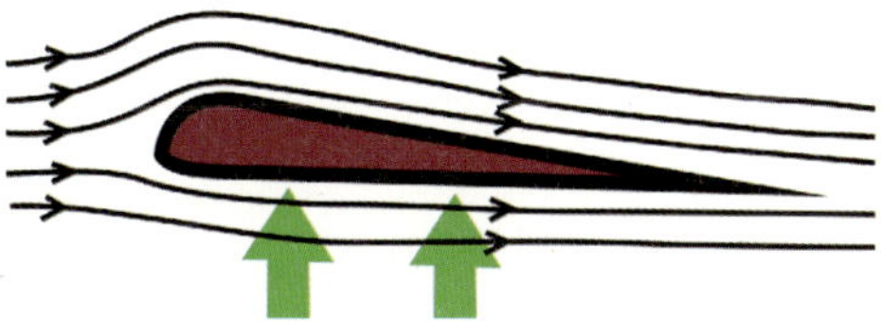

종이새비행기의 양력은 주로 영각(받음각)에 의해 공기 분자가 날개를 때려 생기는 양력에 의해 비행한다. 또, 종이로 새 날개를 접을 때 생기는 종이 두께 차이에 의해 양력을 얻기도 한다. 비행물체가 무겁지 않기 때문에 큰 양력이 필요치 않으며 종이 두께 차 정도로 생기는 양력으로도 비행할 수 있다.

종이새가 비행하는 동안 받는 또 다른 힘은 중력과 공기와의 마찰에 의한 공기저항력(항력)이다. 이 힘은 종이새비행기의 운동방향과 반대로 생기며 대체로 비행속력에 비례한다.낼 때 공기의 반작용력으로 추진한다.

■ 항공기의 날개와 종이새의 날개 차이

Q. 종이새의 날개 모양이 비행기의 날개 모양과 차이가 큰데 어떻게 양력을 얻을 수 있을까?

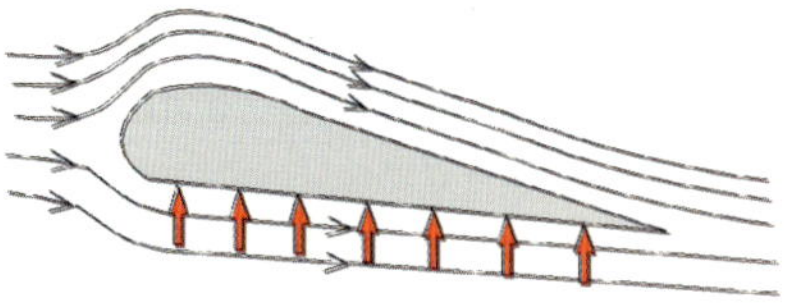

비행기의 양력

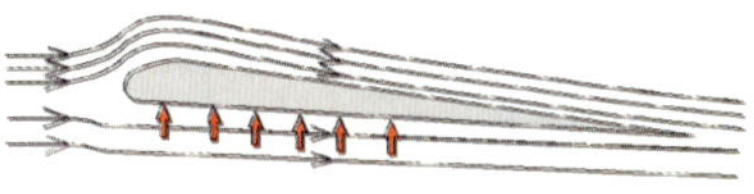

종이새비행기의 양력

비행기의 날개는 무거우므로 양력을 크게 해 주어야 뜰 수 있다. 양력을 크게 해 주려면 높은 공중에서 공기 흐름 속력을 크게 받아야 하며, 또 날개면 상하의 공기 흐름의 속력 차이를 크게 해 주는 구조가 되어야 한다. 그래서 날개 앞면이 뭉툭한 유선형이다.

반면, 종이새의 경우, 지표면 근처에서 공기 흐름이 느리고, 날개 모양도 덜 뭉툭하여 날개면 상하의 압력 차가 작아 양력이 작지만 종이새가 극히 가벼우므로 작은 양력으로도 뜰 수 있다.

■ 종이새비행기의 조종

◎ 상반각과 하반각

A처럼 상반각으로 날개를 조종하면 하반각으로 조종할 때(B)보다 날개 아랫부분을 흐르는 공기가 많으므로 더 양력을 크게 받아 잘 뜬다.

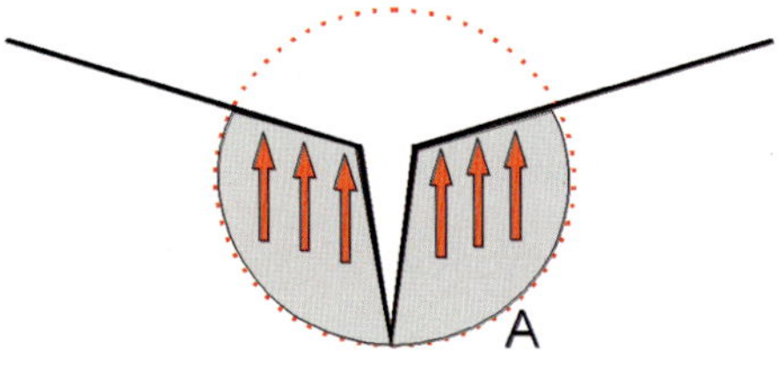

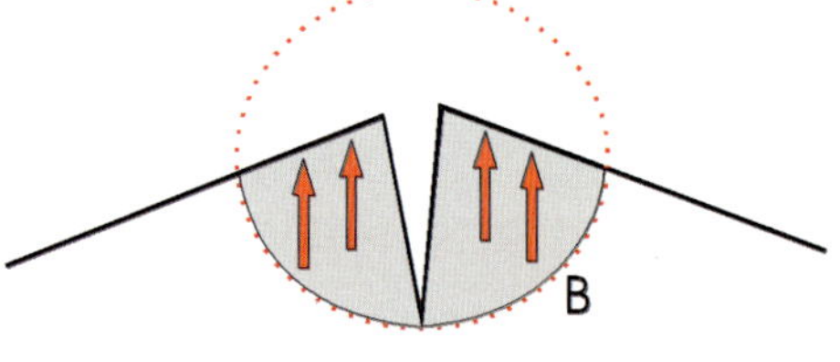

◎ 종이새비행기 후미 아래쪽 수직부가 비행기의 꼬리 역할

비행기는 꼬리 날개가 수직으로 동체 위에 장치되어 있지만 종이새비행기의 경우는 <u>동체 아래쪽 수직부</u>가 비행기의 꼬리 날개 역할을 한다.

수직부 꼬리를 왼쪽으로 구부리면 공기가 구부린 부분에 충돌, 종이새 꼬리가 왼쪽에서 오른쪽으로 힘을 받으면 머리 부분은 왼쪽으로 회전력을 받아 왼쪽으로 회전한다.

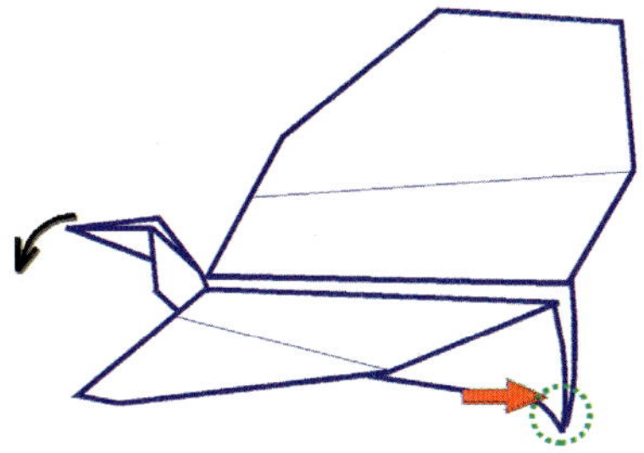

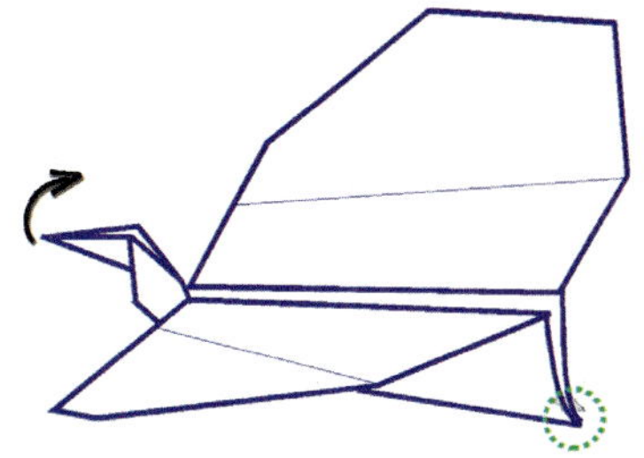

◉ 종이새비행기 상하 움직임

날개 뒷쪽 끝을 살짝 접어 올려서 날리면 공기가 위에서 아래로 충격을 주게 되므로 머리 부분은 위로 힘을 받아 종이새 머리는 상승한다. 반대로, 아래로 날개 뒤쪽 끝을 아래조 살짝 접어 날리면 공기분자들이 아래서 위로 충격을 주므로 종이새 머리부분은 아래로 힘을 받아 하강하는 비행을 한다.

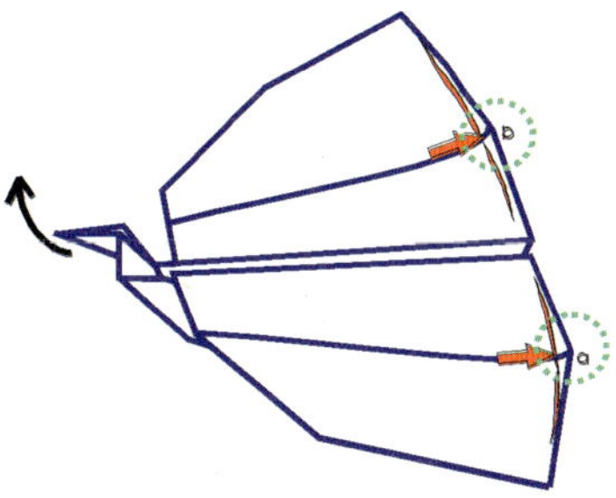

[정리] 종이새비행기가 잘 날 수 있을 조건

- 새를 접을 때 양쪽 날개가 선대칭이 잘 되게 접는다.
- 날개 면적을 넓게 하면 공중에 오래 머물게 할 수 있다.
- 몸체가 뾰죽하고 날개 면적이 좁으면 빠르게 멀리 날 수 있다.
- 앞머리 부분은 몸체의 다른 부분보다 두껍게 한다.
- 날개 뒤쪽은 끝을 살짝 올려 준다.
- 앞머리 부분은 공기 저항이 작게 받을 수 있는 구조
- 꼬리 부분에 다리를 끼워서 날리면 직선성이 좋다.
- 날개는 양쪽 날개를 약간 올려 상반각으로 유지시킨다.
- 처음 날릴 때 날개가 양력과 받음각이 생기도록 15도 정도 위쪽을 향하게 날린다.

한걸음 더

비행기의 조종

상하 조종(피칭)

수평꼬리 날개에 있는 승강타를 움직이면 꼬리 날개가 공기 충돌에 의해 힘을 받게 되고 항공기 기수가 상하로 움직인다.

- 꼬리날개 승강타를 올려주면(A) 꼬리가 내려가고 머리 부분은 위로 올라간다.
- 꼬리날개 승강타를 내려 주면(B) 비행기의 머리 부분은 아래로 내려간다.

선회 조종(롤링)

좌우 날개에 있는 보조날개를 움직이면 항공기는 롤링이 일어난다.

- 오른쪽 보조날개를 올리고 왼쪽 보조날개를 내리면 비행기는 오른쪽으로 선회한다.
- 왼쪽 보조날개를 올리고 오른쪽 보조날개를 내리면 비행기는 왼쪽으로 선회한다.

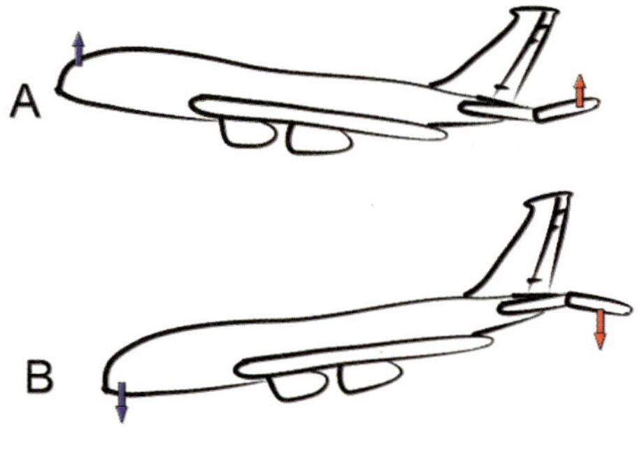

[상하 조종]
A: 꼬리 상, 동체 머리 하강
B: 꼬리 하, 동체 머리 상승

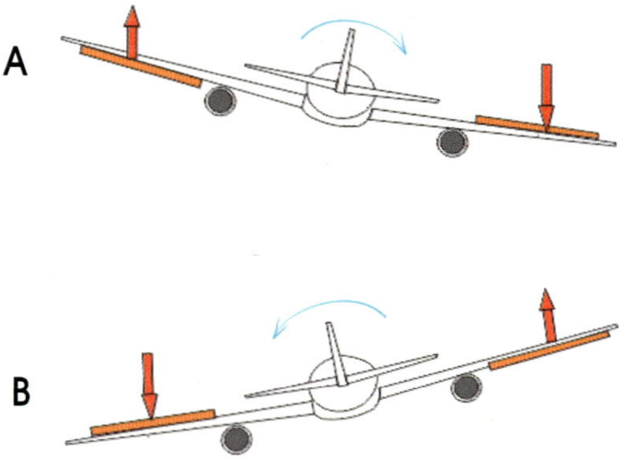

[선회 조종] 보조날개를 내린 쪽(A의 왼쪽, B의 오른쪽)에는 공기 충돌로 인해 그 쪽이 위로 힘을 받고 보조날개를 올린 쪽은 아래로 힘을 받아 동체는 좌우로 롤링한다.

방향 조종(요잉)

수직꼬리날개의 방향타를 좌우로 움직이면 요잉이 일어난다.

꼬리날개 방향타를 오른쪽으로 굽히면 공기분자는 꼬리 방향타를 쳐 꼬리부분이 왼쪽으로 힘을 받게 되고 기수는 오른쪽으로 움직인다. 반대로 방향타를 왼쪽으로 굽히면 공기분자는 꼬리를 쳐 꼬리부분이 오른쪽으로 힘을 받게 되고 기수는 왼쪽으로 움직인다.

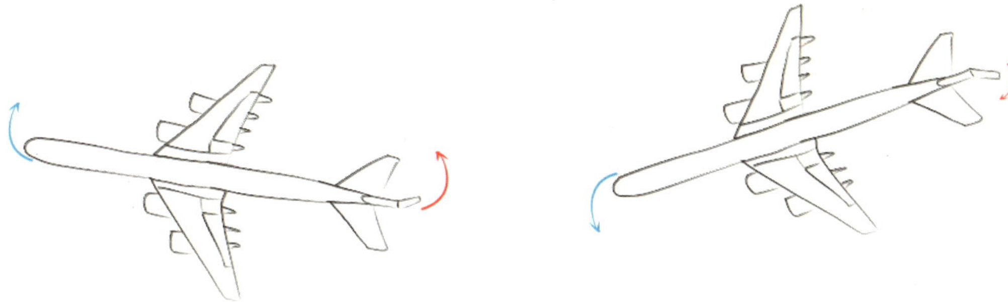

새의 비행 원리

● 새의 비행에 작용하는 힘

새가 비행에 작용하는 힘은, 중력, 양력, 항력이 있다. 새가 앞으로 나아갈 때 추력(추진력)은 새의 날갯짓에 의한 반작용력을 통해 얻는다.

● 새의 날개치기 비행

새가 양 날개로 공기를 치면 공기덩어리가 받는 힘의 합력은 수직 하방으로 작용하게 되고, 공기 덩어리는 새에게 반작용을 돌려주고 그 힘으로 공중에 뜨게 된다.

날개를 위로 올릴 때는 공기덩어리를 위로 밀어 올리게 되고 그 힘을 받아 공기덩어리는 새에게 반작용력 F1을 주게 되어 중력과 함께 아랫방향으로 일시적으로 추락하게 된다. 그래서 다시 양 날개로 공기를 내려 친다.

위 두 과정을 반복하면서 새는 상승, 하강, 상승, 하강을 번갈아 가면서 공중을 날게 된다.

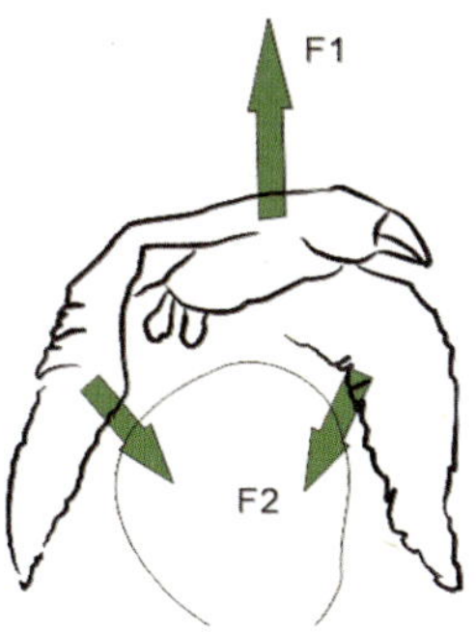

새가 날개를 내려 공기분자를 밀면(F2, 작용력) 공기분자는 새를 위로 밀어 올린다(반작용력 F1).

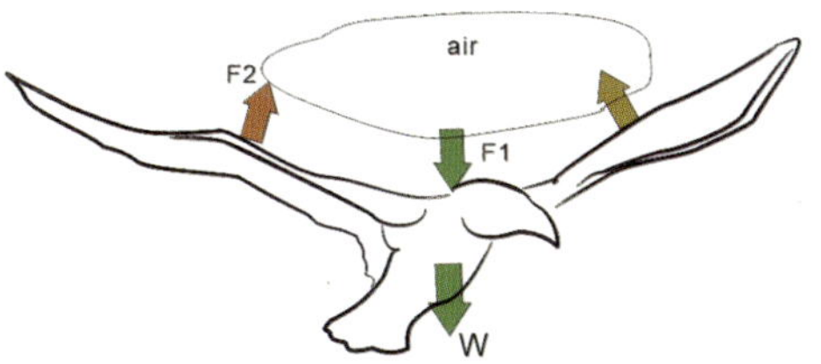

새가 날개를 올려 공기 분자를 밀면(F2, 작용력), 공기분자는 새를 아래로 밀어내린다(반작용력 F1).

DIY-Science

전통 제기 만들기

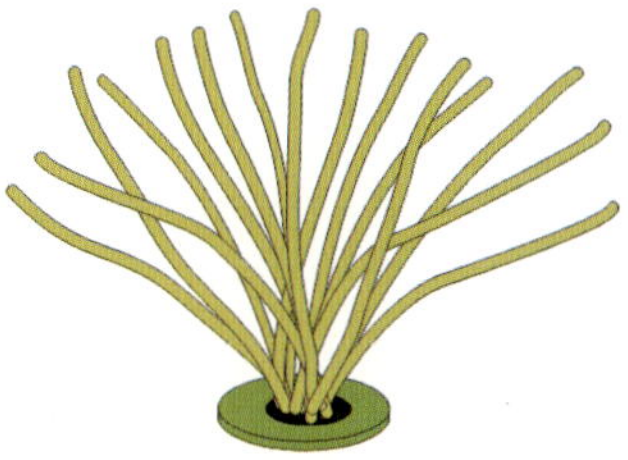

DIY Science 아이디어

제기차기는 옛날 선조들이 어릴 적 즐기던 전통 놀이 중 하나다. 왓셔와 한지만 있으면 제기를 만들 수 있어 손쉽게 놀이를 즐길 수 있다. 제기놀이는 다양한 신체 활동이 필요하므로 놀이를 겸한 신체 운동 효과도 거둘 수 있다.

전통제기를 만들어 제기차기 놀이를 해 봄으로써 어떤 제기가 잘 차지는지, 어떻게 차면 잘 차게 되는지 변인을 달리하면서 탐구하는 기회를 만들 수 있다.

또, 제기차기는 제기의 술에 의한 공기 저항, 제기를 차올릴 때의 충격량 등 놀이 속에서 과학 원리를 탐구할 수 있으며, 놀이를 통해 어려운 물리를 재미있게 공부하는 기회가 될 수 있을 것 같다.

[평가기준]

평가 준거	수준		
	상	중	하
작품은 창의적인가?[30P]	개선점을 찾아 창의적으로 잘 차지는 제기를 만든다.	잘 차지는 창의적 제기를 만들지 못한다.	처음 제시한 방법으로만 제작
제기의 공기저항 원리 설명은 논리적인가? [20P]	제기 운동에서 공기저항에 대해 논리적으로 잘 설명한다.	제기 운동에 대한 설명이 논리적이지 못하다.	원리를 모르거나 틀리게 알고 있다.
잘 차지는 제기 조건을 찾아 내는가?[30P]	변인을 통제하여 잘 차지는 제기 조건을 찾을 수 있다.	변인을 통제하는 능력이 부족하다.	변인을 찾지 못한다.
서로 협동하는가?[20P]	조원들끼리 잘 협동함	보통 수준	협동이 이루어지지 않음

SCIENCE DIY
cafe.daum.net/hiphys

전통 제기 만들기

〈과제〉

○ 잘 차지는 제기를 만들어 보자.
○ 제기를 많이 찰 수 있는 조건을 찾아 보자.
○ 잘 차지는 창의적 제기를 고안해 보자.

DIY과제 전통 제기 만들기

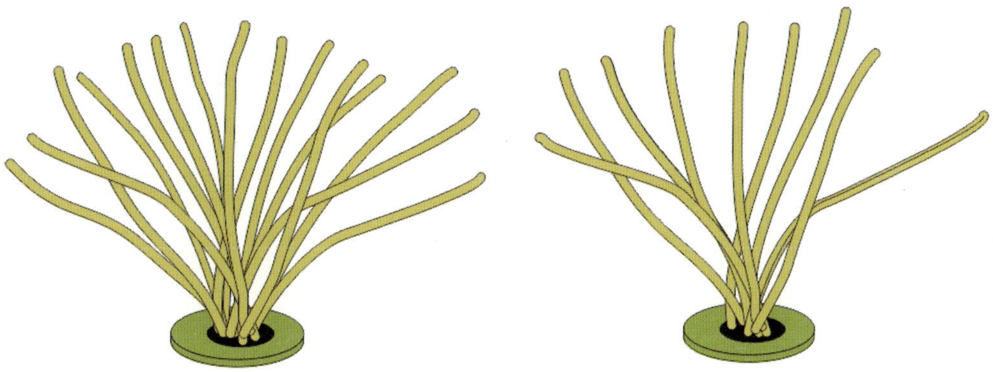

이 활동을 하면…

- 잘 차지는 제기 변인에 대해 탐구 설계를 할 수 있다.
- 제기를 잘 차올릴 수 있는 방법을 설명할 수 있다.
- 제기차기 놀이를 통하여 공기저항을 받는 물체의 연직투상 운동을 이해할 수 있다.

DIY활동 전통 제기를 만들어 보자.

준비물

한지(문종이, 또는 습자지), 왓셔, 은박지, 가위, 연필(또는 볼펜), 주방타올

준비물가이드

- 왓셔는 질량이 다른 몇 종류 구입-철물점에서 구입 가능
- 칼라습자지(색화지)를 쓰면 다양한 색의 제기 제작 가능, 문구점에서 구입 가능
- 한지, 문종이, 주방용 를 쓸 때는 가위를 사용해야 함

제기 만들기(1)

- A4 크기의 한지(습자지)를 가로로 놓고 반을 접었다 편다.
- 접힌 선 끝에 왓셔를 놓는다.
- 왓셔를 한지로 싼 채 말아 접는다.
- 끝까지 말아서 기다랗게 만든 다음 연필 등 뾰족한 물체로 왓셔가 있는 위치에 구멍을 뚫는다.

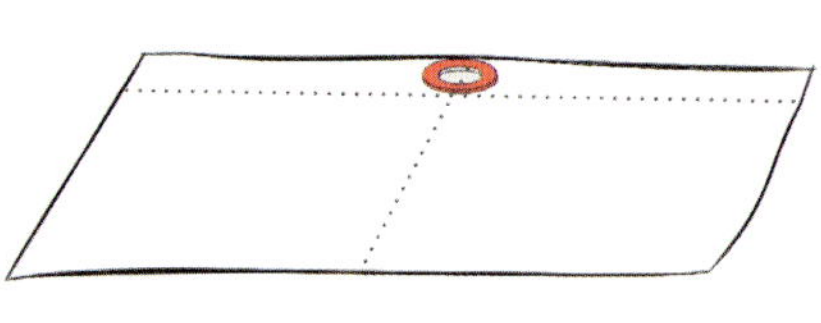
왓셔 위치 정하기

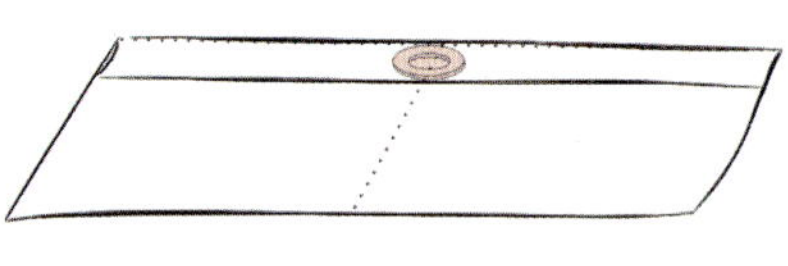
왓셔 폭만큼 종이로 덮어 말기

왓셔를 종이로 완전히 만 모양

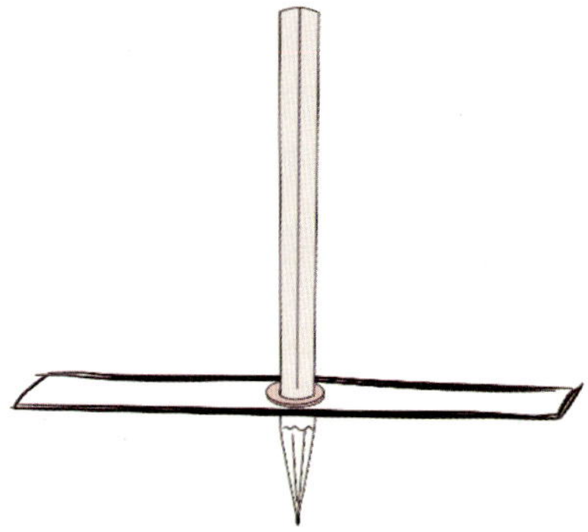

왓셔 구멍에 맞춰 종이 구멍 뚫기

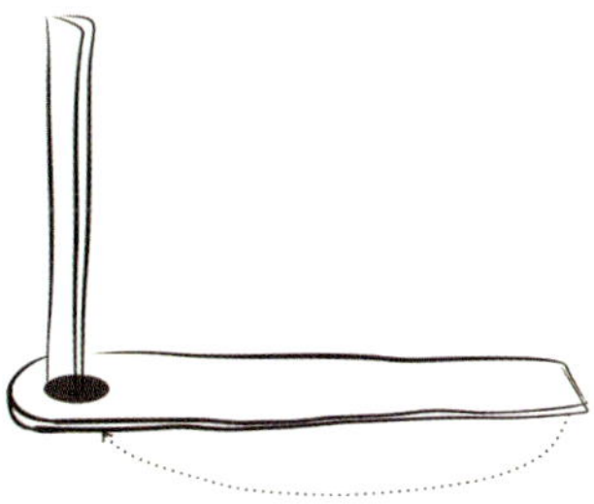

양쪽 끝을 뭉쳐 구멍에 끼우기

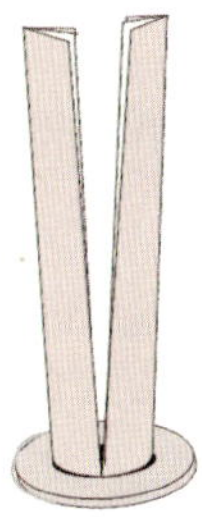

양쪽 모두 끼움

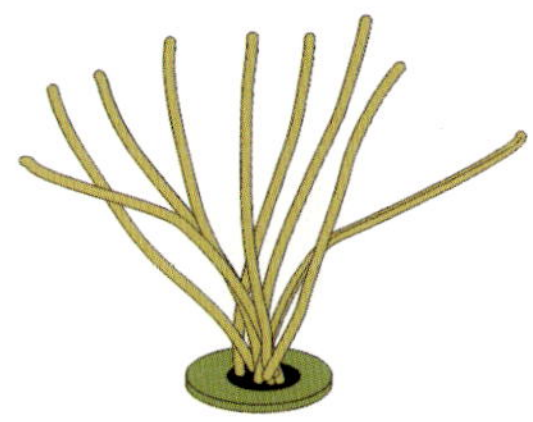

제기 술 오리기

- 왓셔를 중심으로 한 쪽 끝을 뾰족하게 뭉쳐서 구멍에 끼운다.
- 반대편 쪽도 왓셔 아래쪽으로 같은 방법으로 끼운다.
- 두 끝을 가지런히 세운 다음 한지를 세로로 얇게 찢어 술을 만든다.

※문종이 한지를 사용할 경우에는 가위를 써서 얇게 술을 오린다.

제기 만들기(2)

● **술이 많은 제기**-한지(또는 습자지를 두 겹 사용하여 만든다)

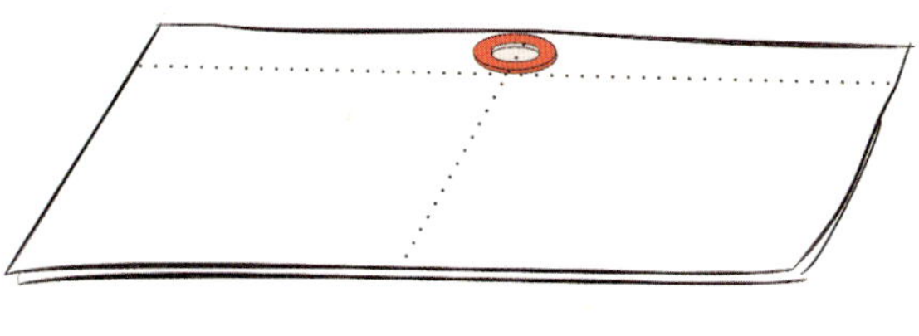

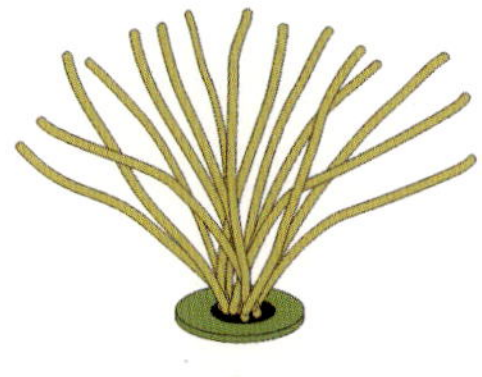

● **무거운 제기** : 왓셔를 추가하고 헤드(head)에 은박지를 감아 만든다.

다양한 제기 만들기(3)

- 술이 긴 제기를 만들어 보자.
- 재료를 달리해서 제기를 만들어 보자.

〈예〉 습자지 제기, 문종이 제기, 비닐 제기, 기타

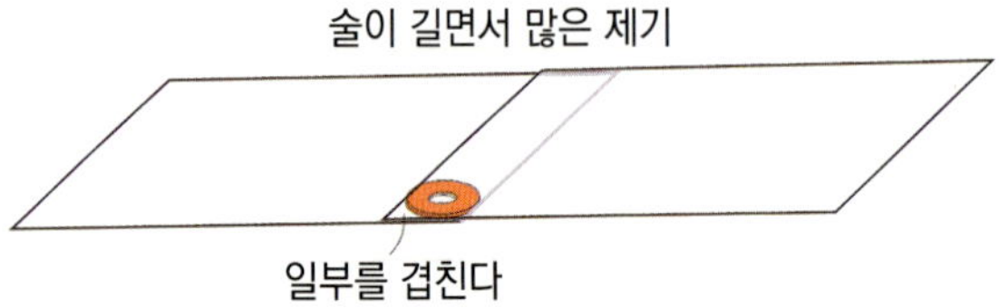

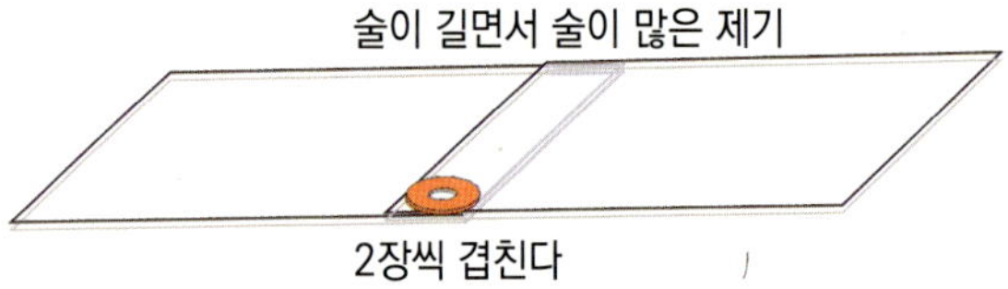

제기차기 놀이

제기차기 종류

- **기본 차기** : 제기를 가슴 높이에 한 손으로 들고 있다가 놓으면서 반대 편 발로 차올린다. 제기가 위로 올라갔다가 떨어지면 다시 차올린다. 한 번 차기 시작하면 제기를 땅에 떨어뜨리지 않고 연속으로 얼마나 많이 차는가를 겨룬다.
- **외발 차기** : 제기를 차는 발을 땅에 닿지 않고 계속 들고 찰 수도 있다.
- **양발 차기** : 양쪽 발을 교대로 제기차기
- **교대 차기** : 두 사람이 서로 마주 본 다음 제기를 서로 번갈아 가며 차는 놀이이다. 과거에 종로 상인들이 겨울에 추위를 잊고자 상가 길거리에서 유행했던 데서 이름이 유래하였다.
- **사방제기** : 네 사람이 사각형 대형을 하고 제기를 발로 주고 받으며 찬다. 잘못 차서 다음 순서의 사람에게 전달하지 못한 사람이 패배한다.

도전놀이

- 개인 경기 : 더 많이 찬 사람이 이긴다. 진 사람은 벌칙을 받는다.
- **팀 경기** : 두 팀으로 나누어 팀원들이 제기를 찬 횟 수를 합쳐서 승부를 가른다.

DIY-5.탐구 제기차기 놀이 탐구

주제. 어떤 제기가 잘 차질까? [HOME exp.]

[준비물] 제기-6종(탐구에 쓰일 수 있는 제기의 종류)

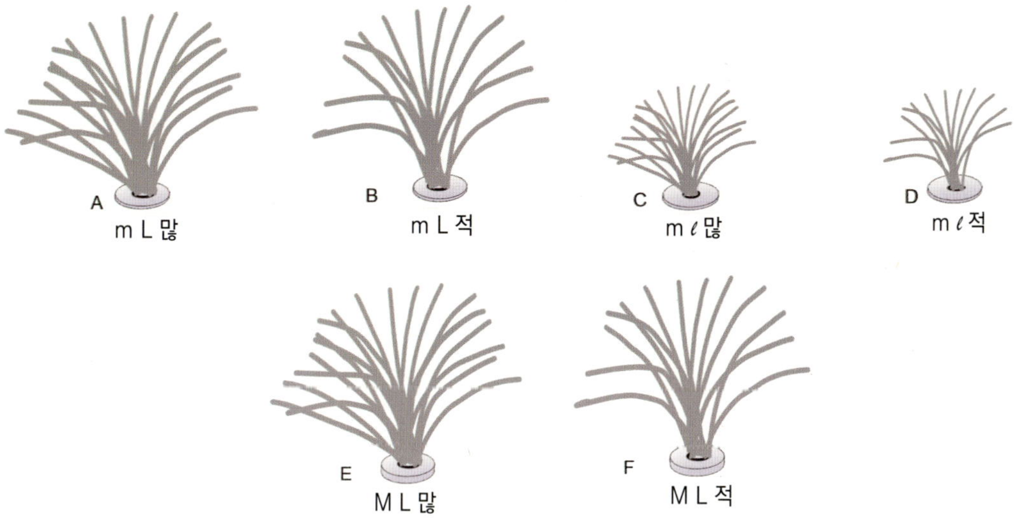

〈과제1〉 술이 많은 제기와 적은 제기는 어느 쪽이…

- 제기 심의 질량은 동일, 제기 술을 변화시켜 가면서 제기를 찬다. 각각 5회 차서 횟수를 평균한다.
- 처음 제기 술(15가닥)에서 3가닥 씩 뜯어내어 제기 술을 변화시킨다.

시도	15가닥	12가닥	9가닥	6가닥	3가닥
1					
2					
3					
4					
5					
평균					

〈과제2〉 술이 긴 제기와 짧은 제기는 어느 쪽이…

- 제기의 질량, 재질, 다른 변인들에 대해서도 탐구해 보자.

[고찰]

□ 어떤 제기가 잘 차질까? 제기가 잘 차지는 조건은 무엇일까?

□ 왓셔만 차올릴 때와 제기를 만들어 찰 때의 차이는 무엇인가? 제기의 술은 어떤 역할을 할까?

□ 술을 가지런히 해서 찰 때와 술을 펼쳐서 찰 때, 두 경우를 비교해 보자. 어떨 때 술을 펼쳐 차고 어떨 때 술을 가지런히 모아서 차는 것이 좋을까?

□ 제기를 잘 차기 위해 어떤 동작(기술)이 필요한가?

□ 제기를 차 올리면 제기는 어떤 운동을 할까? 제기가 받는 힘과 속도의 관계를 분석해보자(동영상분석).

탐구 Tip : 술의 길이에 따른 제기 탐구는 술이 긴 제기에 대해 먼저 시도하고 차츰 길이를 일정 간격으로 잘라 나가면 된다.

탐구 Tip : 신뢰로운 data를 얻기 위해 제기를 차는 자세, 신체 조건(컨디션), 날씨(바람) 등 제기차기에 영향을 주는 내적, 외적 요소를 고려한 정성적 data도 필요함.

창의탐구가이드

□ 탐구1 : 제기를 잘 차려면 힘을 어떻게 가해 주어야 할까?

□ 탐구2 : 제기가 올라가는 시간과 내려오는 시간은 어느 쪽이 더 길까?

개선점 찾기

제기차기 놀이에서 불편한 점, 개선점을 고려하여 창의적 제기를 고안해보자.

창의설계

개선점을 토대로 창의적인 제기를 만들기 위한 설계도를 그려 보자.

고쳐 만들기

모양, 크기, 색깔을 달리하여 다양한 창의적 제기를 만들어 보자.

〈예: 풀뿌리 제기〉

개념 · 원리 제기차기의 과학

제기차기 놀이의 유래

제기차기 유래를 정확하게 알 수는 없지만 고대부터 유래한 **축국**(蹴鞠)에서 유래되었다는 기록이 있다. 제기는 축국을 우리말로 표현한 이름이다. 조선시대에 와서는 축국이 아이들 놀이로 굳어지면서 구하기 어려운 공 대신 엽전제기가 등장하게 되었다. 중종조 최세진이 편찬한 훈몽자회에 "건[毽毛]을 '뎌기 건'이라 풀이하면서 소아들이 차는 것으로서 민간에서는 **'척건자'**라 부른다"고 설명하고 있다. 척건자는 아동용 제기로 무거운 물체에 종이나 털을 엮어서 만든 제기였다.

제기차기는 주로 겨울에서 봄 사이에 즐기는 놀이로 발전했는데, 조선후기에는 겨울철 세시풍속으로 정착하였다. 19세기 중엽에 편찬한 「동국세시기」에도 꿩 깃을 꽂아 만든 제기를 가지고 어른과 청소년들이 마주 서서 다리 힘을 겨루면서 찼다는 기록이 있다.

제기차기의 역학 원리

충격량

제기차기는 제기를 눈높이에서 낙하시켜 제기가 내려오는 동안 다리를 들어 발 안쪽으로 제기에 충격을 가해 차 올린다.

제기가 발과 만나는 순간 충격량에 의해 제기의 초속도가 얻어지고 그 속도로 제기는 연직 상방으로 던져올린 물체의 운동을 하게 된다. 제기의 충격량은,

$$F\Delta t = m\Delta v = m(v_2 - v_1)$$

가 된다.

v_1은 제기가 내려오면서 발과 닿기 직전의 속도이고, v_2는 제기가 발에 Δt시간 동안 닿았다가 떨어지면서 위로 올라가는 순간의 속도이다. 제기를 높이 차려면 힘 F를 크게 Δt 를 어느 정도 길게 차면 된다.

공기저항을 받는 물체의 운동

제기를 찰 때, 제기는 술이 달린 상태에서 공기 중에 운동하므로 중력 외에 공기저항력이 작용한다. 공기 저항력은, 물체의 운동 방향과 반대 방향으로 작용한다. 또 공기 저항력의 크기는,

- 속력이 느린 운동에서는 속력에 비례한다.

$$F = kv \quad (k\text{는 비례 상수})$$

- 속력이 빠른 운동에서는 속력의 제곱에 비례한다.

$$F = k'v^2 \ (k'\text{은 비례 상수})$$

종단속도

공기저항을 받는 물체가 공기 중에서 낙하할 때, 처음 속력이 0일 때는 저항력도 0이 되어 중력만 받지만 낙하 속도가 점점 커지면 공기 저항력도 증가하면서 운동을 방해한다. 공기저항력이 물체의 중력과 같아지면 물체의 합력은 0이 되어 속도가 더 이상 증가하지 않게 되는데 이 속도를 **종단속도**라 한다.

매 순간 물체가 받는 힘은,

$$F_n = mg - kv = ma$$

가 되고, 종단속도는

$$F_n = mg - kv_{종} = 0 \ ,$$

$$v_{종} = \frac{mg}{k}$$

가 된다.

종단속도의 크기는 무거울수록 커진다. 여기서 k는 물체의 재질, 모양에 따라 달라지는 값이다.

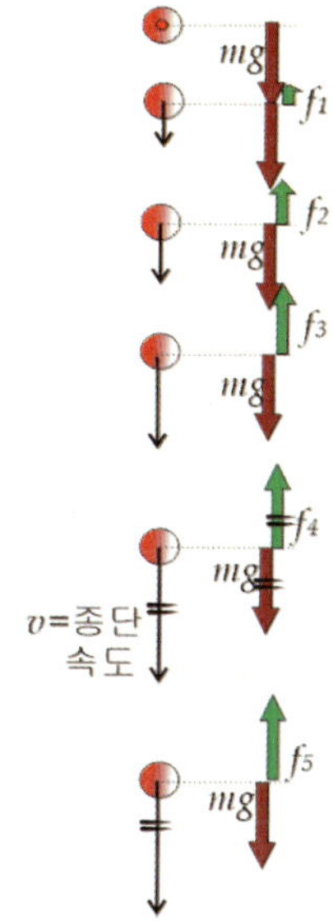

공이 공기저항을 받을 때 공이 받는 힘 및 속도의 변화
중력과 저항력의 크기가 같으면 종단속도에 도달한다.

제기를 잘 차기 위한 조건

- **술이 많은 제기**는 공기 저항을 크게 받으므로 올라가는 높이가 높지 않아 짧은 시간에 낙하하므로 동작을 빠르게 해야 한다. 이 때, 제기 술을 손으로 가지런히 모아 공기저항을 가능한 한 적게 받도록 변형을 시켜서 찬다.
- **술이 적은 제기**는 공기 저항이 작으므로 힘을 적게 가해주거나 제기 술을 납작하게 펼쳐 공기 저항을 크게 받도록 변형시켜서 찬다.
- **무게에 따른 제기차기** : 제기의 무게에 따라 제기가 발에 닿는 시간(Δt)을 조절해 줌으로써 충격량을 최적화해야 잘 찰 수 있다. 제기는 적당한 높이 까지 차 올려야 다음 발동작을 준비할 수 있어서 계속 찰 수 있다.

가벼운 제기는 공기저항을 크게 받으므로 Δt를 길게 하여 높이 차 올려야 한다. 반면 무거운 제기는 Δt가 짧아도 쉽게 높이 차올릴 수 있지만 자칫 제기가 엉뚱한 데로 튕길 수 있다.

한걸음 더 제기의 운동 분석

제기 발사대 만들기 [선생님과 함께]

[준비물] PVC 파이프, 드릴 및 드릴 핀, 스프링, 나무막대, 원판, 노끈, 기타

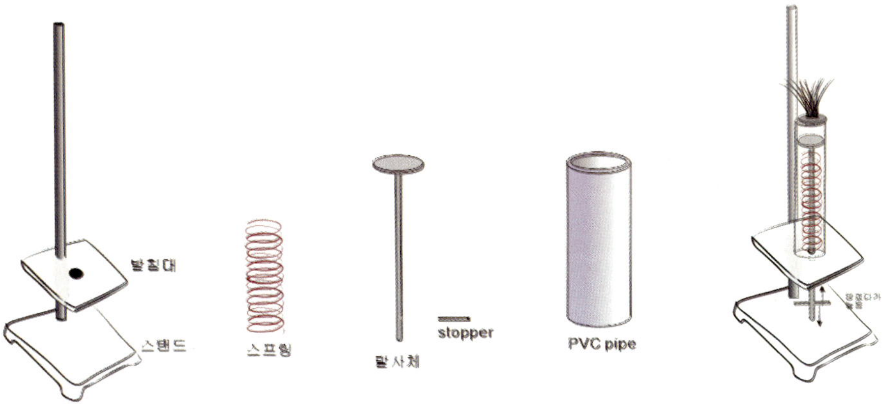

- 철제스탠드에 밑판을 고정한다. 밑판에는 발사체 막대가 통과하도록 미리 구멍을 뚫어 둔다.
- PVC 파이프에 스프링을 넣고 밑판 위에 설치한다.
- 나무막대 끝에 원판을 나사못으로 부착한 발사체를 스프링, 밑판의 구멍을 통과하도록 끼운다.
- PVC 파이프 허리를 스탠드 봉에 고정한다.
- 제기를 만들어 PVC 파이프 위에 올린다.
- 발사 후 막대가 빠져 나가지지 않도록 가로목으로 stopper 장치를 끼운다.

S/W 'tracker'(운동분석 앱)에 의한 제기 운동 분석

- 비디오카메라나 스마트폰을 이용하여 제기를 차올리거나 발사대로 쏘아 올릴 때 제기의 운동을 동영상 촬영한다. (제기의 종류에 따른 변인을 일정하게 하려면 제기발사대를 이용하는 것이 좋다.)
  이 때 반드시 길이를 알고 있는 물체(자)를 함께 설치하고 촬영하여야 한다.
- 'tracker' 앱을 작동하고, **파일→열기** 하여 촬영한 동영상 파일을 불러 온다.
- 화면 아래의 탐색 도구를 이용하여 운동 분석할 프레임의 시작 프레임, 끝 프레임을 확인하고 지정한다. **비디오→비디오설정→프레임**(숫자 입력)

- 새**트랙→질량중심**을 클릭하여 측정하고자 하는 운동 대상을 지정한다. 두 물체의 운동을 동시에 비교분석할 경우에는 **새트랙→질량중심**(B)를 추가 지정한다.

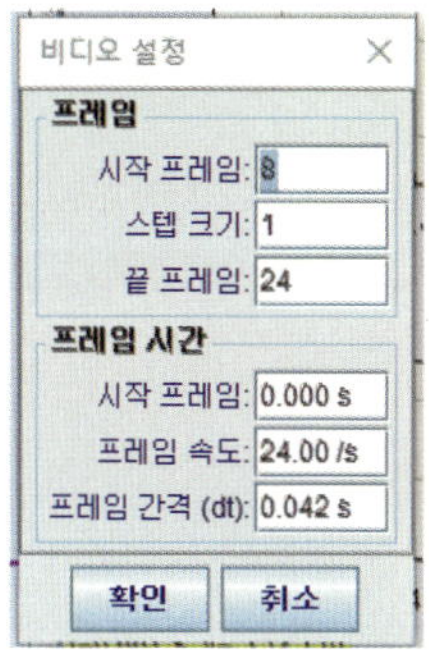

- **트랙→질점A→직접스텝표시**를 지정해 준다.
- 매 프레임마다 제기의 위치를 찾아 점을 찍어 줌으로써 제기의 좌표를 읽어 준다. data는 자동 입력되어 그래프로 나타내어 준다.

제기의 운동 분석

제기를 차올릴 때 공기 저항력을 받는 제기의 운동에 대해 순간 순간 힘과 속도의 관계를 나타내면 다음과 같다.

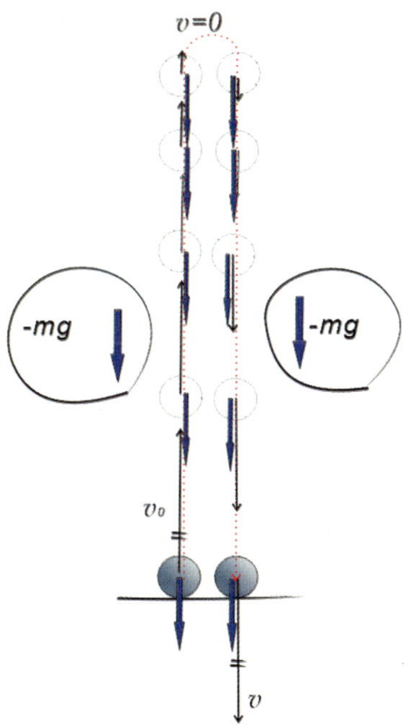

위(+)로 던져 올려 진 공의 운동.
힘은 중력 뿐, 운동 방향과 반대 방향으로 작용.
가속도는 일정한 크기의 음의 가속도 $-g$

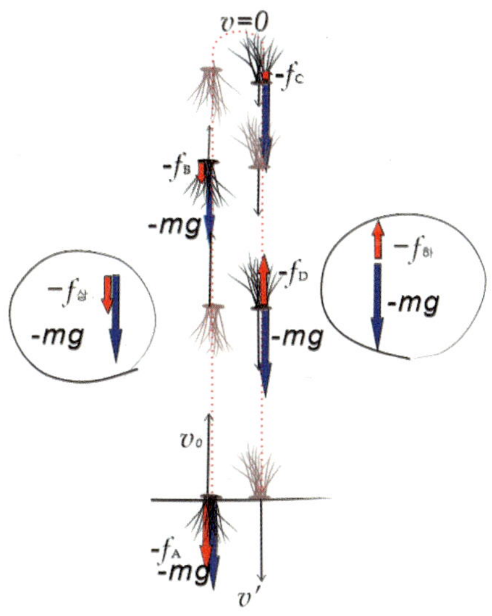

위(+)로 차 올린 제기 운동
힘은 중력($-mg$), 공기저항력(−f)이 운동방향과 반대로 작용, 합력의 크기가 점점 감소, 가속도 크기도 감소

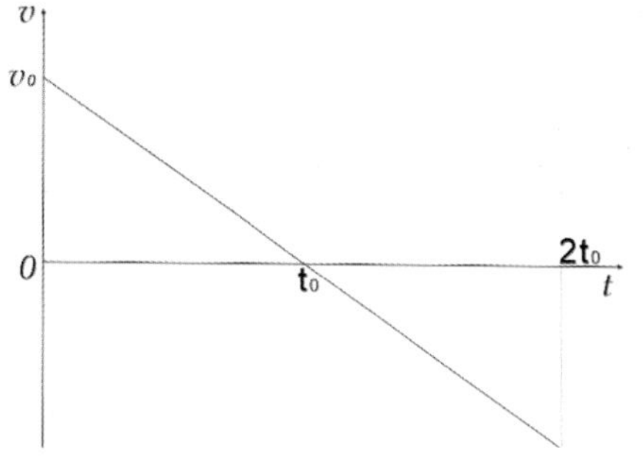

위로 던져올린 물체의 속도 그래프
물체는 같은 크기의 중력을 받아 가속도 일정
가속도는 그래프의 기울기 $-v_0/t_0 = -g$,
올라가는데 걸린 시간=낙하하는 시간

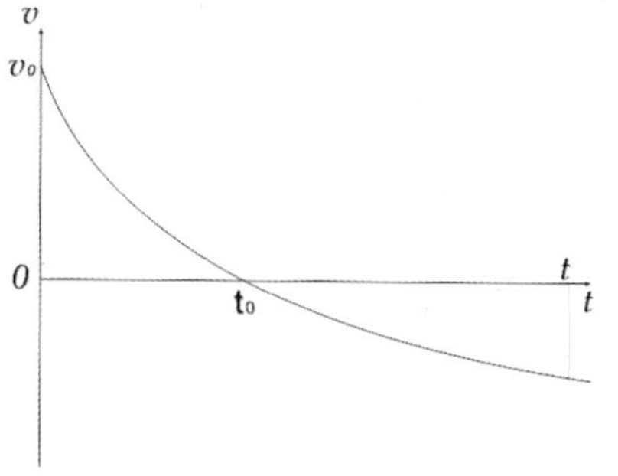

제기는 중력과 공기저항력을 받음
합력은 크기가 감소→가속도(기울기) 감소
올라간 높이는 0~t_0까지 면적, 낙하거리는 t_0~t 사이 면적,
두 면적은 같고, 낙하할 때 시간이 길다.

DIY-Science

전통 팽이 만들기

DIY Science 아이디어

팽이치기는 옛부터 남녀노소 구분 없이 즐기던 전통 놀이이다. 선조들은 어린 시절 팽이를 깎아 얼음판이나 매끄러운 땅 위에서 지칠 줄 모르고 놀이를 즐겼다.

우리 주변 물체의 운동을 살펴보면 직선 운동을 하는 것들도 많지만 회전하는 물체들도 많이 있다. 직선운동에서 운동의 법칙이 있듯, 회전 물체에도 운동 법칙이 존재한다. 팽이가 도는 원리를 통하여 회전관성이라는 물리 개념을 이해하고 생활에 응용할 수 있도록 하였다.

[평가기준]

평가 준거	수준		
	상	중	하
DIY 작품을 창의적으로 설계하는가?[30P]	개선점을 찾아 새 팽이를 창의적으로 설계할 줄 안다.	개선점을 찾지 못하여 창의적 설계가 미흡함	처음 제시한 방법으로만 제작
팽이의 회전운동 원리 설명은 논리적인가?[20P]	팽이 회전운동 원리를 논리적으로 잘 설명한다.	팽이 회전운동 원리 설명이 논리적이지 못하다.	원리를 모르거나 틀리게 알고 있다.
팽이 회전 원리를 놀이에 잘 적용하는가?[30P]	팽이 회전 운동 원리를 놀이에 잘 적용할 줄 안다.	팽이 회전 운동 원리를 알고 있으나 적용할 줄 모른다.	팽이 회전 원리를 잘 모른다.
서로 협동하는가?[20P]	조원들끼리 잘 협동함	보통 수준	협동이 이루어지지 않음

SCIENCE DIY cafe.daum.net/hiphys

전통 팽이 만들기

〈과제〉

○ 회전하는 팽이가 넘어지지 않는 이유를 알아보기
○ 팽이가 쓰러질 때 빙글빙글 돌면서 넘어지는 이유를 알기
○ 어떤 팽이가 더 잘 도는 지 탐구하기

DIY과제 전통 팽이 만들기

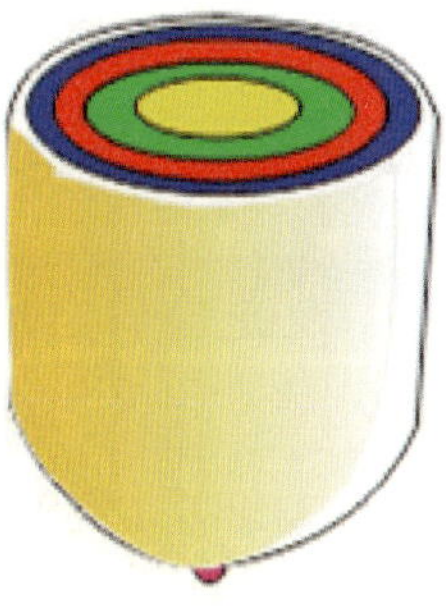

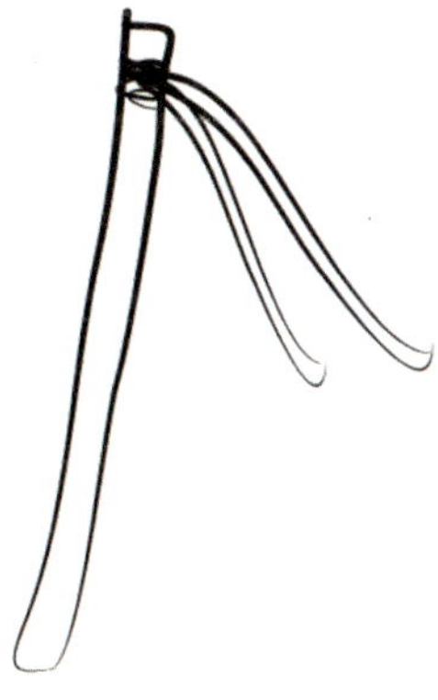

이 활동을 하면…

- 팽이가 회전하는 현상의 안정 원리를 설명할 수 있다.
- 팽이치기운동에서 회전관성을 이해할 수 있다.
- 팽이의 세차운동 원리를 이해할 수 있다.

DIY활동 전통 팽이를 만들어 보자.

준비물

참나무(또는 소나무) ϕ=70mm 나무가지 또는 각목(80×80×100mm), 바이스, 그라인더 및 연마석, 쇠구슬(베어링) , 팽이채, 고무줄, 망치, 톱

준비물 가이드

- 쇠구슬은 직경이 1cm 정도의 작은 것을 사용한다.
- 팽이는 참나무를 적당한 길이로 잘라 바이스에 잘 고정 시킨 다음 그라인더로 깎아서 만든다.
- 팽이채는 운동화끈을 고무줄로 묶어서 만든다.

팽이 만들기

- **바이스에 시료를 고정하기**

  각목(또는 참나무 원목)을 적당한 길이(약 12cm)로 잘라 바이스에 단단히 고정시킨다.
- **그라인드로 팽이 깎기**

  그라인드로 시료의 모서리부터 천천히 깎아 준다. 아랫부분이 둥그스름하게 대칭이 되도록 깎아 준다.
- **팽이 길이를 정하고 톱으로 잘라내기**

  팽이의 키가 적당하도록 톱으로 잘라 준다. 이 때도 바이스로 잘 고정시킨 다음 작업한다.

바이스에 각목 고정

그라인더로 모서리를 연마

팽이길이 정하기

적당한 길이로 자르기

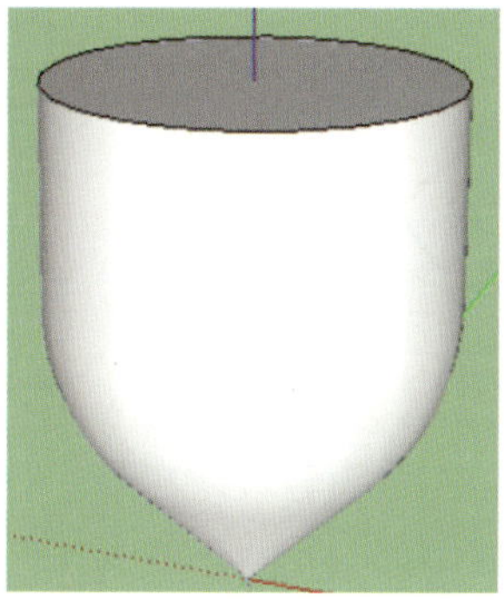

팽이 완성

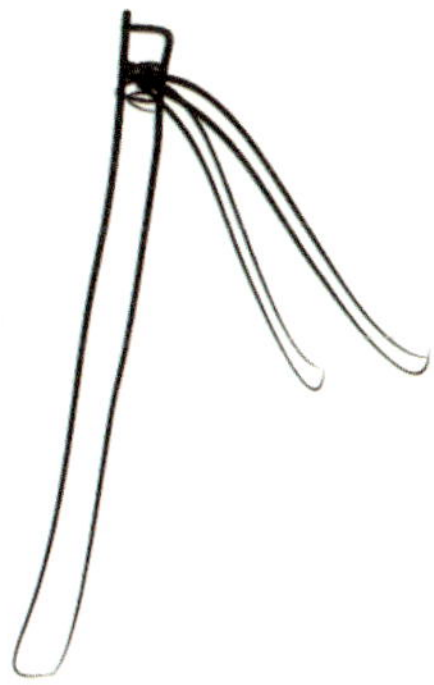

팽이채 만들기

〈안전〉 그라인드 사용 시 한 손으로 기계 손잡이를, 다른 손으로 보조 손잡이를 꽉 잡아야 안전하다.

팽이채 만들기

- 채로 사용할 나무 막대를 약 40cm 길이로 자른다.
- 닥나무 껍질, 또는 헌 운동화 끈을 30cm 정도 잘라 채의 끝 부분에 단단히 맨다. 두 가닥 정도가 적당하다.

팽이치기 놀이

놀이 방법

- 바닥면이 매끄러운 지면에 팽이를 대고, 팽이채 줄로 팽이 몸통을 감는다.
- 왼 손으로 팽이를 잡고 바닥면에 닿은 상태에서 오른 손으로 채를 세게 당겨 줄을 풀면서 동시에 잡고 있던 팽이를 놓는다.
- 팽이가 스스로 돌기 시작하면 팽이가 쓰러지지 않도록 계속 한 방향으로 채로 쳐 준다.

도전놀이

- **팽이 싸움** : 두 사람이 각각 팽이를 충돌시켜 팽이 쓰러뜨리기 게임을 해 보자.
- **오래돌리기** : 팽이를 돌리다가 신호에 따라 더 이상 채를 치지 않고 둔 상태에서 더 오래 도는 팽이가 이긴다.
- **멀리치기** : 출발선을 그어 놓고 신호에 따라 팽이를 세게 쳐서 멀리 가서 멈추지 않고 오래 도는 팽이가 이긴다.
- **빨리치기** : 벽이나 큰 돌을 목표물로 세워 놓고 팽이를 돌려 목표에 부딪친 후 팽이를 멈추지 않고 돌려서 먼저 돌아오는 팽이가 이긴다.

DIY-5.탐구 전통 팽이 탐구

실험. 도는 팽이는 왜 쓰러지지 않을까? [선생님과 함께]

[준비물] 소형모터, 실험대, 팽이, 채

[장치 및 과정]

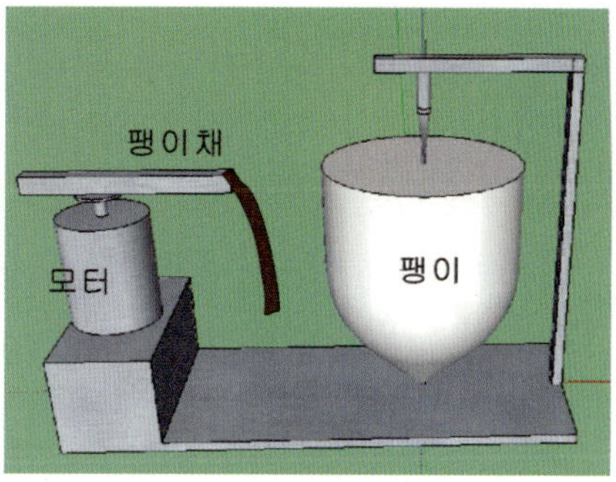

- 팽이를 실험대 위에 고정시킨다.
- 모터에 팽이채를 고정한다.
- 모터를 회전시켜 팽이채가 팽이를 치게 하여 팽이를 돌린다.
- 팽이가 회전하기 시작하면 침을 들어 올린다.
- 팽이가 도는 동안 동영상을 찍고 분석한다.

팽이의 질량, 채의 재질 및 길이 등 변인을 바꾸어가면서 실험한다.

[고찰]

□ 회전하는 팽이는 왜 넘어지지 않을까? 팽이가 계속 돌지 못하고 넘어지는 이유는 무엇일까?

□ 무거운 팽이와 가벼운 팽이는 어느 쪽이 돌리기 쉬운가? 또, 어느 쪽이 오래 도는가?

□ 팽이가 잘 돌게 하는 변인은 무엇일까?

□ 팽이가 쓰러지기 전에 세차운동을 하는 이유는 무엇인가?

개선점 찾기

팽이의 회전운동에 방해가 되는 요소를 찾고 그 개선점을 찾아보자.

창의설계

개선점을 토대로 잘 회전하는 최적의 팽이를 만드는 창의 설계도를 그려 보자.

〈예〉 자석으로 팽이를 만들어 자기장 위에서 돌려보기

고쳐 만들기

창의설계대로 개선점을 보완하여 **팽이** 및 **팽이채**를 고쳐 만들어 보자.

개념 · 원리 팽이의 과학

팽이의 유래

우리나라 팽이의 유래에 대해 명확히 알려진 바는 없지만, 대체로 삼국 시대부터 유행했을 것으로 추정된다. 중국의 경우 황하 중류 신석기 시대의 앙소(仰韶) 유적지[B.C.5000~2500]에서 자기로 만든 팽이가 출토되었다. 송대에는 '천천(千千)'이라 불렸으며, 오늘날은 '타라(陀螺)'라 한다. 동북 지방에서 쓰는 '빙후아(氷猴兒)'는 얼음 위의 팽이가 움직이는 모습이 원숭이를 닮았다고 해서 생긴 말이다.

일본의 팽이는 한국에서 건너갔다. 720년에 발간된 『일본서기(日本書紀)』에 의하면, 고구려 사람들로부터 팽이가 전래되었다고 한다.

팽이의 역학 원리

회전관성/관성모멘트

회전운동에서 관성모멘트란, 병진운동의 '질량'에 대응되는 개념이다. 병진운동에서, 가속도의 법칙(운동2법칙)에 의하면 어떤 물체에 힘을 가하면 가속도운동을 한다. 똑같은 힘을 가하면, 질량이 클수록 가속도는 작아지고, 물체의 질량이 작을수록 가속도는 커진다.

또, 힘을 가해 움직이고 있는 물체를 정지시키려면 질량이 클수록 오래 걸리고(가속도가 작고) 질량이 작을 수록 금방 멈추게 한다(가속도가 크다).

이를 질량이 큰 물체는 물체가 운동 상태를 유지하려는 성질 즉 '**관성이 크다**'고 한다. 질량은 곧 관성의 크기를 말한다.

회전운동에도 비슷한 개념을 사용한다. 즉, 물체에 돌림힘(토오크, 회전력)를 가하면 물체는 각속도가 변하는(각가속도를 가지는) 회전운동을 한다. 이 때 똑같은 돌림힘을 가하더라도 물체에 따라 각가속도가 다르다. 물체가 계속해서 회전을 유지하려는 성질이 크다면 각가속도는 작고, 회전을 유지하려는 성질이 작다면 각가속도는 크다. 이런 성질(회전과 관계된 관성)을 표현하는 물리양이 회전관성, 또는 **관성모멘트**라고 한다.

회전관성이 크다는 말은 회전을 계속 유지하려는 성질이 크다는 말이고, 회전관성이 큰 물체일 수록 각속도의 변화(각가속도)는 더 작다.

팽이의 물리

◆ 도는 팽이는 쓰러지지 않는다

물체가 운동하는 데는 운동의 법칙을 따른다. 뉴턴의 운동법칙에 의하면, 정지한 물체에 Δt 시간 동안 충격량을 주면 운동량 변화가 일어난다. 물체에 외력이 없으면 운동하는 물체는 등속도로 지속적으로 운동한다. **〈관성의 법칙〉**

마찬가지로 물체에 충격 토오크를 주면 회전운동이 일어난다.

$$\begin{aligned}\tau\Delta t &= \Delta L \\ &= I\Delta\omega \\ &= I(\omega - 0) = I\omega, \quad \text{단 } \tau = r \times F\end{aligned}$$

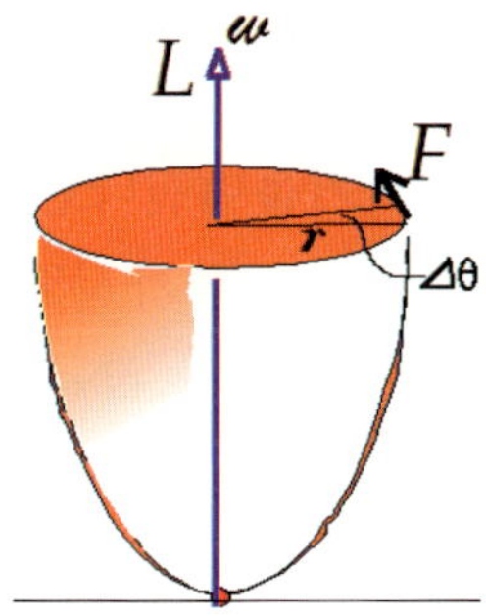

• 물체에 외부 토오크가 작용하지 않으면 **일정한 각속도**로 지속적으로 회전한다. 즉, **일정한 각운동량**을 가진다. 각속도 방향은 회전축 방향이다. 각운동량 방향, 토오크 방향도 모두 같다. **〈회전관성〉**

• 팽이가 회전하는 이유는 회전관성(관성모멘트)을 가지기 때문이다. 즉, 외부 토오크가 작용하지 않는 한 정지한 물체는 계속 정지하고, **회전하는 물체는 일정한 각속도로 회전**을 계속하려는 성질 때문이다.

• 팽이의 운동량 변화는 I가 클수록, 각속도 w가 클수록 커진다. 회전관성 I는 질량에 비례하므로, **질량이 클수록, 각속도가 클수록 팽이의 각운동량은 커져 회전시키기도 어렵고, 한번 회전한 팽이를 멈추게 하기도 어렵다.**

◆ 팽이가 회전각속력이 느려지면-세차운동

지면 마찰력, 공기저항에 의한 팽이 표면과의 마찰력이 있다면 팽이는 회전운동에 방해를 받아 각속도가 작아질 것이며, 각운동량도 감소할 것이다. $L_0 > L_1 > L_2 \cdots$

각운동량이 변하면(작아지면) 그 축도 방향이 달라지게 된다. 즉, 지면에 수직이던 축이 비스듬히 기울어진다. 항상 팽이는 회전축을 중심으로 회전하므로 팽이의 몸체도 기울어지게 된다.

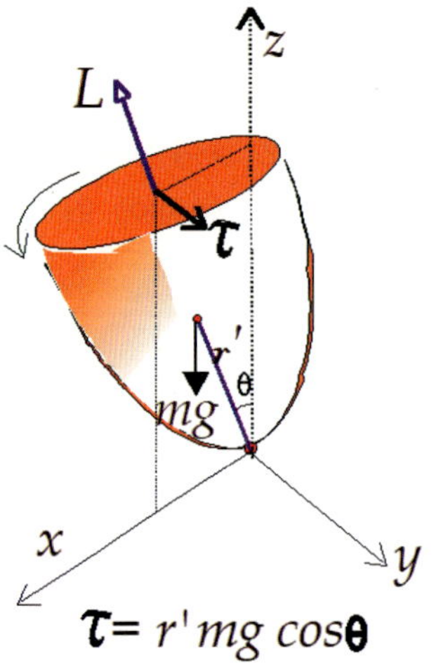

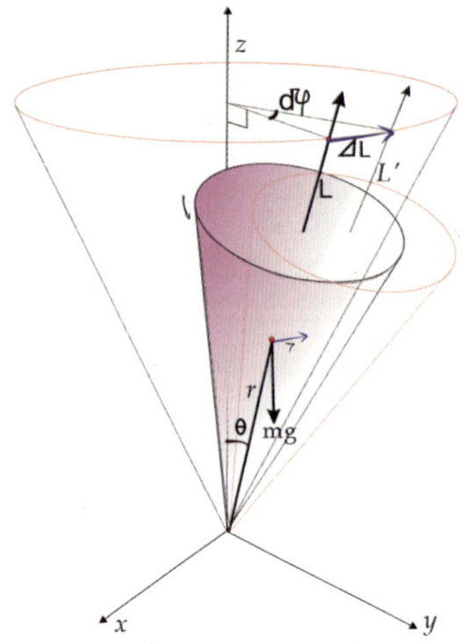

만약 팽이가 회전하지 않은 상태로 기울어진다면 넘어져 버릴 것이다. 그러나, 팽이는 회전(자전)하고 있으므로 각운동량 L을 가지고 돌다가 Δt 후에는 몸체가 기울어져 중력으로 인해 생기는 토오크(τ) 때문에 각운동량 변화(ΔL)가 생기게 되고 L'가 된다.

또, 그 각운동량 변화(ΔL)의 방향은 작용한 토오크(τ)의 방향과 같다.

이 때, 토오크는 아랫방향이 아니고 운동량 변화의 방향(수평방향)으로 생기기 때문에 팽이는 넘어지지 않고, 새로운 축(z축)을 중심으로 회전(공전)을 한다. 팽이는 자전하면서 기울어진 채로 공전 운동을 계속하게 되는데 이를 **세차운동**이라 한다.

◆ 세차운동 각운동량

세차각속도는,

$$\Omega = \frac{\tau}{L\sin\theta} = \frac{r \cdot mg\cos\theta}{L\sin\theta} = \frac{rmg}{L\tan\theta}$$

(단, r은 바닥에서 무게중심까지 거리, m은 팽이 질량)

이 되므로,

만약, 세차운동 각속도 Ω가 임의의 일정한 빠르기라 할 때, L이 클수록 θ가 작고, L이 작을수록 θ가 큼을 알 수 있다.

👉 각운동량(L)이 점점 작아지면(팽이가 천천히 회전), θ가 점점 커지면서 세차 운동이 일어난다. 그래서 다시 팽이채로 치게 되면 토크를 가해주므로 L이 커져서 팽이는 다시 꼿꼿이 돌게 된다.

◆ 충돌하는 팽이의 회전 운동

질량이 같은 두 팽이가 충돌한다. 상대의 팽이를 쓰러뜨리려면 팽이를 충돌시켜 상대 팽이의 각속도를 줄어들게 해야 한다. 팽이를 쳐서 상대 팽이에 힘을 가해 반대 방향의 회전력(토크)을 가해 주면 상대 팽이의 각속도가 줄어 들게 되고 회전축이 무너지게 되고 결국 쓰러지게 된다. 그러나 자신의 팽이의 각속도도 줄어 들게 되므로 재빨리 팽이채로 팽이를 쳐서(회전력을 가해) 각속도를 증가시켜주어야 한다.

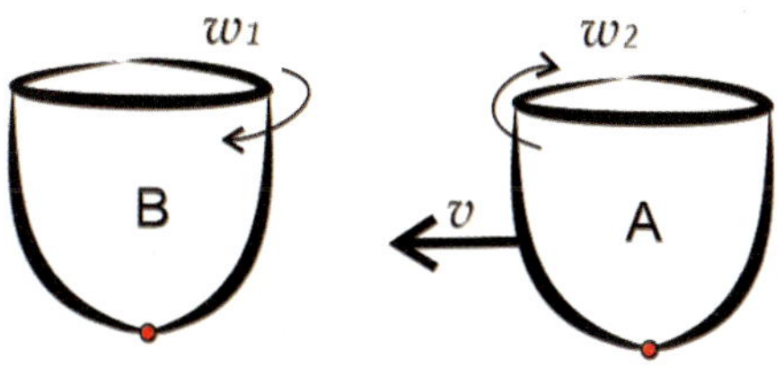

〈충돌 전〉

A팽이 : 각속도 w_1 으로 회전

B팽이 : 각속도 w_2로 회전

A팽이를 채로 쳐서 v 로 달려가 B에 충돌

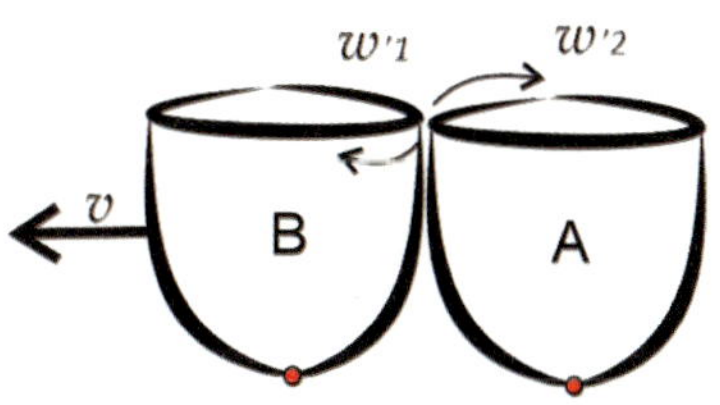

〈충돌 후〉

B팽이는 각속도가 줄어 들어 w_1' 으로 회전

A팽이도 각속도가 줄어 들고 w_2' 으로 회전

B 팽이는 v 속도로 튕겨나간다.

A 팽이는 제자리에서 회전

(단, 완전탄성충돌일 때)

아하!

팽이가 잘 돌게 하려면,

- 팽이채의 충격량을 크게 해 준다. 즉, 힘을 크게, 충격시간을 길게 해 준다. 채를 팽이에 감아 친다.
- 마찰에 의한 각속도 감소로 인한 세차운동이 일어나기 전에 자주 쳐 준다.
- 질량이 큰 팽이일수록, 각속도가 클수록 팽이일수록 회전시키기도 어렵지만 일단 회전하게 되면 쉽게 넘어지지 않는다.

한걸음 더

팽이의 변신-공중부양 팽이

창의적 팽이 중에는 공중 부양하는 팽이가 있다. 팽이를 자석으로 만들고 자석 바닥 위에서 돌리게 되면 자기적 척력으로 팽이가 공중에 떠서 돌 수 있다. 이런 팽이가 공중에서 지속적으로 돌 수 있는 것은 **회전 관성** 때문이다. 즉, 중력과 자기적 척력이 비긴 채 공중에 떠 있으면 외부 토오크는 0이 되고 이 때 팽이를 회전시켜주면 팽이는 축을 중심으로 회전운동을 계속하려는 회전관성 때문에 공중에 뜬 채로 계속 돌 수 있다.

DIY-Science

방패연 만들기

DIY Science 아이디어

연날리기는 옛 부터 선조들이 즐기던 전통 놀이이다. 연에 대한 기록이나 전설에 의하면 연날리기가 단순한 오락이나 놀이로 끝나지 않고 이를 이용해 전쟁 시에는 전략이나 통신용, 또는 민심 수습용으로 사용되었다고 한다. 또, 남태평양 뉴기니 사람들은 옛날부터 연을 날려 물고기를 잡았다는 기록이 있다.

연을 만들어 날려봄으로써 공기를 활용하는 과학 원리를 이해하고 연을 이용하여 생활에 도움을 얻을 수 있는 방법도 찾아봄으로써 놀이의 즐거움 뿐 아니라 창의적인 생활의 지혜를 얻을 수 있을 것 같다.

[평가기준]

평가 준거	수준		
	상	중	하
창의적 연을 고안해 내는가?[30P]	개선점을 찾아 창의적으로 설계할 줄 안다.	개선점을 찾지 못하여 창의적 설계가 미흡함	처음 제시한 방법으로만 제작
연의 비행 원리 설명은 논리적인가?[20P]	원리를 논리적으로 잘 설명한다.	논리적이지 못하다.	원리를 모르거나 틀리게 알고 있다.
재료, 모양, 크기 등 변형할 줄 아는가?[30P]	다양한 변형을 고안할 줄 안다.	보통 수준	변형할 줄 모른다.
서로 협동하는가?[20P]	조원들끼리 잘 협동함	보통 수준	협동이 이루어지지 않음

SCIENCE DIY
cafe.daum.net/hiphys

방패연 만들기

〈과제〉

○ 공중에서 돌지 않고 잘 나는 방패연을 만들어 보자.

○ 기존 DIY 작품을 기초로 독창적 아이디어를 내어 창작연을 고안해 보자.

○ 연을 생활에서 활용할 수 있는 방법을 찾을 수 있다.

DIY과제 방패연 만들기

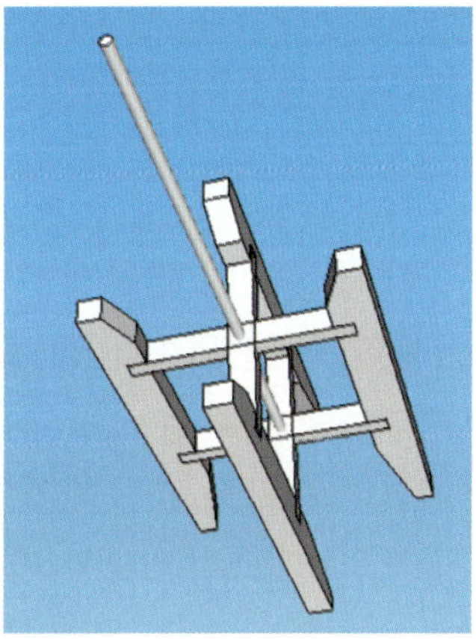

이 활동을 하면…

- 방패연이 안정적으로 비행하는 원리를 설명할 수 있다.
- 방패연에서 방구멍의 역할을 설명할 수 있다.
- 풍향 풍속이나 기류의 흐름을 이용하여 방패연을 잘 날게 하는 방법을 찾을 수 있다.

방패연 명칭

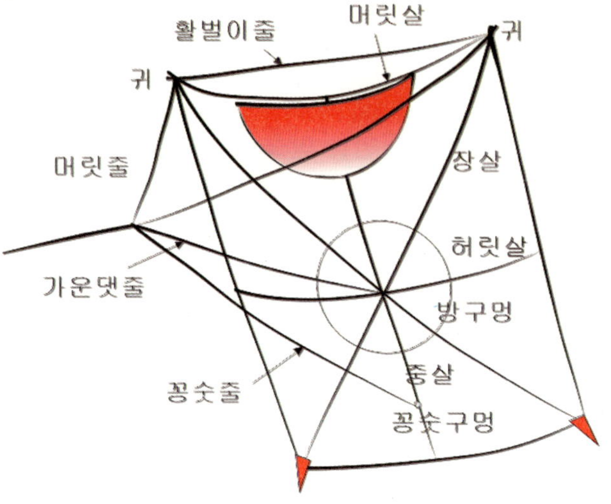

- 방구멍-방패연 가운데 뚫어놓은 구멍, 항력을 줄이는 효과가 있다.
- 머릿살-방패연의 맨 위쪽에 둥그스름하게 휘어 놓은 살
- 장살-방패연에서 대각선으로 대는 살
- 중살-방패연의 세로로 가운데에 대는 살
- 허릿살-방패연의 허리에 대는 가는 살
- 귀-장살과 머릿살이 위쪽 끝에서 만나는 부분. 방줄을 매기 위해 남겨놓는다.
- 활벌이줄-방패연의 머릿살을 둥그스름하게 만들어 주기 위해 양쪽 귀에 매는 방줄. 바람의 강도에 따라 방패연이 받는 풍압을 조절하는 역할을 한다.
- 머릿줄-방패연의 양쪽 귀를 묶어 연실에 연결하는 방줄
- 가운뎃줄-장살, 중살, 허릿살이 모이는 점에 실을 묶어 다른 방줄과 합쳐주는 방줄. 이 줄이 없으면 바람이 세게 불 때 연이 뒤집히는 일이 생긴다.
- 꽁숫줄-방패연의 하부 가운데에 가운뎃 살에 매는 줄

DIY활동 방패연을 만들어 보자.

준비물

대나무살 5, 한지, 칼, 풀, 가위, 송곳, 30cm 자, 얼레, 실

준비물 가이드

- 대나무살은 길이 55cm 정도, 대나무살 5개
- 한지 : 가로·세로 비율이 2대3 (30㎝×45㎝ 기준),
- 얼레는 목공 작업하여 별도 제작

방패연 만들기

대나무살 다듬기

- 머릿살 : 길이 31㎝의 굵은 대나무살 1개
- 장살 : 길이 54㎝의 중간 굵기의 대나무살 2개
- 중살 : 길이 44㎝의 중간 굵기 대나무살 1개
- 허릿살 : 길이 31㎝의 가는 대나무살 1개

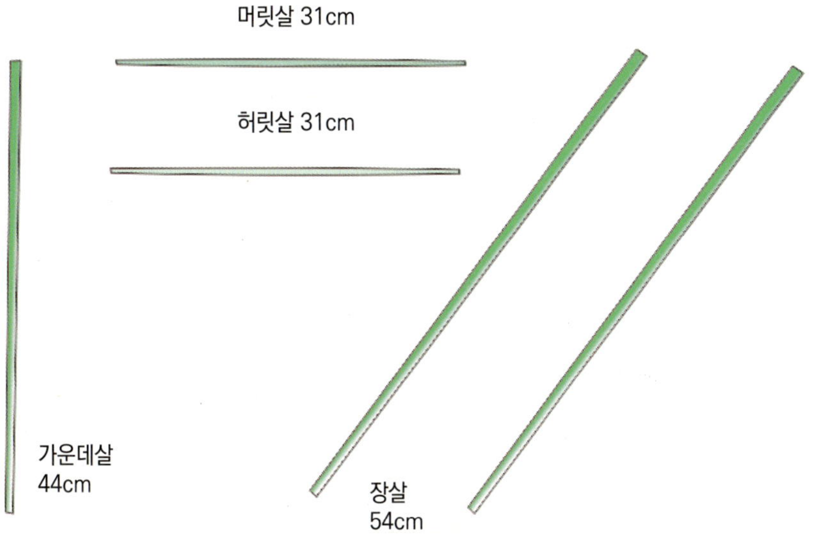

[DIY-Tip]
- 머릿살과 중살은 중간이 굵고 양 가 쪽이 가늘게 다듬는다.
- 장살과 중살은 윗 쪽은 굵고 아랫 쪽은 가늘게 다듬는다.
- 머릿살을 가장 튼튼하게, 허릿살을 가장 약하게 다듬는다.

마름질

- 한지를 준비하고 머릿살을 붙일 곳은 한지 위부분을 2~3㎝ 접은 다음 장살을 붙일 곳을 대각선으로 접어 표시한다.
- 세로, 가로로 반을 접어 중살, 허릿달 붙일 곳을 표시한다.
- 한지에 살을 붙일 곳과 방구멍을 낼 곳을 연필로 표시한다. 방구멍은 각 선이 교차하는 중심에서 컴퍼스를 사용하여 반지름 7㎝ 정도의 원을 그린다.

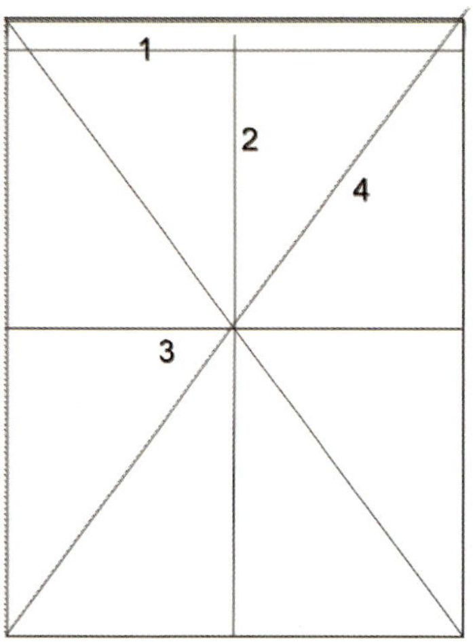

마름질순서

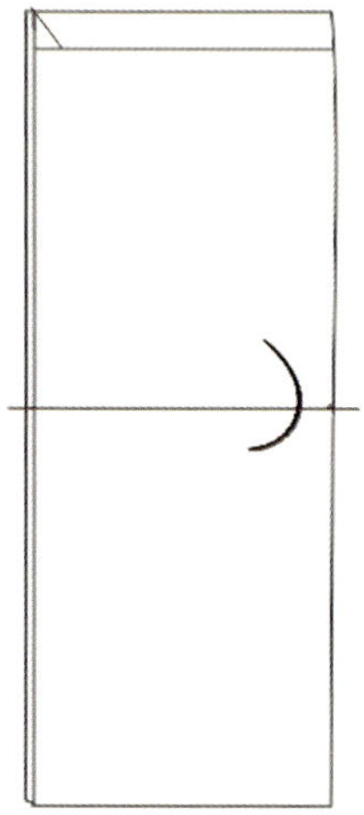

1, 2 순서 접기

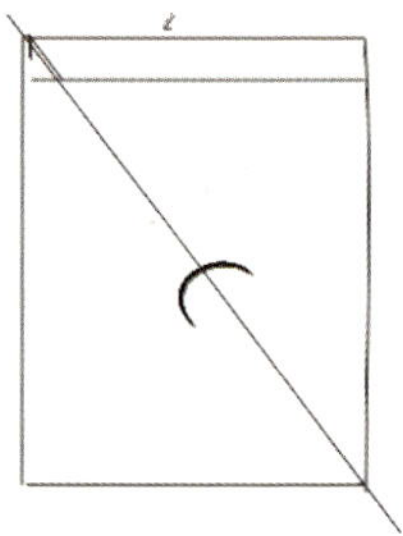

대각선으로 접기

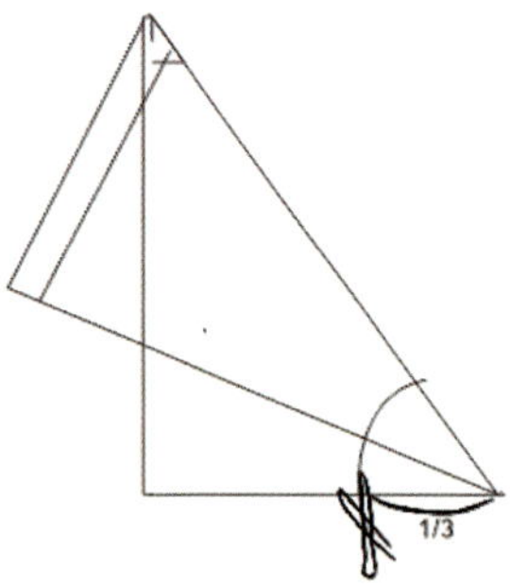

가위로 원 오리기

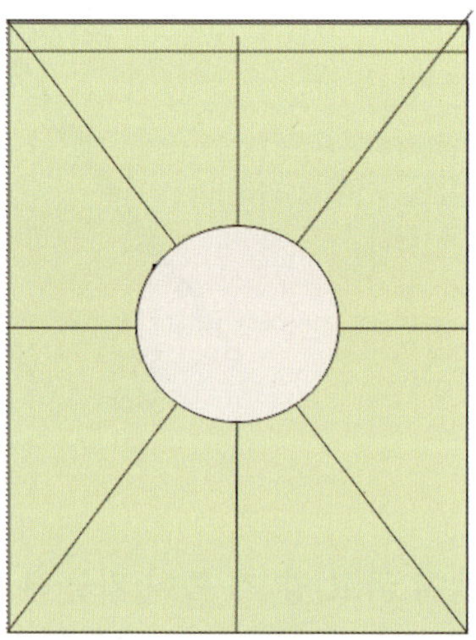

마름질 완성 모양

살 붙이기

- 머릿살, 장살, 중살, 허릿달 순으로 붙인다.
- 머릿살에 풀을 묻혀 한지 접힌 위치에 대어 붙인다.
- 장살은 손가락으로 살짝 휘게 한 다음 아래쪽부터 대각선 머릿살 쪽으로 붙인다.
- 방줄을 맬 수 있도록 양쪽 귀를 남기고 살을 니퍼로 잘라 준다. 좌우 장살을 붙인다.
- 중살에 풀을 묻힌 다음 두 장살과 연 종이 사이로 끼워 붙인다.
- 허릿살에 풀을 묻힌 다음 중살과 연 연 종이 사이로 끼워 붙인다.
- 살은 연 앞부분에서 봤을 때 허릿살, 중살, 장살 순으로 포개져 있어야 한다.
- 머리줄과 꽁숫줄은 귀에서 꽁수까지 길이로 맞추면 된다.

방줄 매기

- 약 1m 길이의 실을 잘라 방패연의 양쪽 귀를 묶어 활처럼 머릿살을 휘게 활벌이줄을 먼저 맨다.
- 머릿줄 : 두 귀에서 남은 실을 두 손으로 잡고 꽁숫구멍까지 내려와 묶어 준다.
- 꽁숫줄 : 남은 두 가닥 실 중 하나의 실 끝을 꽁숫구멍에 끼우고 목줄 매듭을 한 쪽 귀까지 올려 꽁수 길이를 정한 다음 꽁숫구멍 살대에 끼운 실을 맨다. 두 목줄과 꽁숫줄의 길이가 똑같아야 한다.
- 가운데줄은 별도의 실을 잘라서 한 쪽 끝은 방구멍의 살 교차점에 묶고 다른 쪽 끝은 두 머릿줄, 꽁숫줄과 함께 묶어 준다.

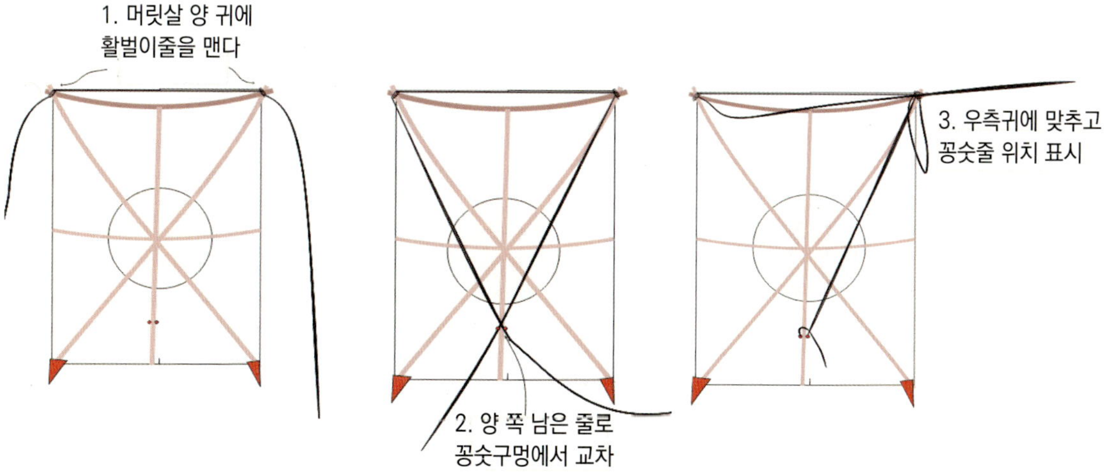

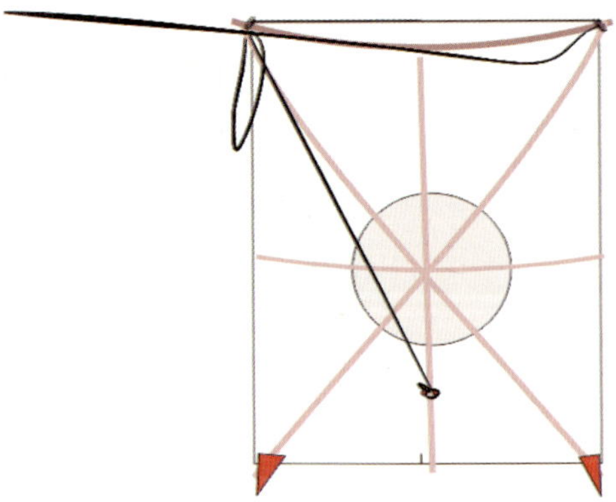

4. 좌측 귀에 맞추고
꽁숫줄 묶기

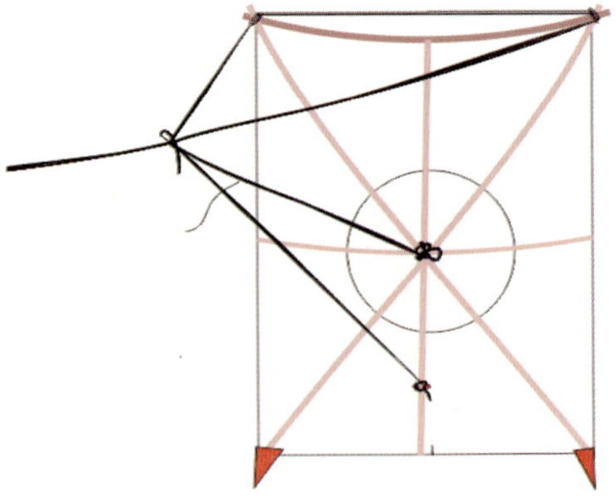

5. 가운댓줄 매기

얼레 만들기

[준비물] 각목(30×20×250mm), 정밀톱, 전동드릴(또는 십자드라이버), 끌, 못 또는 나사못(25mm), 망치, 손잡이용 굵은 철사(또는 나무)

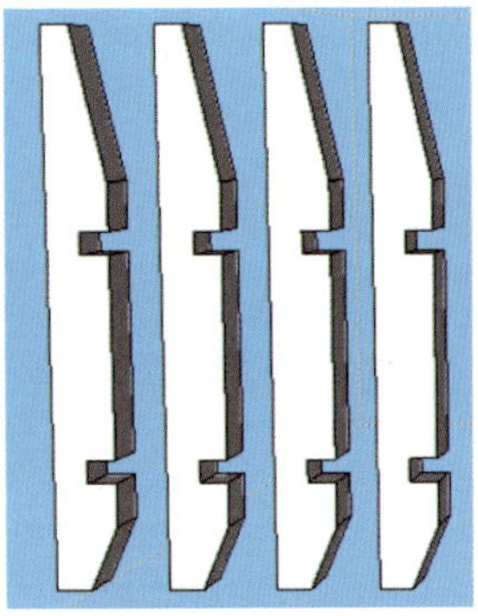

실패 프레임에 홈파기
(톱, 끌, 그라인더 작업)

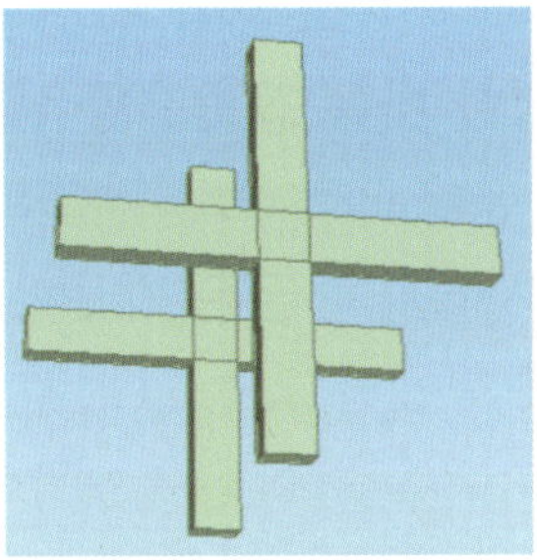

십자프레임 조립하기
(톱, 끌 작업)

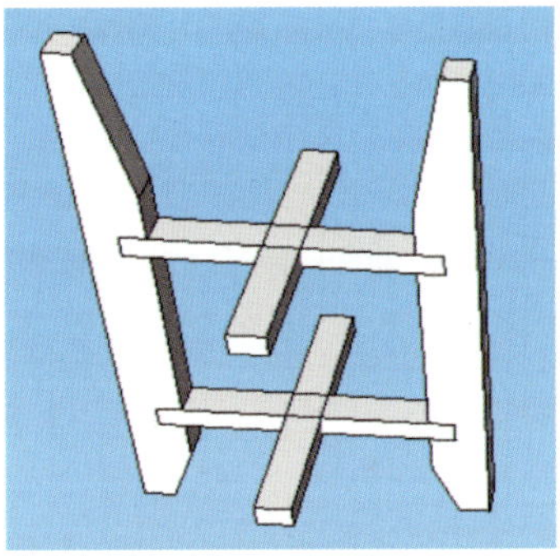

실패 프레임과 십자프레임 조립
(전동드릴, 나사박기 작업)

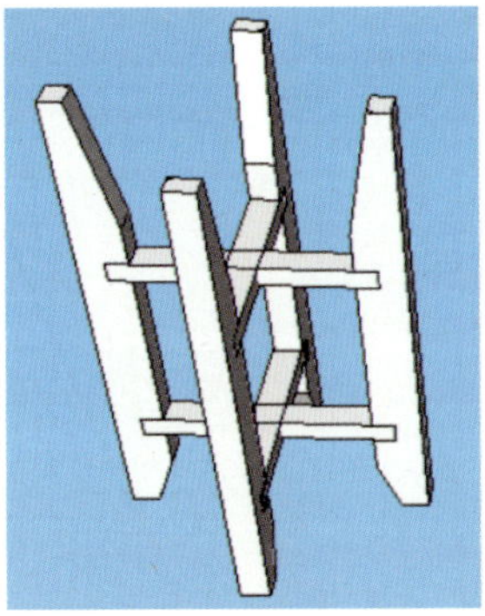

얼레 몸체 완성
(전동드릴, 나사박기 작업)

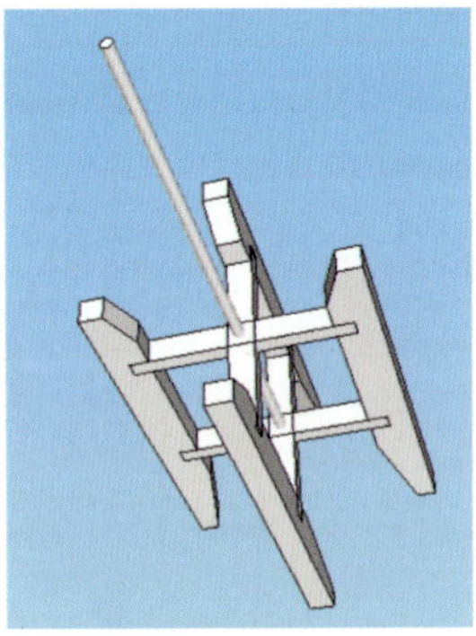

십자프레임 중앙에 구멍
뚫기 및 손잡이 끼우기

[DIY-Tip] 나무에 나사를 박을 때는 전동드릴에 이중드릴비트를 꽂아 구멍을 먼저 뚫어 놓고 나사못을 박으면 흔적이 남지 않고 깨끗하게 박을 수 있다.

방패연 날리기

□ 방법

- 두 사람이 짝을 지어 날린다. 보조자는 바람 부는 방향을 고려하여 연을 날리는 사람으로부터 10여 미터 연을 가지고 멀어진다.
- 보조자가 연을 놓음과 동시에 연날리는 사람은 얼레를 빠르게 감는다.
- 연이 어느 정도 공중에 뜨면 얼레의 실을 풀기도 하고 감기도 하면서 연을 지켜 올려준다.

□ 방패연 재주부리기

빠르게 얼레를 감아올렸다가 얼레를 갑자기 실 방향과 나란하게 방향을 돌리면 실이 빠르게 풀리면서 연은 거꾸로 하강한다. 또는 얼레를 잡지 않은 한 손으로 50cm 정도 앞쪽 실의 한 부분을 잡고 몸쪽으로 순간 세게 당겼다가 놓으면서 동시에 얼레를 빠르게 풀어주면 연이 아래로 곤두박질 치는 재주를 부릴 수 있다. 이때 다시 감아 올리면서 상승, 하강을 반복시킨다.

DIY-s.탐구 방패연 탐구

탐구. 방패연이 잘 뜨는 이유는 무엇일까? [Home exp.]

- 방패연이 잘 날지 못하고 회전하는 이유는 무엇일까? 방패연이 잘 날게 하는 변인은 무엇일까?
- 방구멍을 뚫어 놓은 이유는 무엇일까?

실험. 활벌이줄과 방구멍의 역할

[준비물] 날개없는 선풍기, 압정, 방패연, 칼

[장치 및 과정]

- 그림과 같이 책상 한 쪽에 선풍기를 설치한다.
- 방패연 연실의 길이가 2m 정도 되도록 준비하고 연실 끝을 책상 면 위에 압정으로 고정한다.
- 선풍기 바람을 작동시켜 연을 띄운다.

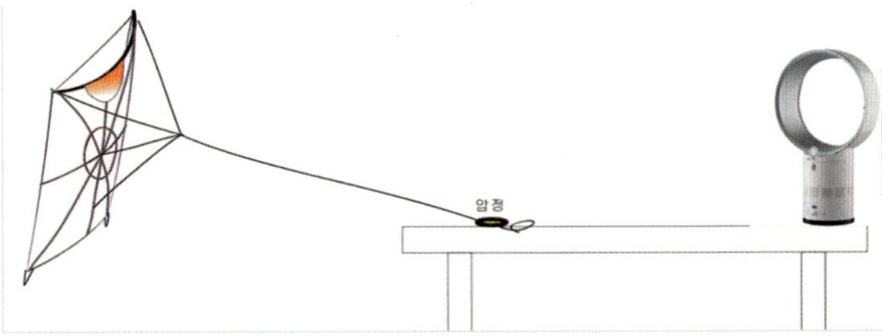

활벌이줄과 풍속의 관계

- 선풍기의 풍속을 1단에 두고 활벌이줄을 느슨하게 하고 방패연을 날려보자. 활벌이줄을 양 귀에 조금씩 감아가면서 날려보자.
- 선풍기의 풍속을 2단, 3단에 두고 같은 방법으로 실험해 보자.

방구멍 크기와 풍속의 관계

- 방구멍의 크기를 일정하게 하고 선풍기의 풍속을 2단, 3단으로 올려가면서 방패연을 날려보자.
- 방구멍의 크기를 5mm 키우고(칼로 방구멍을 오려냄) 풍속을 2단, 3단으로 올려보자. 방패연은 어떻게 나는가?
- 방구멍의 크기를 10mm 키우고 풍속을 2단 3단으로 올려보자.

[고찰]

□ 활벌이줄의 강도와 풍속과는 어떤 관계를 가지는가? 또, 방구멍의 크기가 어느 정도일 때 방패연은 가장 잘 나는가?

✅ 창의탐구가이드

☐ 확장탐구1 : 연을 이용하여 전력을 생산할 수 있을까?

☐ 확장탐구2 : 연을 우리 생활에 어떻게 이용할 수 있을까?

개선점 찾기

연이 잘 날지 못하고 회전하는 이유와 그 개선방법을 찾아보자.

창의설계

공중을 잘 나는 창의적 연을 설계해 보자.

고쳐 만들기

개선점을 보완하여 창작연을 만들어 보자.

개념 · 원리 방패연의 과학

연(鳶)의 명칭, 유래

연이라는 명칭은 솔개라는 새와 관련이 있다. 연이라는 글자는 '솔개 鳶'자를 쓰는데, 솔개가 먹잇감을 보고 높은 하늘을 빙글빙글 돌기도 하고 때로는 날개를 움직이지 않고도 꼬리와 날개의 방향만으로도 공중을 나는 모습을 보고 고안된 것으로 추정된다.

연에 대한 기록이나 전설에 의하면 고대 중국, 동남아, 인도, 그리스 등지에서 기원 수세기 전 그리스와 중국에서 발명됐다는 기록이 있으며 우리나라도 삼국시대부터 정찰, 또는 민심 수습용으로 사용된 기록이 있다.

서기 647년, 진덕여왕이 즉위한 해에 대신 비담과 염종이 반란을 일으켜 김유신 군과 대치하게 되었다. 마침 큰 별이 월성에 떨어져 사기가 떨어져 있을 때, 김유신이 허수아비를 연에 달고 불을 붙여 다시 띄워 올림으로써 군사들의 사기를 올려 반란군을 진압했다는 기록이 있다.

또, 임진왜란 때 충무공 이순신은 통신수단으로 연을 이용해 작전 지시를 하기도 하고 전투 신호를 위한 암호 전달 수단으로 연을 활용하였다고 한다.

방패연의 과학 원리

운동량과 충격량

날아온 야구공이 배트에 맞아 되 튕기는 모습이다. 배트에 의해 공이 받은 충격력은,

$$F_{공} = ma = m\frac{v_2 - v_1}{\Delta t}$$

$$F_{공}\Delta t = I$$

$$= m(v_2 - v_1) = p_2 - p_1$$

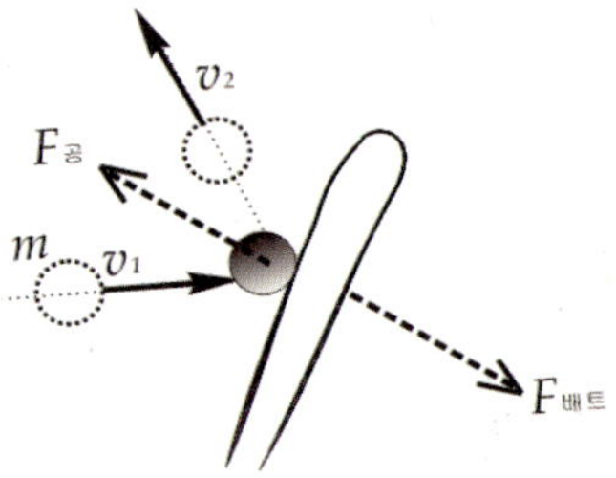

이 된다.

I를 **충격량**이라 한다. 즉 충격량은 **충격력 × 충격시간**으로 정의된다. 이 때 배트가 받는 충격력은 공의 충격력에 대한 반작용력으로 크기는 같고 방향은 반대이다.

● 양력(Lift force)

양력은 물체의 주위에 유체가 흐를 때 물체의 표면에서 유체의 흐름에 대하여 수직 방향으로 발생하는 힘을 말한다. 비행기의 날개는 위쪽을 흐르는 공기는 빠르게 아래쪽을 흐르는 공기는 느리게 흐르도록 고안되어 있는데, 위쪽은 압력이 낮고, 아래쪽은 압력이 커 상하의 압력차로 양력을 얻는다.

● 방패연이 뜨는 원리

연이 뜨는 이유는 비스듬히 매어진 방줄이 바람의 방향과 적절히 각(영각, 받음각)을 유지하기 때문에 연이 그 힘을 받아 위로 뜨게 된다.

즉, 영각을 유지하고 있는 연면에 바람이 닿으면 수많은 공기 분자들이 연면을 때리게 된다. 공기분자들은 연에 충격량을 주고 튕겨 나간다.

공기 분자가 연에 충돌할 때 받은 충격력 $F_{바람}$에 의한 충격량은,

$$F\Delta t = m\Delta v = m(v_2 - v_1)$$

이다.

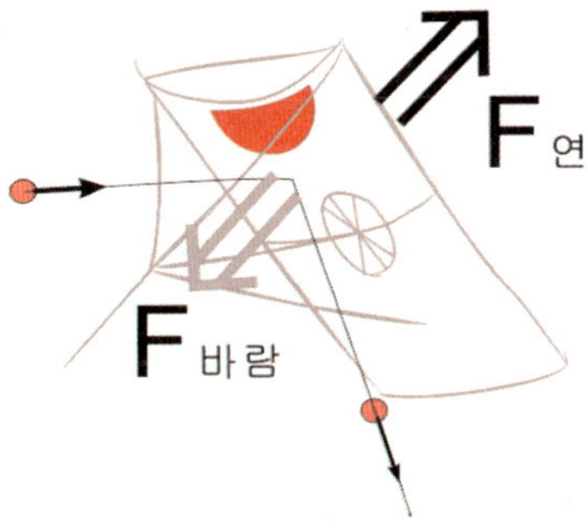

이 때, 연은 같은 크기의 충격량을 반대 방향으로 받게 된다. 연이 받은 힘 $F_{연}$ 은 공기분자가 가하는 힘($F_{바람}$)에 대한 반작용력이다.

연은 양력이 연의 무게 보다 커지기만 하면 점점 더 높이 올라갈 것이다. 받음각 때문에 생기는 항력 성분이 크면 연은 바람 부는 방향으로 밀리게 된다. 결국, 양력과 항력, 그리고 방줄에 의한 장력 사이에 균형을 유지하게 되면 연은 위로 올라가지도 않고 밀리지도 않으면서 비스듬한 각도를 유지하면서 공중에 떠 있게 된다.

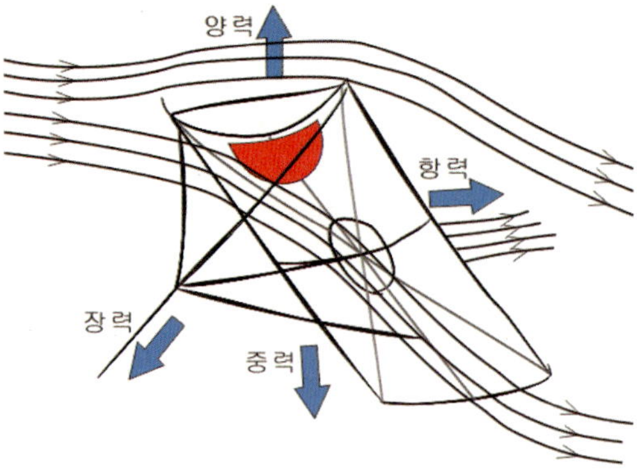

방패연에 작용하는 힘

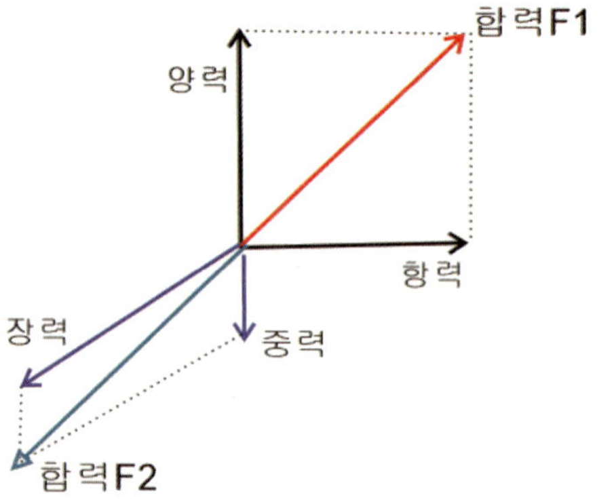

방패연이 받는 힘의 평형

방패연에 작용하는 힘

방패연이 공중에 떠 있을 때 연에 작용하는 힘은 중력, 양력, 항력, 실의 장력이다. 이 힘이 균형을 유지할 때 연은 공중에서 균형을 유지한다.

- **양력**(L)-방패연을 뜨게 하는 데 필요한 힘
- **항력**(D)-연이 떠 있는 동안 바람의 저항력. 상대적 운동 방향과 반대 방향으로 작용한다. 연 후면으로 이동하는 공기는 후류를 일으켜 항력(drag)을 생기게 한다.
- **장력**(T)-연이 공중에 떠 있게 하는 데 필요한 힘. 연실에 작용하는 힘
- **중력**(W)-연의 무게

양력과 항력의 합력 F1은 비스듬히 위로 작용한다. 이 힘만 있다면 연은 합력 방향으로 날아가 버리게 된다. 연의 방줄이 장력을 가지므로 중력과의 합력 F2가 있어서 연은 정지 상태에 떠 있게 된다.

비행기의 양력과 방패연의 양력

고공을 나는 비행기는 공기 흐름의 속도가 크므로 날개를 수평으로 유지해도 날개 모양에 의한 속도 차로 생기는 압력 차 때문에 양력이 충분히 커서 중력을 극복하고 잘 날 수 있다.

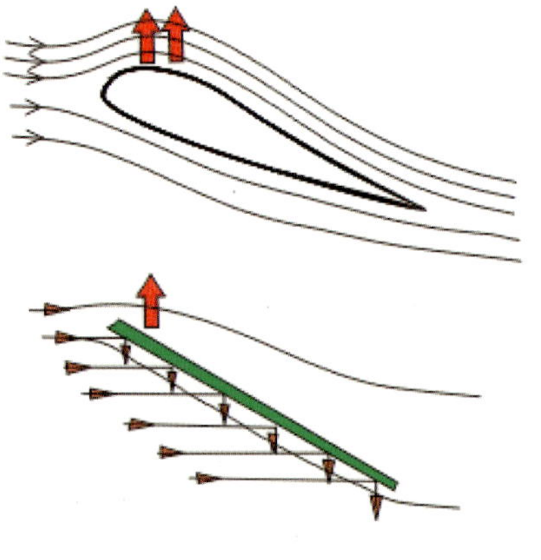
비행기의 양력(상)과 연의 양력(하)

그러나 고도가 낮아지면 유속의 차이가 크지 않아 중력을 극복하려면 다른 조치가 필요하다. 날개 각도(영각)를 세워줌으로써 양력을 증가시킬 수 있다. 이 때 날개의 소용돌이가 발생하는 문제가 생기는데 앞 날개에 slot

을 두어 경사진 날개 윗 면으로 넘어오는 공기의 소용돌이를 줄여 줌으로써 양력을 높인다. 방패연의 경우 항공기에 비해 고도가 낮기 때문에 유속이 충분히 크지 않다. 이 때 비스듬히 매어진 방줄 때문에 받음각이 생기고 연에 양력이 증가하여 연이 뜨게 된다.

● 방구멍의 역할

방패연의 구조상 받음각이 항공기 보다 훨씬 크다(항공기의 받음각은 대략 12~15도). 따라서, 항력이 커서 잘 날 수 없다. 이를 해결하기 위해 구멍을 뚫어 연 앞면에서 받은 공기를 일부 관통시킴으로써 후면의 정체되는 공기를 흐르게 해 주어 항력을 줄여 주는 효과를 얻을 수 있게 하였다. 이것이 방패연에 방구멍을 두는 이유다. 그렇게 되면 항력이 감소되고 양력이 커지게 되어 연이 잘 올라갈 수 있다. 또, 방구멍 후면에 공기흐름을 형성함으로써 연이 균형을 잡도록 해 주는 효과를 줄 수 있다. 이는 항공기 앞 날개에는 작은 구멍이 뚫려져 있는데 이는 날개의 받음각 유지를 위해 경사진 날개 윗 면으로 넘어오는 공기의 소용돌이를 줄여 줌으로써 양력을 높이는 날개 slot의 기능과 같다.

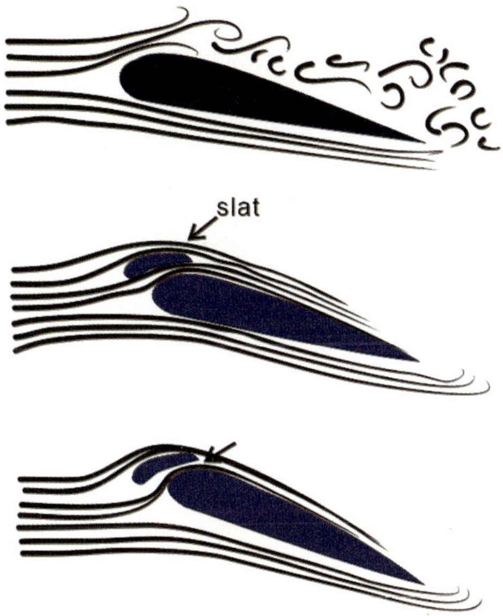

항공기의 슬롯

방구멍은 연 후면의 항력을 줄여 주므로 양력을 높일 수 있다. 따라서, 연의 기동성을 높이는 효과가 있다. 센 바람이 불어도 방구멍 때문에 실이 끊어지거나 연이 파손될 염려가 없다.

방구멍은 우리나라 방패연만의 독특한 구조이다. 방구멍이 없는 연들, 가오리연이나 외국의 연들은 항력에 의해 연이 바로 날지 못하므로 꼬리를 달아 공기 흐름을 조절해 준다.

방패연을 잘 띄우려면

연 방줄 변인

활벌이줄이 약하면 머릿살의 곡률이 완만해져 방패연이 바람을 많이 받고, 활벌이줄이 세면 머릿살의 곡률이 급해져 바람을 적게 받는다. 따라서, 바람이 셀 때는 머릿살을 많이 굽혀 활벌이줄을 세게 맴으로써 풍압을 작게 받도록 하고, 바람이 약할 때는 머릿살을 적게 굽혀 활벌이줄을 느슨하게 하여 풍압을 크게 받도록 하여 날리는 것이 좋다.

또, **꽁숫줄**이 지나치게 길면 받음 각이 작아지게 되므로 풍압을 적게 받아 연이 잘 뜨지 못한다. 또, 꽁숫줄이 짧으면 항력이 더 커져 연은 위로 뜨는 힘이 약해진다.

방구멍의 크기 변인

방구멍이 지나치게 크면 바람이 방구멍으로 빠져 나가므로 연의 받음각을 생기게 하는 공기 압력이 작아지고 그 결과 양력이 작아져서 연이 잘 뜨지 못한다. 또 지나치게 작아도 방구멍의 기능을 할 수 없으므로 항력이 커져 연이 잘 뜨지 못한다.

한걸음 더 DIY-S. 창의탐구 예시

fishing kites

태평양 섬나라에서는 전통 낚시법으로 연을 날려 물고기를 낚는다고 한다. 이들은 연 실줄에 낚시줄을 여러 가닥 묶고 연을 바다 한가운데로 날려 낚시를 한다.

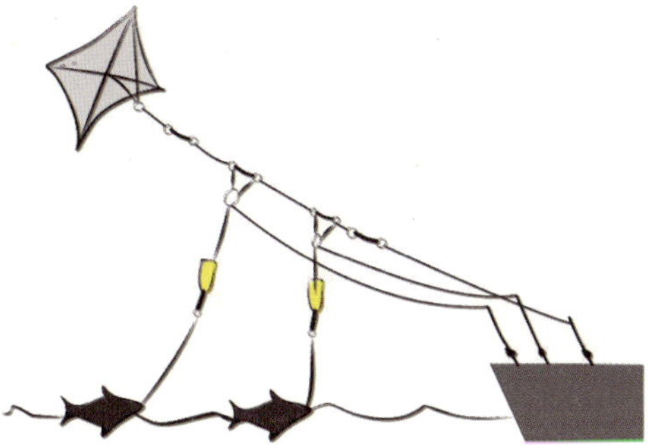

연 발전기, Kite power system

연을 띄워 전기를 얻어내는 기술로 연발전기가 있다. 네덜란드에서는 연을 공중에 띄워 전기를 생산하는 기술을 개발했다고 한다. '카이트파워호크'라는 전력생산시스템이다. 연 실의 한 쪽 끝 얼레에 터빈(발전기)을 연결하여 전기를 생산하는 원리이다. 즉, 연이 하늘로 올라갈 때 풀리는 연줄이 터빈을 돌려 전기를 생산한다. 또, 연줄을 감을 때는 모터를 돌려야 하므로 발전된 전기를 쓴다. 그 차이만큼의 전력이 생산된다. 연줄의 풀림과 감김이 반복하여 30㎾의 전기를 지속적으로 생산할 수 있다.

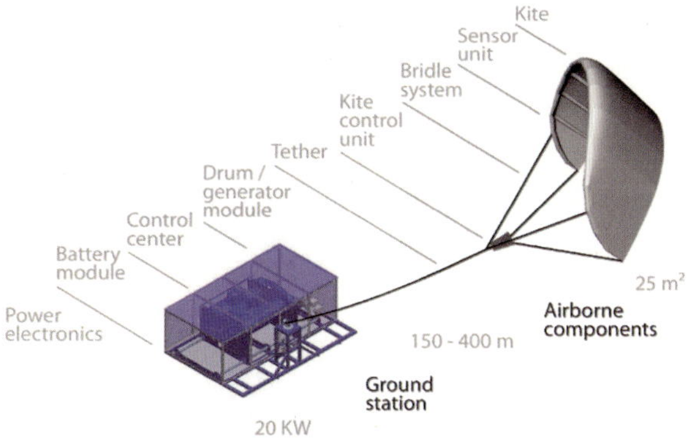

연발전기

창작연을 만들어 보자(예시).

- 가오리연에 방구멍을 뚫으면?
- 방패연과 가오리연을 혼합하면?

- 가오리연은 꼬리 없이 날지 못한다.
- 이맛살에 활벌이줄을 맨다면?
- 방구멍을 뚫으면?

IV. 응용 과학

IV

1. 모형 아치교 만들기
2. 모형 사장교 만들기
3. 모형 현수교 만들기

DIY-Science

모형 아치교 만들기

DIY Science
아이디어

아치 구조는 공간 확보를 위해 활용되는 매우 중요한 건축, 토목 기술이다. 또, 그 형태도 매우 다양하여 아치를 응용한 다양한 구조물이 만들어 지고 있다.

비록 단순화시킨 모형 아치교량이지만 건설 과정을 그대로 따라 만들어봄으로써 교량의 역학적 안정 원리 뿐만 아니라 토목기술 관련 직업 탐색의 기회도 될 수 있을 것이다. 나무 토막, 테이프, 하드보드지 등 약한 재료를 사용하여 만든 아치 모형이 어떻게 하중을 견디는 지를 체험함으로써 아치 교량에서 하중이 전달되는 원리를 이해하는 계기가 될 수 있다.

[평가기준]

평가 준거	수 준		
	상	중	하
작품은 창의적인가?[30P]	개선점을 찾아 창의적으로 설계할 줄 안다.	개선점을 찾지 못하여 창의적 설계가 미흡함	처음 제시한 방법으로만 제작
아치교량 원리 설명은 논리적인가?[20P]	아치교량 원리를 논리적으로 잘 설명한다.	아치교량 원리 설명이 논리적이지 못하다.	원리를 모르거나 틀리게 알고 있다.
제작한 교량은 튼튼한가? [30P]	원리를 고려하여 튼튼한 교량을 제작함.	제작한 교량이 튼튼하지 못함	제작한 교량이 허술하여 쉽게 무너짐
서로 협동하는가?[20P]	조원들끼리 잘 협동함	보통 수준	협동이 이루어지지 않음

SCIENCE DIY
cafe.daum.net/hiphys

모형 아치교 만들기

〈과제〉

○ 주어진 재료로 가능한 한 튼튼한 아치교량을 만들어 보자.

○ 아치 구조에 대한 역학 원리를 설명해 보자.

○ 주변에서 아치를 응용한 구조물을 찾아 보자.

DIY과제 모형 아치교 만들기

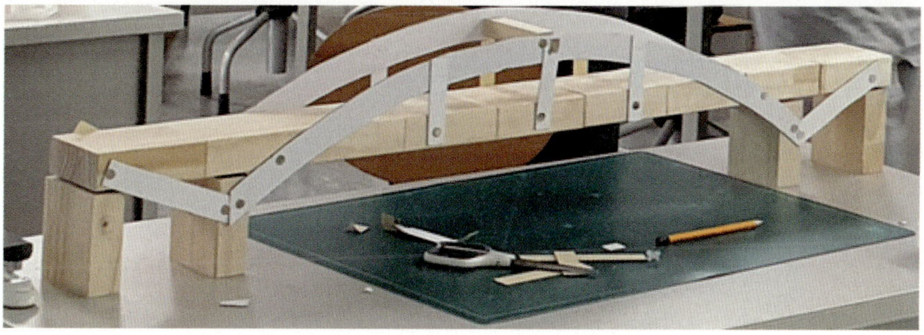

이 활동을 하면…

- 아치교량의 안정 원리를 설명할 수 있다.
- 아치교량에서 압축력과 인장력을 설명할 수 있다.
- 아치구조를 활용한 다양한 구조물의 원리를 설명할 수 있다.

방패연 명칭

하로식 아치교

아치 구조 밑으로 상판(도로)이 설치되어 있는 교량

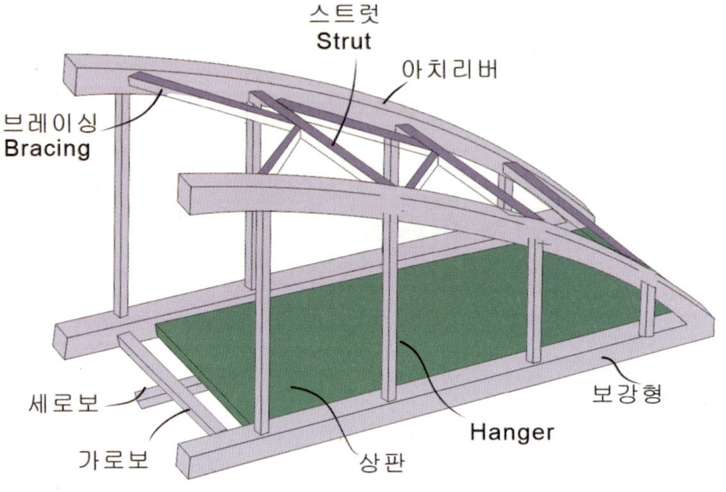

상로식 아치교

아치 구조 위로 상판(도로)이 설치된 교량

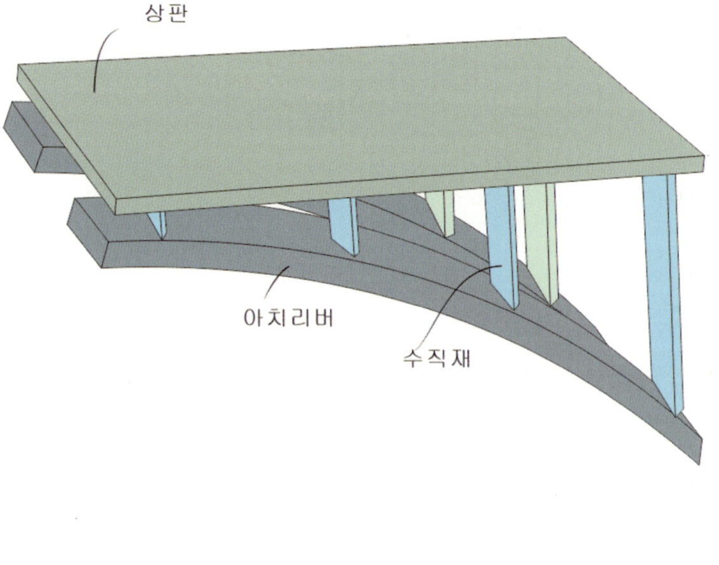

제작하기 모형 아치교를 만들어 보자.

준비물 하드보드(두꺼운 것), 나무도막(200×120×80mm) 9개, 교각 4개, 압정, 칼, 가위, 호치킷, 청테이프

준비물 가이드

- 하드보드는 너무 두껍지 않은 것
- 상판, 교각용 나무도막은 20×12×8cm 정도 12개

상판 만들기

- 상판용 나무도막 9개를 길이로 붙여놓고, 청테이프를 사용하여 연결시킨다. 뒤집어 사용한다.

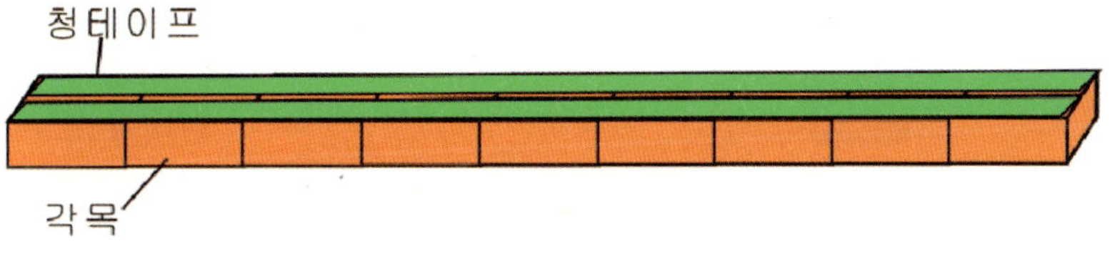

아치 및 보조 프레임 만들기

- 하드보드지를 그림과 같이 양 끝을 약간 올라가는 아치형으로 오린다.

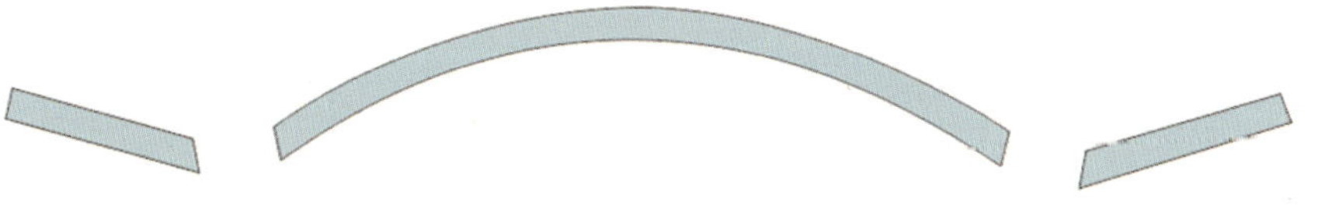

행거 만들기

- 하드보드지를 오려서 상판과 아치를 연결하는 행거를 만든다.

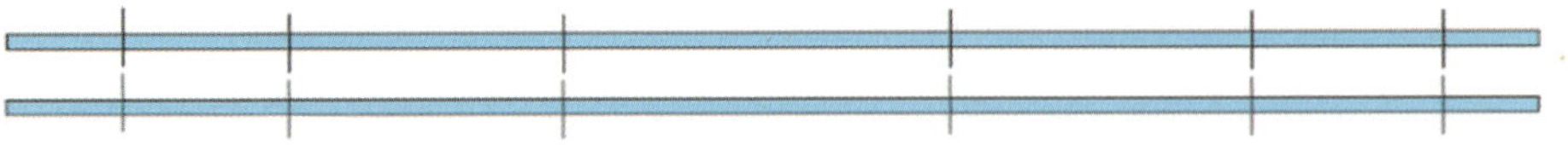

교각 세우기

- 중앙 2개의 교각을 책상 위에 설치한다. (상판용 나무토막 중앙에 5개 간격)
- 양 끝 교각을 세운다. (상판용 나무토막 양쪽 2개 간격)

아치와 교각 조립하기

- 중앙교각과 교각 사이에 압정을 사용하여 아치형 구조물을 설치한다.

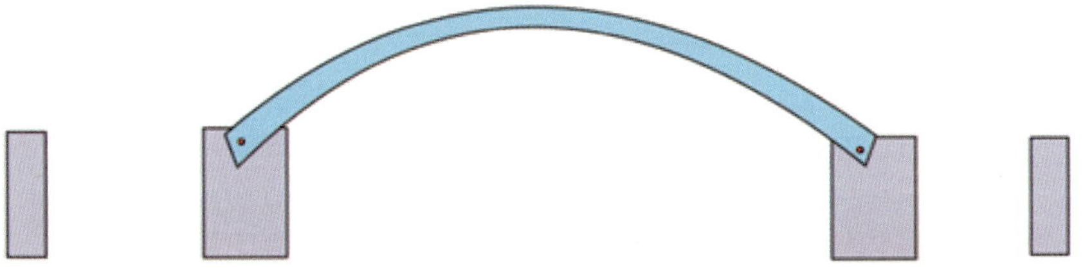

- 교각 위에 상판을 설치한다. 상판과 상판은 테이프로 연결한다.
- 하드보드지를 잘라 행거를 만들어 아치와 상판을 연결한다. 아치와 행거는 양면 테이프를 사용하여 연결한다.

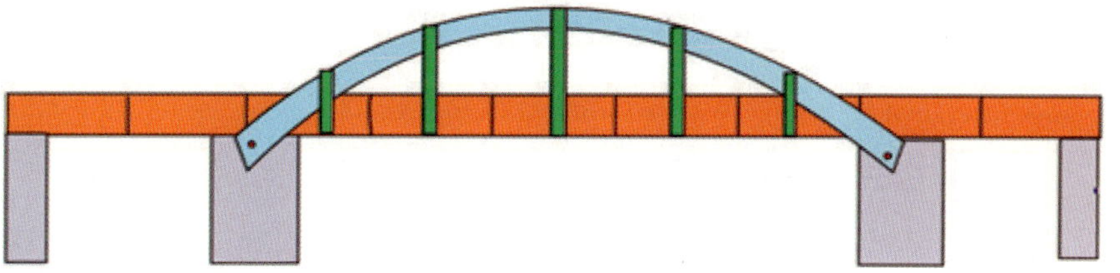

- 양 끝 상판과 아치 양 끝을 보조프레임으로 연결하고 교각을 고정한다.
- 반대쪽 아치 및 보조 프레임을 같은 방법으로 설치한다.
- 두 아치 구조 꼭대기를 나무젓가락을 잘라 서로 연결한다.

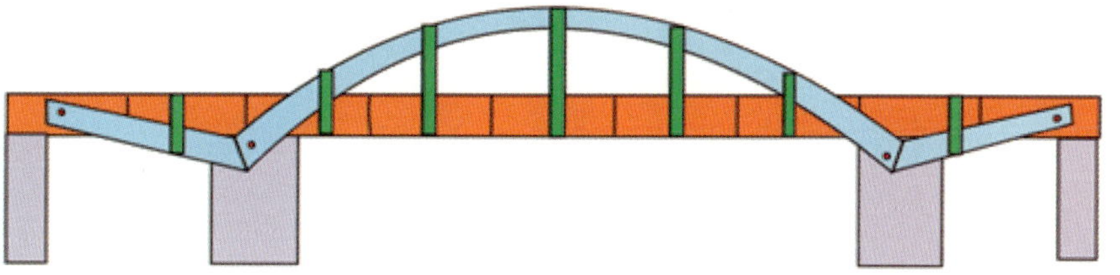

완성모양

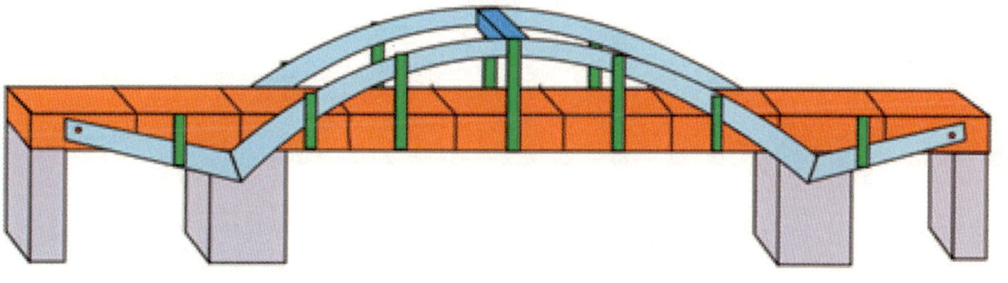

DIY-5.탐구 아치교량 탐구

탐구. 아치교량은 어떻게 하중을 견딜까?

[과정] 상판 위에 무거운 물체를 조심스럽게 얹어 보자. 점점 하중을 늘리면서 교량이 견디는 순간까지 무너지는 요인들을 찾아보자.

[고찰]

□ 교량이 하중을 견딜 수 있는 이유는 무엇일까?

□ 교량에서 가장 하중을 크게 받는 위치는 어느 곳인가?

□ 교량이 더 큰 하중을 견디기 위해 보강해 주어야 할 곳은 어디인가?

개선점 찾기

제작한 교량에서 불편한 점, 개선점을 찾아보자.

창의설계

개선점을 토대로 새 교량을 제작하기 위한 설계도를 그려 보자.

고쳐 만들기

개선점을 고려하여 고쳐 만들어 보자.

창의탐구가이드 **아치를 응용한 구조물 만들기**

딱딱한 종이로 응용 아치 구조물을 만들어 보고 구조물 위에 물체를 얹어 보자.

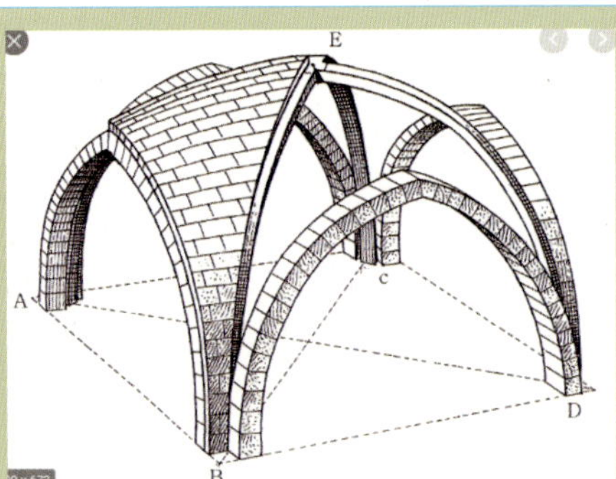

개념 · 원리 아치교량의 과학

아치의 발달

영산 만년교

건축에서 중요한 발명은 기둥과 들보로서, 이것은 수평의 들보를 두 개의 수직 기둥이 받치는 방법으로 오늘날에도 사용되고 있다. 그러나 가장 간단한 건축 재료가 돌과 벽돌 만으로는 경간거리(기둥과 기둥 사이의 간격)에 제약을 받는다. 또 가장 중요한 사실은 돌이나 벽돌은 압축력에는 상당히 강하지만 인장력에는 매우 약하다는 것이다.

로마인들에 의해 도입된 **반원형 아치**는 미학상의 아름다움은 물론 돌의 제약을 극복한 대단한 기술적 혁신이었다.

반원형 아치 구조는 돌끼리 압축력에 의해 하중을 지지하게 함으로써 돌이 인장력에 약한 단점을 보완하였다. 그러나, 수평력에 의한 튼튼한 **버팀벽**을 설치해야 한다. 이를 보완하기 위해 **뾰족 아치**, **튜더 아치**가 개발되었다.

기둥과 들보 구조

내쌓기 아치 구조

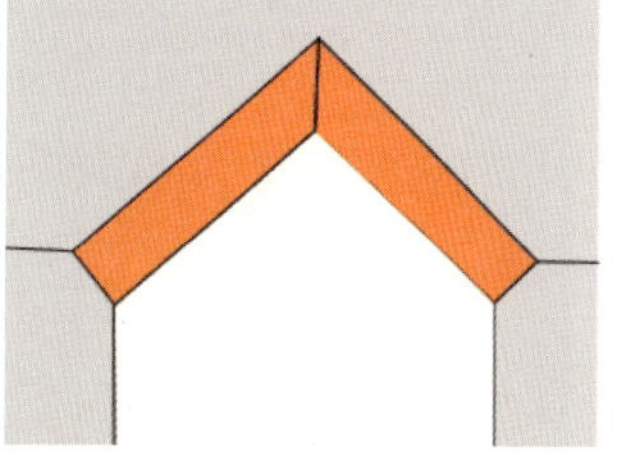
삼각형 아치 구조

반원형 아치 구조

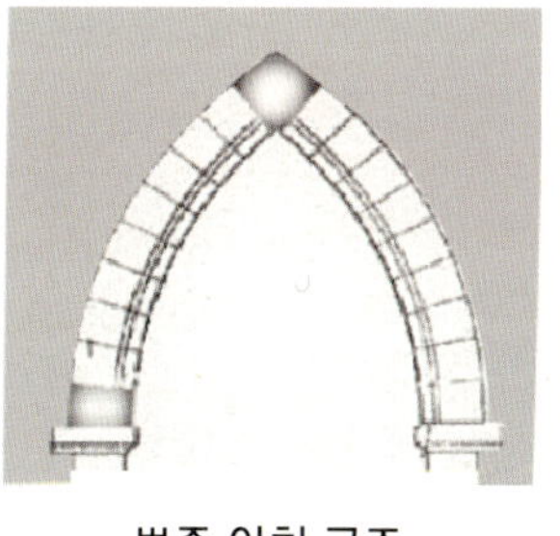
뾰족 아치 구조

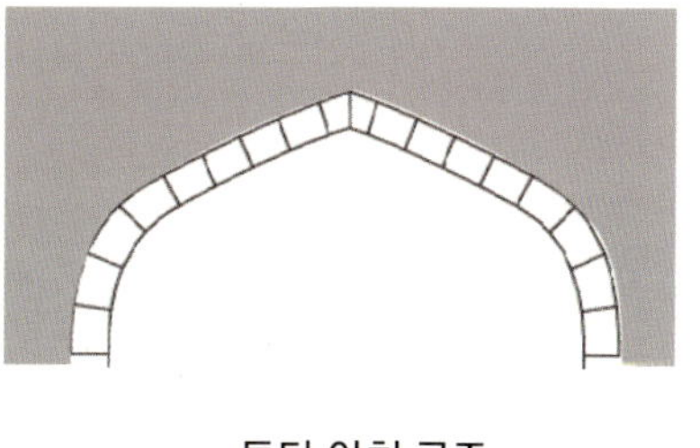
튜더 아치 구조

두 힘을 합치기 - 평형사변형 법칙

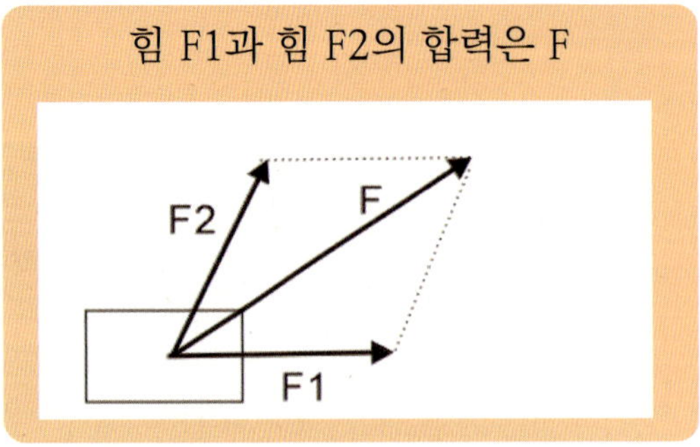

평행사변형 법칙

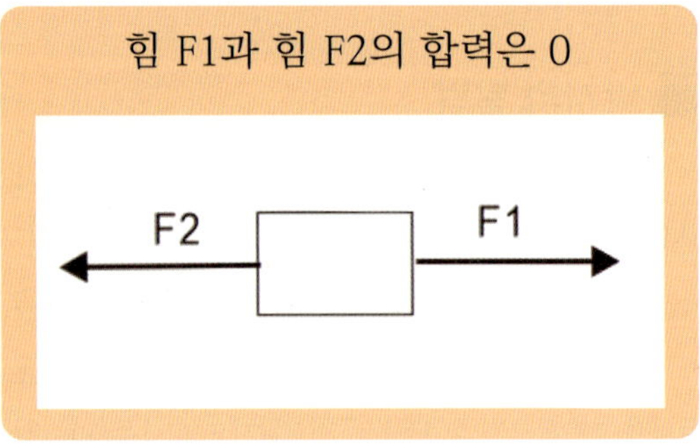

두 힘의 평행

힘의 평형

두 힘의 평형

힘의 크기가 같고 반대 방향으로 작용한다.

$F_1 + F_2 = 0$

세 힘의 평형

두 힘 f1, f2와 비기는 세 번째 힘을 표시하기

- 평형사변형 법칙으로 두 힘의 합력 F를 먼저 구한다.

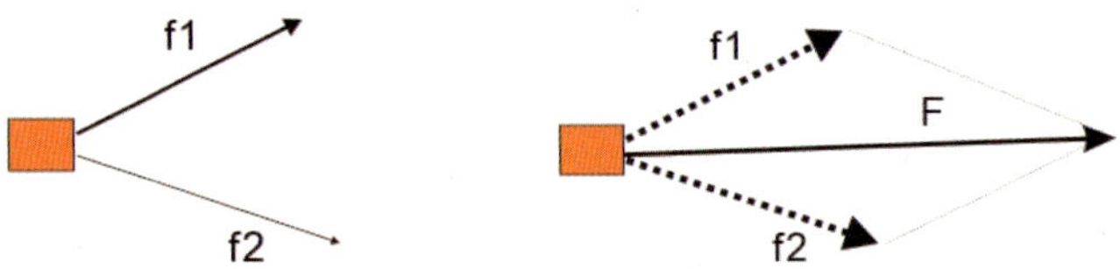

- 세 번째 힘은 두 힘의 합력과 같은 크기, 반대 방향 F′을 구한다.

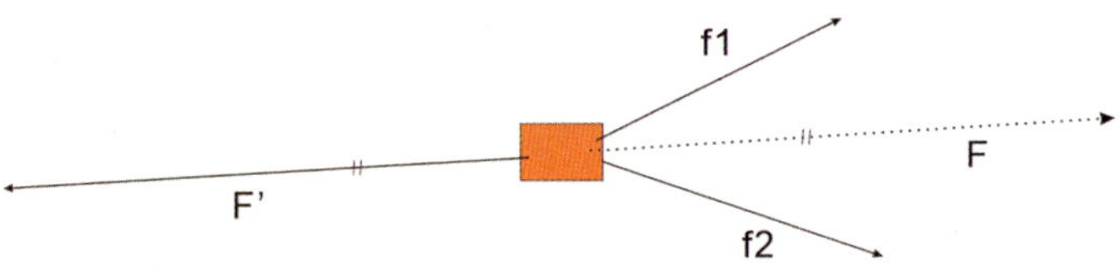

아치 구조가 안정한 이유

아치 벽돌이 받는 힘

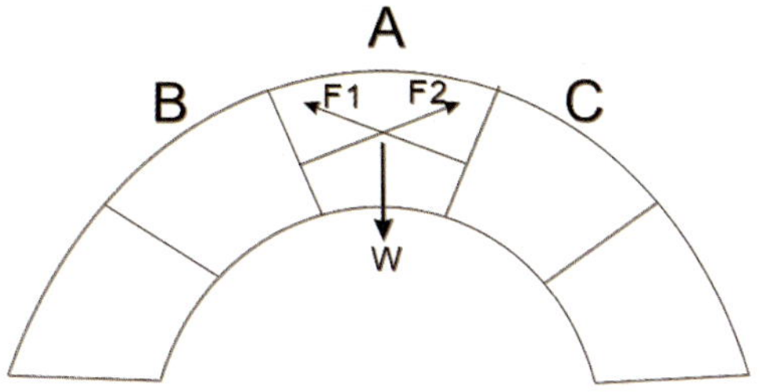

〈벽돌 A가 받는 힘〉
W : 중력
F1 : 오른쪽 돌 C가 떠받치는 힘
F2 : 왼쪽 돌 B가 떠받치는 힘

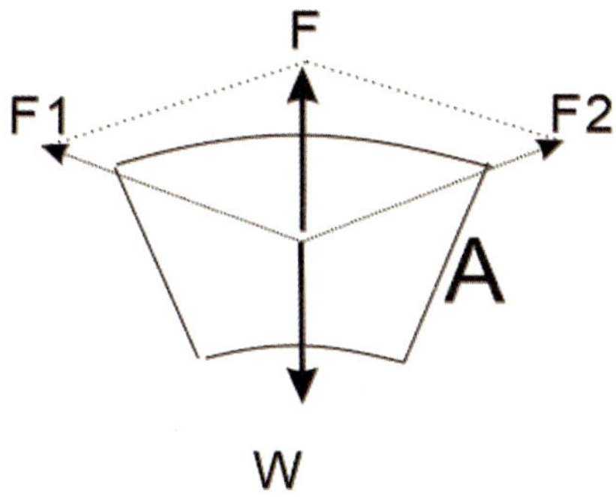

〈벽돌 A가 받는 힘〉
W : 중력
F : F1과 F2가 받는 힘의 합력
W의 크기 = F의 크기 〈평형〉

전체적으로 아치가 받는 힘

아치는 하중을 받아 쐐기 모양의 돌들이 서로 압착되어 있기 때문에 **압축력을** 받고 있다. 반원형의 아치는 넓은 영역에 걸쳐 하중을 지탱할 수 있다.

그러나, 아치도 **수직방향의 힘** 뿐만 아니라 **수평방향의 힘**도 작용한다. 그래서, 측면에는 **수평방향의 힘을 지탱하기 위해 상당한 힘을 견디는 버팀벽이 필요**하다.

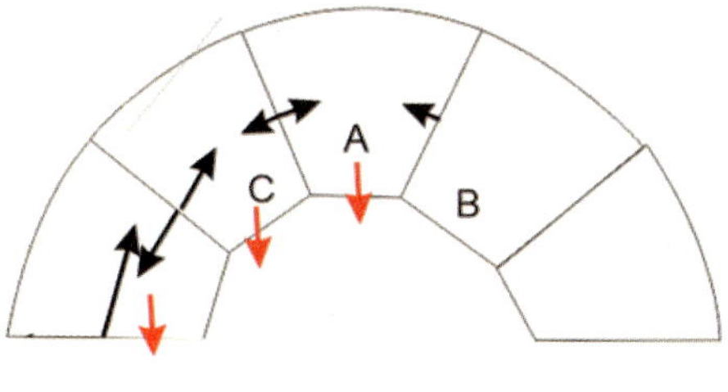

인접벽돌로부터 받는 두 힘과 중력이
〈평형〉을 이룸

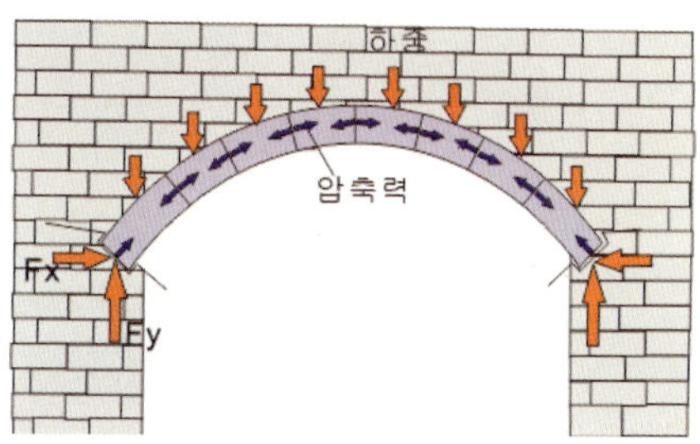

아치 전체가 받는 힘

• 아치가 바닥면을 누르는 힘

아치는 바닥면과 만나는 지점에서 비스듬히 바닥면을누른다(F).

- Fv : F의 연직 성분 힘
- Fh : F의 수평 성분 힘

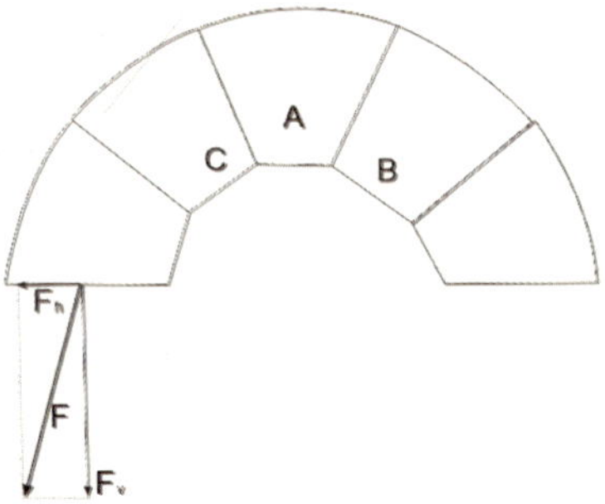

• 모양에 따른 아치구조물의 안정 비교

아치의 바닥면에서는 수평 방향의 힘으로 인해 밖으로 밀릴 수 있으므로 안정을 위해 수평버팀력이 필요하다.

〈생각해 보기〉 반원 아치와 뾰족 아치는 어느 쪽이 더 안정할까?

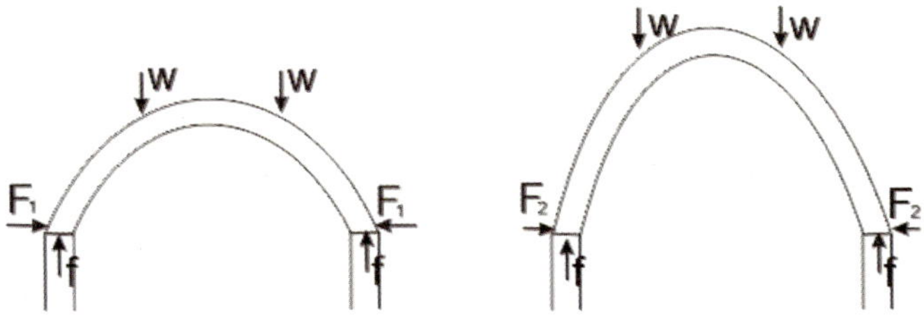

w=f, F1〉F2

뾰족아치가 반원아치보다 더 안정하다. 뾰족 아치 수평력(F2)이 원형 아치 수평력(F1)에 비해 수평성분의 힘이 작다. 뾰족 아치는 급경사를 이루기 때문에 하중이 거의 수직력에 가깝게 작용하므로 버팀벽의 크기를 줄일 수 있다.

반면, 원형아치에서는 뾰족 아치보다 더 **튼튼한 버팀벽이 필요**하다. 그 결과 아름다운 **비량**이 버팀벽으로 사용되었다.

아치의 경사가 클수록(뾰족할수록) 힘의 수평 성분은 더 작아지고, 아치의 바닥에는 수직력에 가까운 힘이 작용한다.

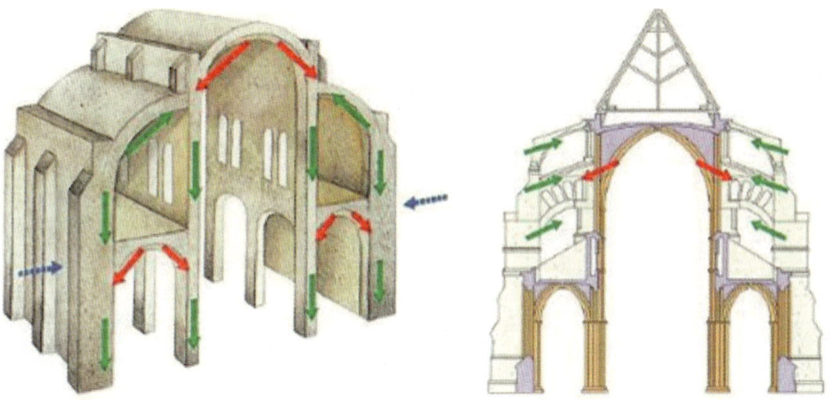

비량-수평버팀력 역할을 하는 측면 보조 아치

아치교량의 역학적 안정 원리

아치 각 부분에서는 어떻게 평형을 이루는가?

부산대교는 하로식 아치 교량이다. 일반 아치 구조물이 압축력으로 하중을 견디는 구조이지만 부산대교 아치는 행거의 장력에 견디는 구조이다.

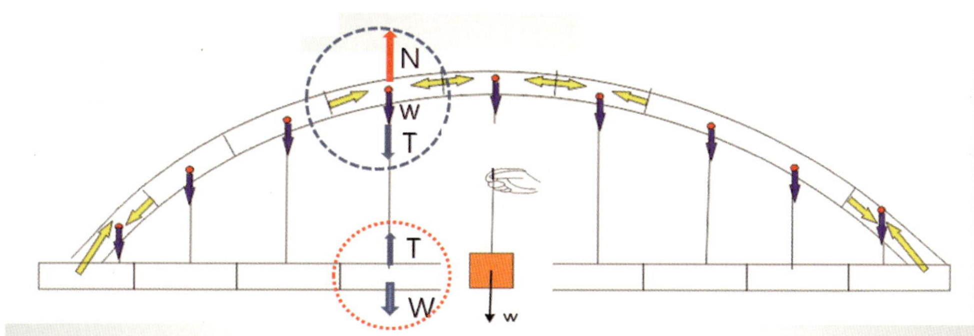

아치 프레임은 양 끝이 교각에 단단히 고정되어 있다. 상판의 무게는 와이어(행거)를 통해 아치 프레임에 연결되어 그 장력으로 안정을 유지한다.

아치 프레임의 각 부분에 자체 무게와 상판 무게가 가해지므로 다리의 역학적 평형 관계는,

> 연직 상방의 힘(N)의 크기= 아치 프레임의 무게(w) + 상판 무게(W)

이다. 여기서 N은 프레임의 각 부분에서 밀어 올려주는 힘의 합력의 크기이다.

● 교각에서는 어떻게 힘의 평형을 이루는가?

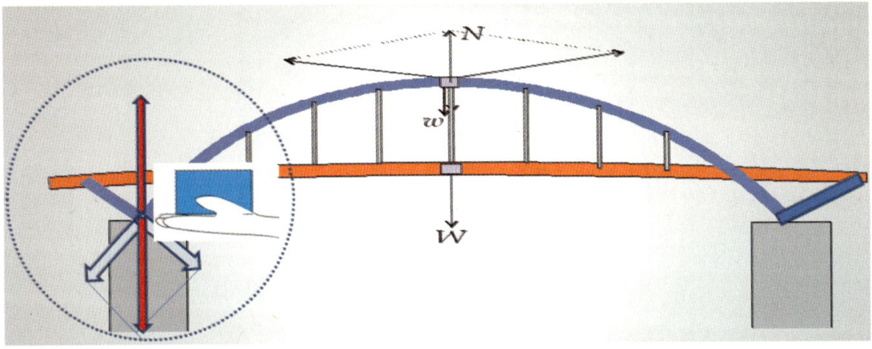

아치 프레임의 각 부분이 상판 하중으로부터 받은 힘은 교각에 전달되고, 그 합력은 **교각이 받쳐주는 힘(연직상방)과 평형**을 이룬다.

한걸음 더 **아치의 응용**

새만금만경대교-리버스아치교

새만금만경대교는 아치 구조물을 거꾸로 설치하여 가설한 매우 창의적인 교량이다. 교각 위 양쪽에 비스듬하게 세워진 받침대를 고정축으로 양쪽에서 당기는 케이블의 인장력에 의해 시소처럼 가운데 쪽 교량 하중이 위로 힘을 받아 지지된다.

아치 건축

아치구조는 다양한 방법으로 연결한 궁륭이나 돔 형태로 발전하였다. 건물 위에 돔을 세우려면 돔을 뾰족하게 함으로써 수평성분의 힘이 최소가 되도록 하거나(피렌체 대성당 지붕), 수평성분의 힘을 충분하게 버티도록(석굴암궁륭) 설계되어야 한다. 주변에서 아치를 응용하여 만들어진 예를 찾아보고 그 구조물에 작용하는 힘을 찾아 구조물의 안정을 설명해 보자.

피렌체 대성당

석굴암 궁륭의 구조

타이난 크리스탈 교당

Fountains 수도원

DIY-Science

모형 사장교 만들기

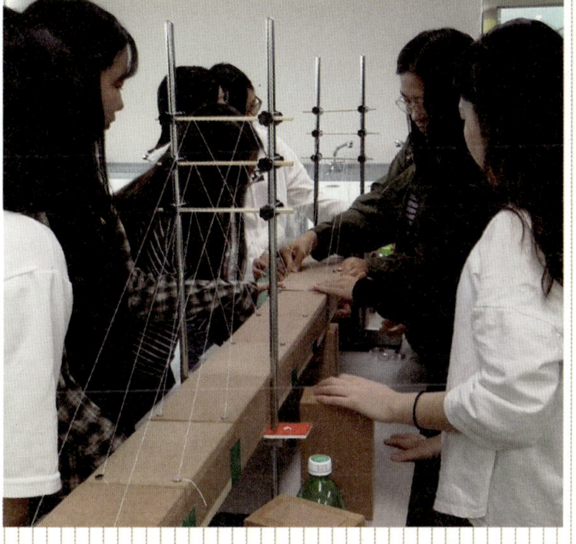

DIY Science 아이디어

거가대교는 우리나라에서 3주탑 사장교로는 유일한 교량이다. 사장교는 주탑에 케이블을 직접 연결하는 방식의 교량으로 비교적 건설 경비가 싸게 든다는 이유로 교량 건설에 인기가 많다. 사장교는 그 모양도 아름답지만 단순한 구조로 무거운 상판 및 차량 하중을 견디는 신비로운 교량이다. 사장교 모형을 만들어 봄으로써 다양한 역학 원리를 탐구할 수 있을 것으로 여겨진다.

비록 단순화한 모형 사장교이지만 건설의 과정을 그대로 따라감으로써 교량의 역학적 안정 원리뿐 아니라 첨단 토목 기술에 대한 직업탐색의 기회도 얻을 수 있을 것이다.

[평가기준]

평가 준거	수준		
	상	중	하
창의적 교량을 고안해 내는가?[30P]	개선점을 찾아 창의적으로 설계할 줄 안다.	개선점을 찾지 못하여 창의적 설계가 미흡함	처음 제시한 방법으로만 제작
사장교의 역학원리 설명은 논리적인가?[20P]	원리를 논리적으로 잘 설명한다.	논리적이지 못하다.	원리를 모르거나 틀리게 알고 있다.
재료, 모양, 크기 등 변형할 줄 아는가?[30P]	다양한 변형을 고안할 줄 안다.	보통 수준	변형할 줄 모른다.
서로 협동하는가?[20P]	조원들끼리 잘 협동함	보통 수준	협동이 이루어지지 않음

SCIENCE DIY
cafe.daum.net/hiphys

모형 사장교 만들기

〈과제〉

○ 거가대교와 같은 사장교 교량을 모형으로 만들어 보자.
○ 모형 교량의 역학 원리를 설명해 보자.
○ 개선점을 찾아 창의적인 교량을 설계해 보고 제작해 보자.

DIY과제 모형 사장교 만들기

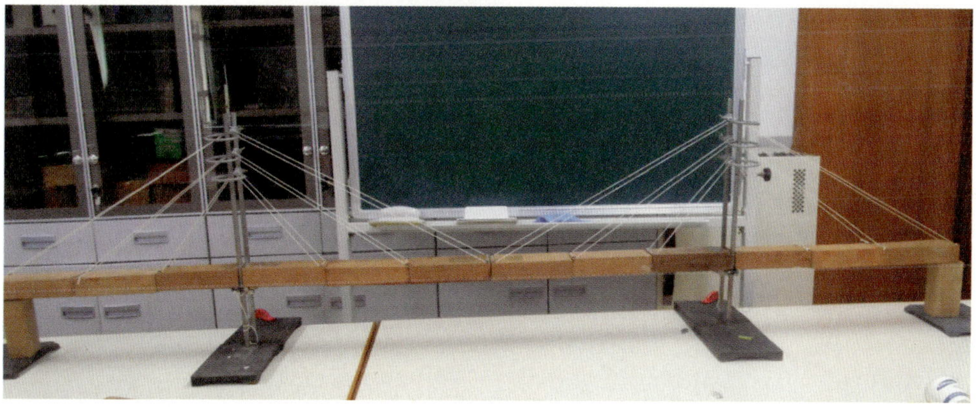

이 활동을 하면…

- 사장교의 안정 원리를 설명할 수 있다.
- 첨단 사장교 교량 건설에 사용되는 토목공법을 알 수 있다.
- 미래 토목 기술 관련 직업 탐색을 위한 정보를 얻을 수 있다.

DIY활동 모형 사장교를 만들어 보자.

준비물

철제스탠드 2, C형 클램프, 나무도막(200×120×80mm) 12개, 나무젓가락, 우드락, 굵은 실 5m, 청테이프 1, 압정, 용수철 저울

준비물가이드

주탑 만들기

- 철제스탠드 두 개를 붙여서 책상 면 위에 나란히 세운다.
- 교각의 높이를 가늠하고 사각클램프를 고정, 우드락을 잘라 두 철제스탠드에 끼운다.
- 양쪽 사각클램프 구멍에 나무젓가락을 끼워 케이블 지지대를 설치한다.

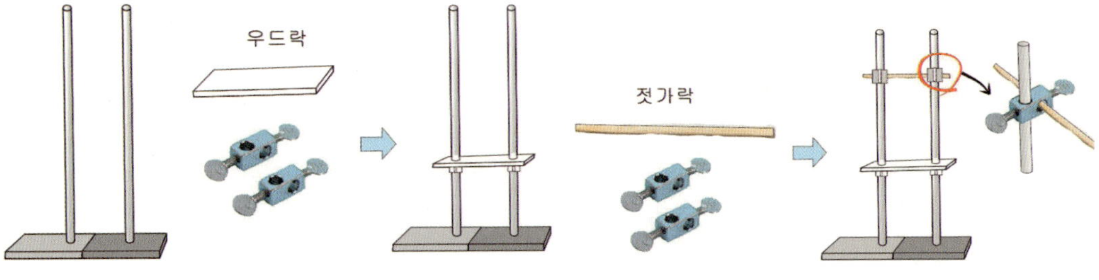

주탑세우기 | 우드락, 사각클램프로 주탑세우기, 상판받침대 설치 | 사각클램프와 나무젓가락, 케이블 지지대 고정

[DIY-Tip] 창제스탠드는 밑판 구멍이 가운데 뚫린 것과 변두리에 뚫린 것을 한 세트로 쓴다.

상판 연결하기

- 상판받침대에 나무도막 한 끝을 올리고, 다른 끝에 압정을 꽂아 실로 묶는다. 그 실의 다른 편 끝에 반대편 나무도막도 묶어 두 개의 상판이 마주보게 설치한다.
- 같은 방식으로 나무 블록을 주탑을 중심으로 양쪽에 3개까지 연결한다.
- 케이블지지대의 높이를 등간격으로 높여가면서 케이블의 높이를 각각 다르게 한다.
- 같은 방법으로 한 세트를 더 설치하여 두 세트를 연결한다.

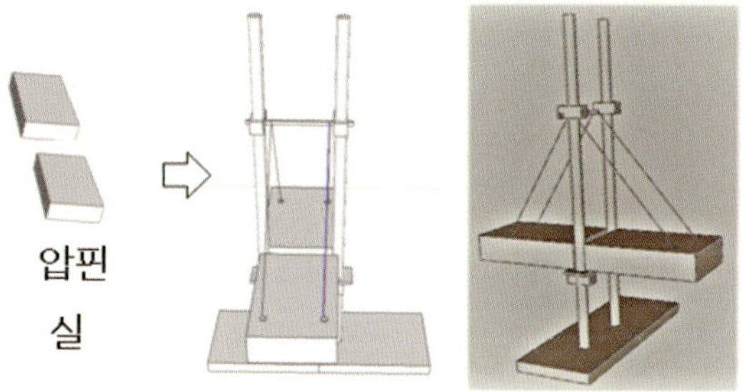

케이블로 묶은 상판 설치하기

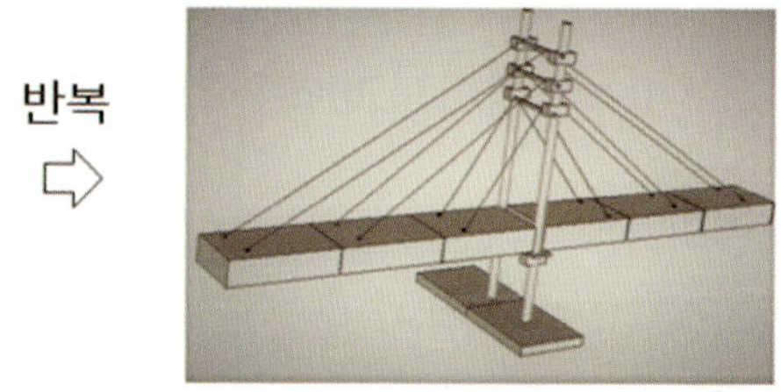

제2, 3 케이블 설치,
상판 연결하기

교각 세우기

교량 양 끝에 세로로 나무토막을 세워 교량을 받쳐주는 교각을 설치한다. (교각 양 끝을 위에서 세게 눌러 준다.)

완성 모양

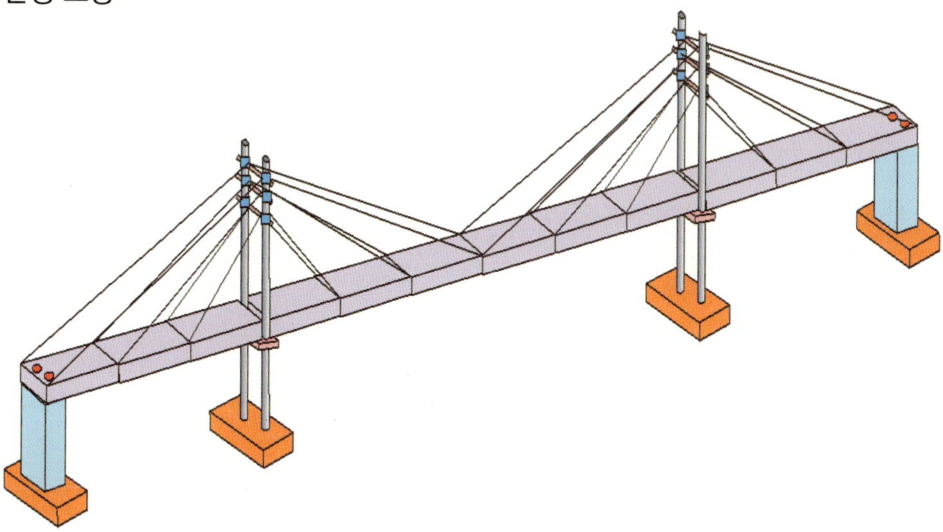

DIY-s.탐구 사장교 탐구

하중 테스트 및 탐구

- 무거운 물체를 얹어 보고, 교량이 하중을 견디는 역학 원리를 설명해 보자.
- 교량에서 가장 큰 힘을 받는 부분은 어디인가? 하중을 견디기 위해 보완되어야 할 점은 무엇인가?
- 케이블과 상판이 이루는 각도에 따라 힘은 어떻게 달라질까?
- 주탑의 높이는 어떻게 결정될까?
- 사장교와 현수교의 장단점을 비교해 보자.

실험. 케이블과 상판각도에 따른 힘

[준비물] 나무도막 2개, 스탠드, 압핀, 용수철저울, 실, 테이프, 각도기

[과정] 그림과 같이 나무도막 끝을 실에 묶고 반대쪽 끝을 철제스탠드 두 막대에 지지시킨 후 용수철저울로 실을 당기면서 힘을 측정한다.

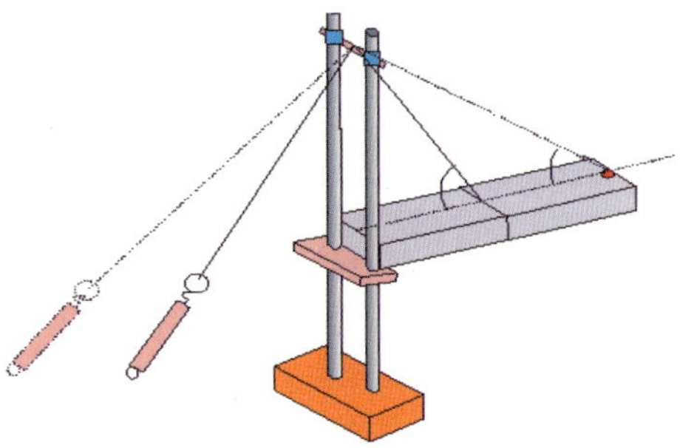

[고찰]

첫번째 나무토막이 수평을 유지하는 데 필요한 힘과 두 번째 나무토막이 수평을 유지하는 데 필요한 힘은 어느 쪽이 큰가?

개선점 찾기

장치에서 불편한 점, 개선점을 찾아보자.

창의설계

새 장치를 만들기 위한 창의 설계도를 그려 보자.

고쳐 만들기

창의설계 대로 보완하여 사장교를 고쳐서 만들어 보자.

개념 · 원리 사장교의 역학 원리

사장교란?

사장교는 다리 양쪽에 세운 주탑에 연결된 케이블로 차량이 통행하는 도로 상판을 매다는 구조로 초대형, 장경간용으로 개발된 교량 형식이다. 세계 2차 대전 이후 과거의 강재가 많이 소모되는 교량에서 재료절감의 한 방법으로 개발되었다. 사장교의 케이블은 주탑에서 내려져 상판과 연결되는데, 교각의 숫자를 일반적인 교량보다 크게 경감시킬 수 있으므로 폭이 넓은 하천, 깊은 계곡 또는 해협과 만 등을 통과하는 교량에 적용되고 또한 선박의 항로 구간에 공간 확보가 필요한 경우 적합한 형식이다.

거가대교

조발대교

대저대교(가설중)

조발대교

물체의 평형

〈조건 1〉 이동하지 않아야 한다.

시소 놀이에서 힘의 평형조건은,

$$N + (Mg + mg)=0,\ N=-(Mg + mg)$$

즉, 힘의 크기가 같고 방향은 반대이다.

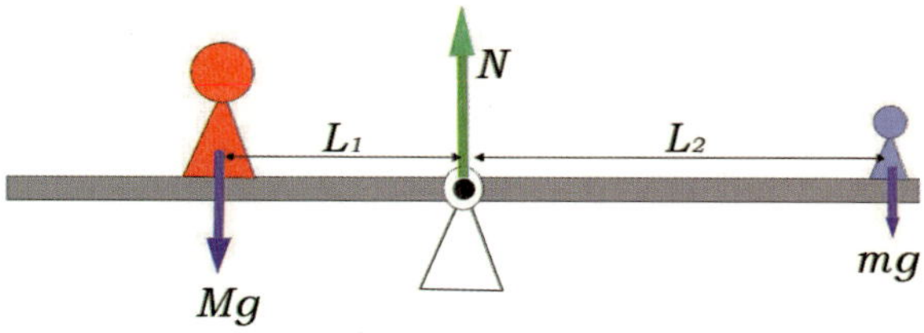

〈조건2〉 회전하지 않아야 한다.

어느 쪽으로도 회전하지(기울어지지) 않아야 한다. [회전평형]

> 회전력이란?
> 힘의 팔 × 무게

전체 회전력은,

$$L_1 \times Mg + (L_2 \times mg) = 0$$

$$L_1 \times mg = -(L_2 \times mg)$$

즉, 평형이 될 조건은, 두 **회전력의 크기가 같고 방향이 반대**이면 된다.

사장교 상판의 평형

주탑과 상판이 만나는 지점에 상판 받침대가 없다면 상판은 중력에 의해 중앙 부분이 휘어질 것이다. 즉, 상판 받침대에 힘이 작용한다. (그림 A)

그림 A

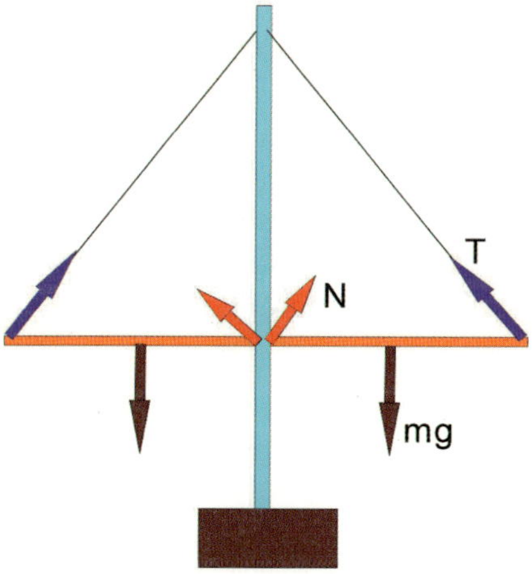

그림 B

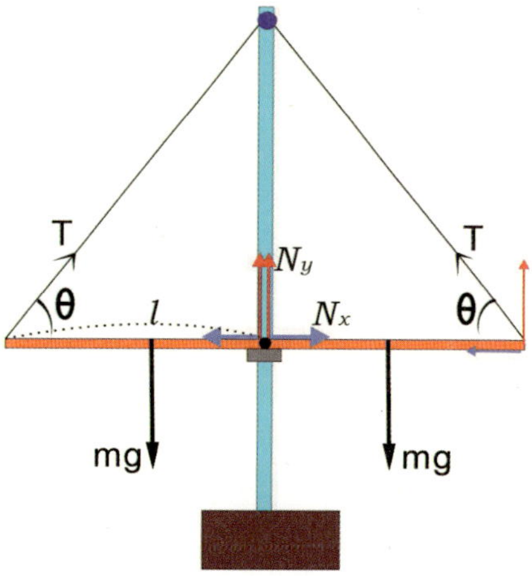

〈조건1〉 합력이 0이어야 하므로,

$$T\sin\theta + mg + N_y = 0 \qquad \text{〈y방향 힘〉}$$
$$T\cos\theta + N_x = 0 \qquad \text{〈x방향 힘〉}$$

또는,

$$mg = -(N_y + T\sin\theta), \quad T\cos\theta + N_x = 0$$

〈조건2〉에서 회전력의 합이 0이어야 하므로

$$\frac{l}{2}mg + l\,T\sin\theta = 0$$

또는,

$$T = -\frac{1}{2}\frac{mg}{\sin\theta}$$

가 된다.

사장교 주탑의 평형

평형을 이루기 위해 사장교 주탑에 걸리는 힘은 다음 그림과 같다.

주탑에 작용하는 힘을 살펴보면, 꼭대기에서의 장력(↓)과 상판의 전압력(↓)의 합력이 바닥(교각)에 의한 수직항력(↑)과 크기가 같고 방향이 반대이므로 전체 합력이 0이 되어 평형을 이룬다.

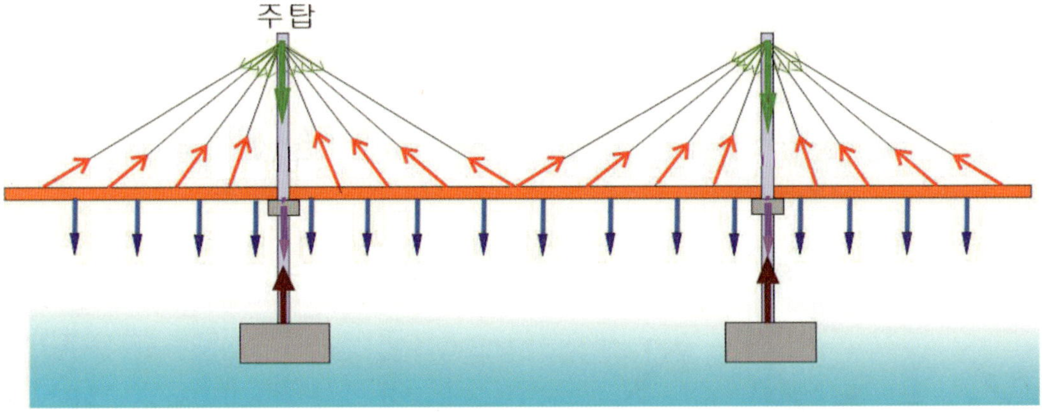

사장교의 경간 폭과 주탑 높이

경간 폭이 클수록 주탑이 높아야 한다. 왜 그럴까?

사장교의 회전 평형 조건에서,

장력은, $T = \frac{1}{2}\frac{mg}{\sin\theta}$ 이므로, $\sin\theta$ 에 반비례한다. 경간폭이 넓어지면 θ가 작아지므로 장력은 커진다. 장력이 같아지려면(각을 같이 유지하려면) 주탑을 높여야 한다.

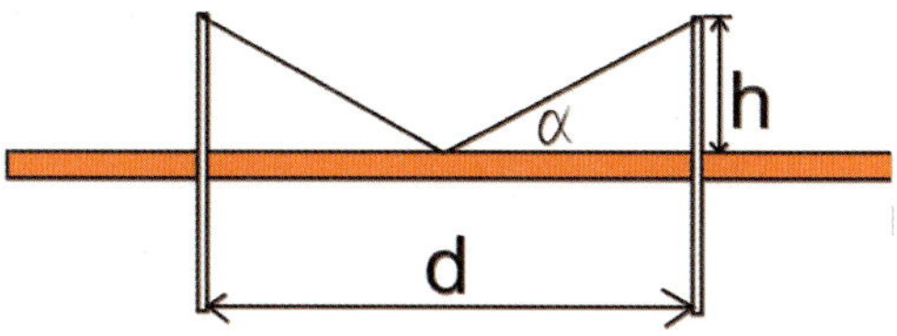

경간 폭이 좁을 때,
케이블 각 α, 주탑 높이 h

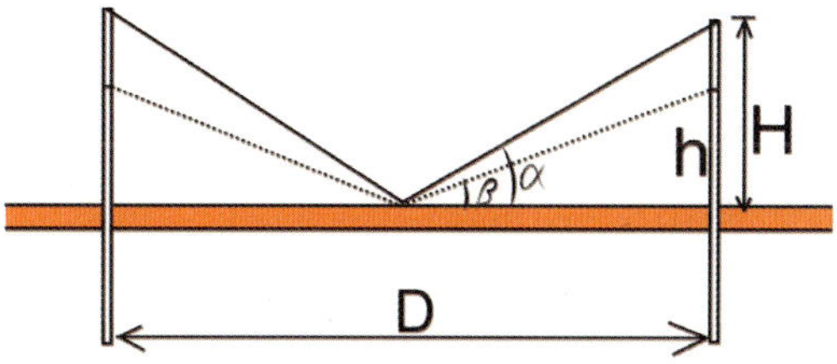

경간 폭이 넓을 때,
케이블 각(β)이 작아짐,
같은 각이 되려면 주탑을 더 높여야 함

사장교와 현수교 비교

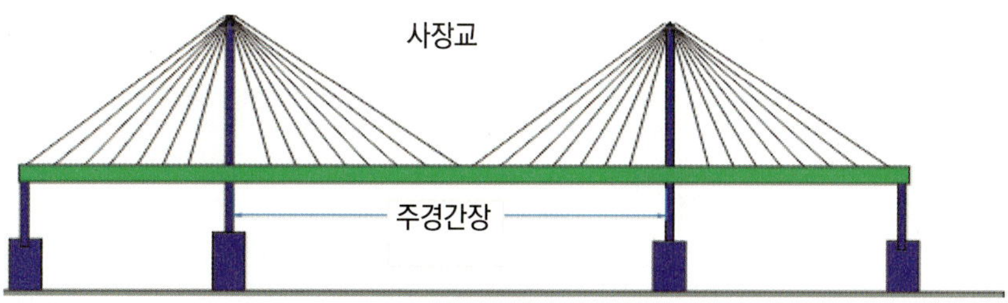

주탑과 상판을 케이블로 직접 연결
장단점 : 건설비가 싸다.
주경간장 1000m 이상 넓히기 어렵다.

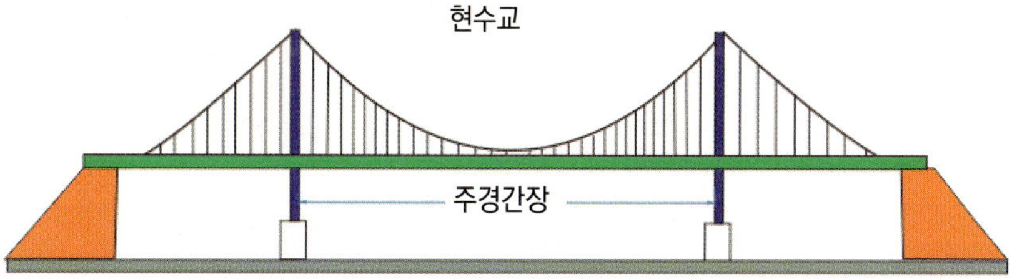

방식 : 메인케이블과 서브케이블을 달아 싱핀을 연결
장단점 : 지진에 견디는 힘이 강함. 바람에 취약

한걸음 더 교량 건설의 핵심 기술(거가대교)

교각기초 공사

교량을 건설하는 여러 공정 중에서 가장 고난도 기술은 깊은 해저에 기초를 다지고 교각 기초 구조물을 제작하는 기술이다.

SCP(Sand Compaction Pile) 공법

바닥면의 기초를 튼튼히 만드는 한가지 공법은, 모래나 점토로 된 연약지반에 모래를 압축하여 부어 넣어 모래 말뚝을 다져 시공하는 방법이 있는데 이를 **모래 다짐 말뚝 공법**(SCP **공법**)이라 한다.

RCD(Reverse Compaction Drill) 공법

전용 장비를 이용하여 드릴로드 끝부분에 장착된 드릴 비트를 360도 회전시켜 해저 암반에 대구경 구멍을 뚫고 미리 조립된 철근망을 삽입하고 콘크리트를 타설, 대구경 콘크리트 말뚝을 박는 시공 방법이다.

인공섬을 만들고 파일과 파일을 촘촘이 끼워 물이 새지 않도록 차수벽을 설치하고 갇힌 물을 퍼 낸 후 콘크리트로 채우는 방법이다.

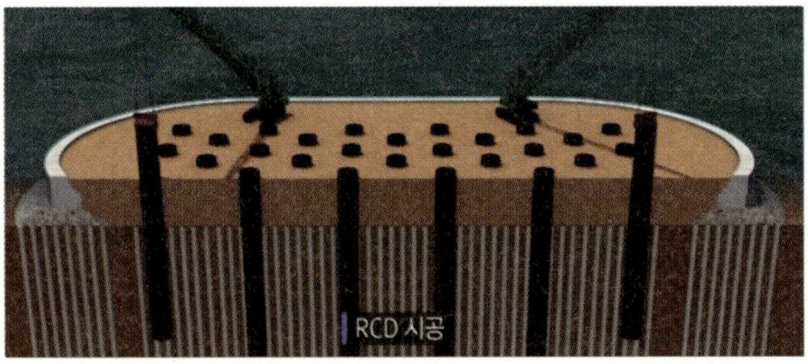

프리케이슨 공법

- 하부구조물 두개를 육상에서 제작한 후 인근 해상으로 이동한다. 여기서 상부구조를 추가로 제작한다. 케이슨의 격자 공간에 채워지는 물의 양을 줄여서 해상 크레인으로 교각을 세울 현장 위치로 이동한다.
- 축구장 넓이의 케이슨을 해저 지면 기초 위에 놓고 고정시키는 방법으로 그라우팅 공법을 사용한다.

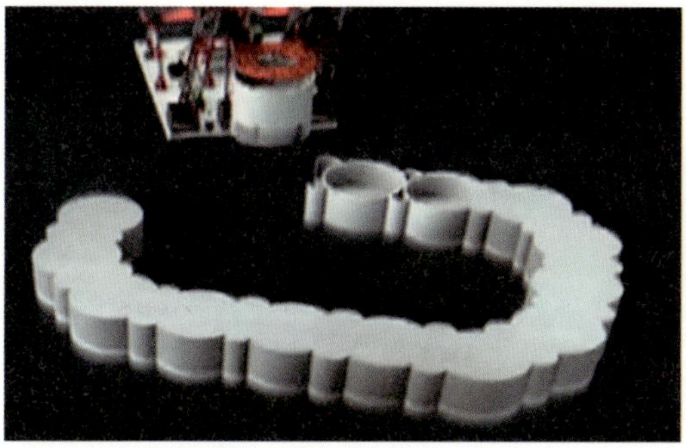

물막이 공법(현장 시공)

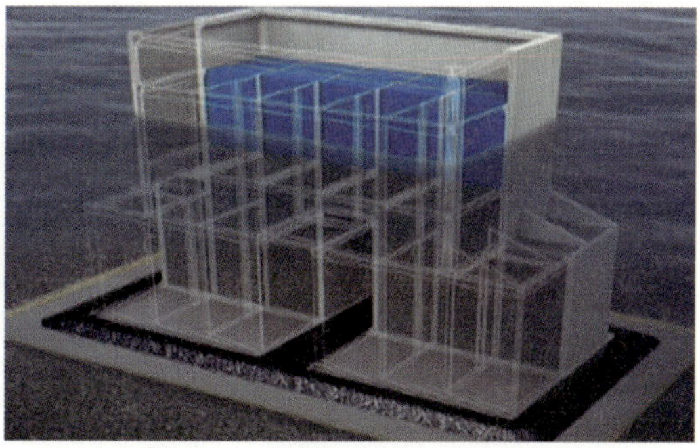

거가대교 교각기초 프리케이슨

그라우팅(Grouting) 공법

- 교량 기초가 상부구조 및 하부 구조에 적용하는 하중을 안전하게 지지하면서 지반에 전달하는 구조체를 만들기 위해 해저면의 원 지반과 케이슨의 바닥면 사이를 무수축 몰탈인 그라우트를 주입하여 일체화 시키는 공법을 그라우팅 공법이라 한다.
- 케이슨과 해저지반 기초 위에 약간의 공간을 띄운 후 시멘트와 자갈 등 그라우팅 재료로 채워 일체화시킨다.
- 케이슨 내부 바닷물을 제거하고 시멘트로 채워 교각기초를 완성한다.

상판거치 작업

2000~3000톤 되는 상판을 해상크레인으로 이동, 교각 상부에 올리는 작업을 한다. 대형 크레인으로는 정밀 작업이 어렵기 때문에 수 cm 오차범위로 가거치한 후 정밀 작업은 잭(jack)으로 수직, 수평 맞추기 작업이이루어진다.

✅ DIY.s 과제 제작 예시

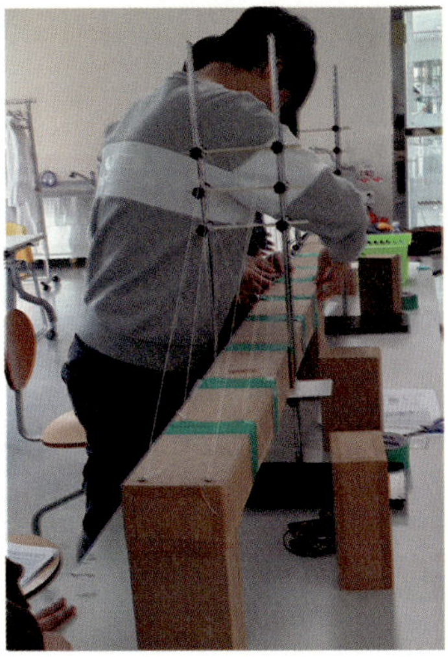

DIY-Science

모형 현수교 만들기

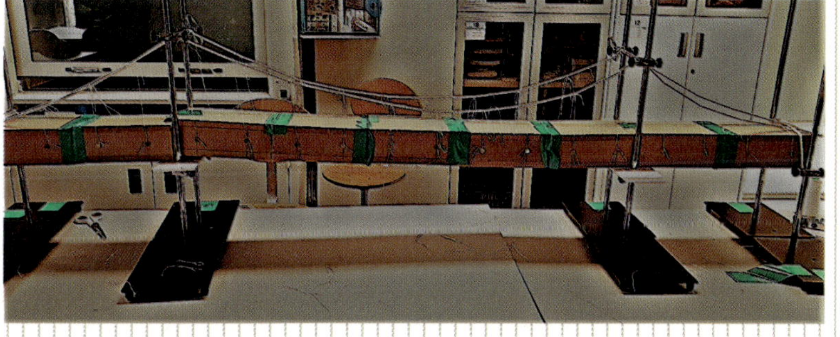

DIY Science
아이디어

현수교는 무거운 교량 상판을 케이블에 걸어 적은 재료로 효율적인 교량을 제작하는 데 활용되는 매우 중요한 토목 기술이다. 부산의 명물 중 하나로 바다 한 가운데 세워져 보석처럼 아름다운 정경을 보여주는 광안대교는 대표적인 현수교이다. Diamond Bridge라고도 불리는 이 다리는 케이블 상판을 지지하는 교량으로 첨단 과학, 공학이 숨어 있다.

나무도막, 굵은 실, 테이프, 하드보드지 등 약한 재료를 사용하여 현수교를 모형을 만들어 보면서 어떻게 하중을 견디는지를 체험함으로써 원리를 이해하는 계기가 될 수 있다.

[평가기준]

평가 준거	수준		
	상	중	하
튼튼한 교량을 제작하는가?[20P]	튼튼한 교량을 제작하였다.	보통 수준	제작한 교량이 튼튼하지 못하다.
현수교의 역학원리 설명은 논리적인가?[30P]	원리를 논리적으로 잘 설명한다.	논리적이지 못하다.	원리를 모르거나 틀리게 알고 있다.
창의적으로 튼튼한 교량을 고안해 내는가?[30P]	개선점을 찾아 창의적으로 튼튼한 교량을 설계할 줄 안다.	개선점을 찾지 못하여 창의적 설계가 미흡함	처음 제시한 방법으로만 제작
서로 협동하는가?[20P]	조원들끼리 잘 협동함	보통 수준	협동이 이루어지지 않음

SCIENCE DIY
cafe.daum.net/hiphys

모형 현수교 만들기

〈과제〉

○ 광안대교와 같은 현수교를 현수교를 모형으로 만들어 보자.

○ 모형 교량의 역학 원리를 설명해 보자.

○ 개선점을 찾아 창의적인 교량을 설계해 보고 제작해 보자.

DIY과제 모형 현수교 만들기

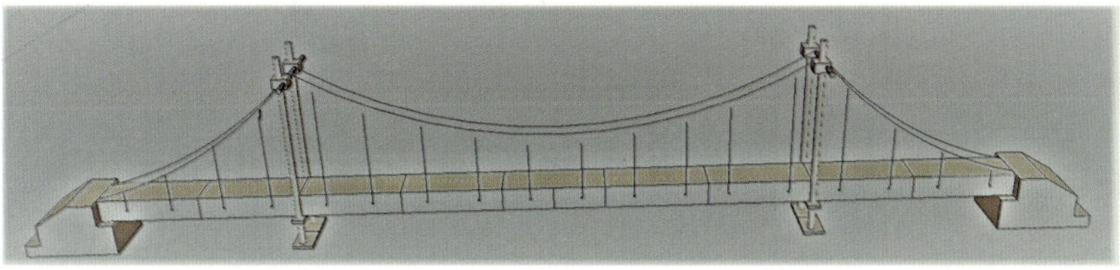

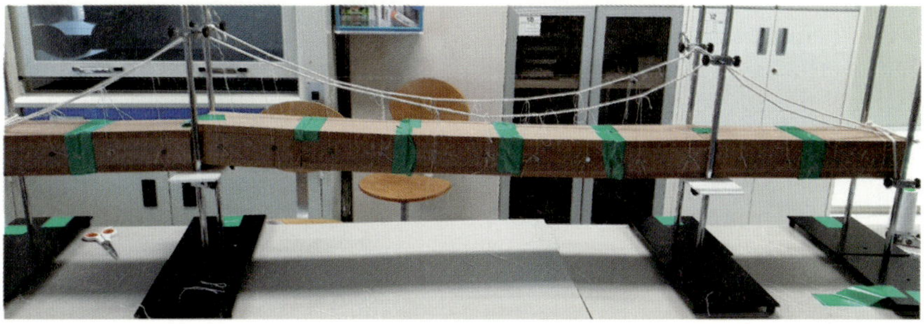

이 활동을 하면…

- 현수교의 안정 원리를 설명할 수 있다.
- 단 현수교 건설에 사용되는 토목공법을 알 수 있다.
- 미래 토목 기술 관련 직업 탐색에 대한 정보를 얻을 수 있다.

DIY활동 모형 현수교를 만들어 보자.

준비물

철제스탠드 4개, 사각클램프(구멍 직경 12.7 mm), C형 클램프, 나무토막(200×120×80mm) 9개, 나무젓가락, 하드보드, 우드락, 쇠막대, 굵은 실 5m, 청테이프 1, 압정, 앵커리지(나무로 별도제작)

준비물 가이드

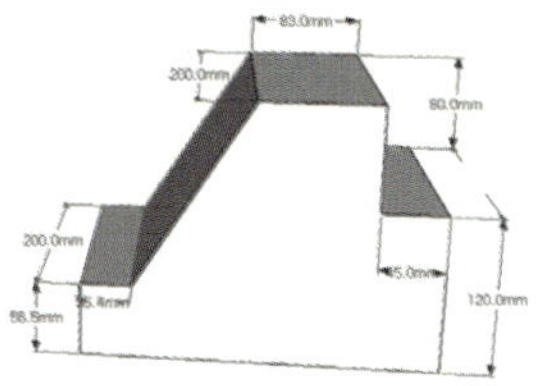

앵커, 주탑 만들기

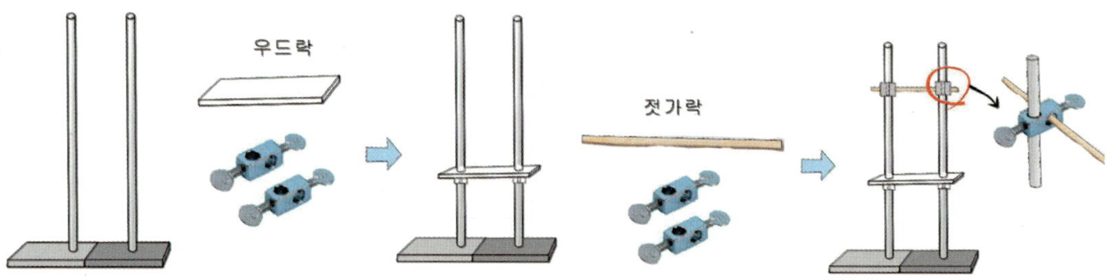

주탑기초

우드락, 사각클램프로 주탑 세우기, 상판받침대 설치

사각클램프와 나무젓가락, 케이블 지지대 고정

[DIY-Tip] 창제스탠드는 밑판 구멍이 가운데 뚫린 것과 변두리에 뚫린 것을 한 세트로 쓴다.

앵커, 주탑 설치

- 교량 양 끝에 나무도막 9개 간격만큼 공간을 확보하여 앵커를 책상 모서리에 놓는 다책상 간격 조정).

- 상판용 나무도막 5개 간격을 확보하고 좌우 주탑을 설치한다.

메인케이블 설치하기

- 앵커를 양쪽 책상면 끝에 C형 클램프로 고정시킨다.
- 굵은 실을 사용하여 두 주탑 위를 걸쳐 현수곡선을 이루도록 케이블을 설치한다.
- 케이블의 양쪽 끝을 앵커에 연결한다.

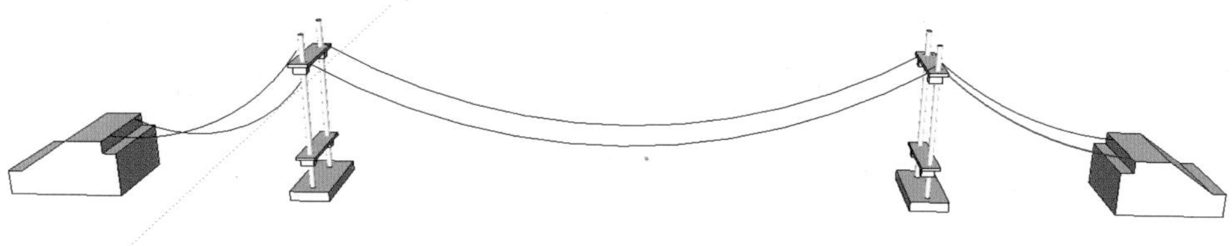

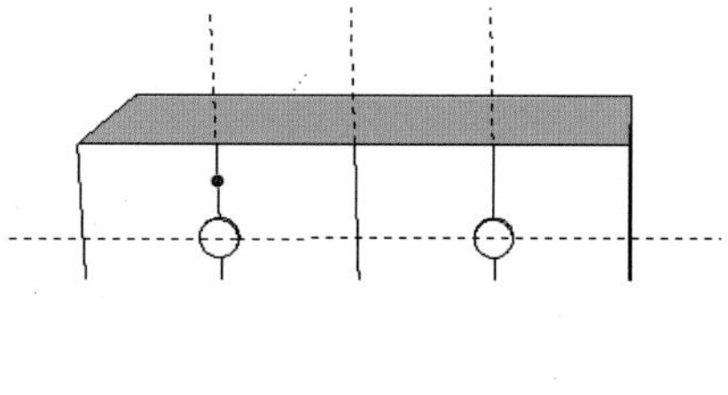

상판 연결하기

- 첫 번째 상판용 나무도막 양쪽 측면(나무도막 양 끝 1/4 지점)에 압정을 꽂고, 보조 케이블을 묶어 주케이블에 수직으로 연결한다.
- 양쪽으로 나무도막을 같은 방법으로 이어 간다. 이웃한 상판 나무도막끼리는 압정 사이에 실로 묶어주거나 청테이프로 고정한다.

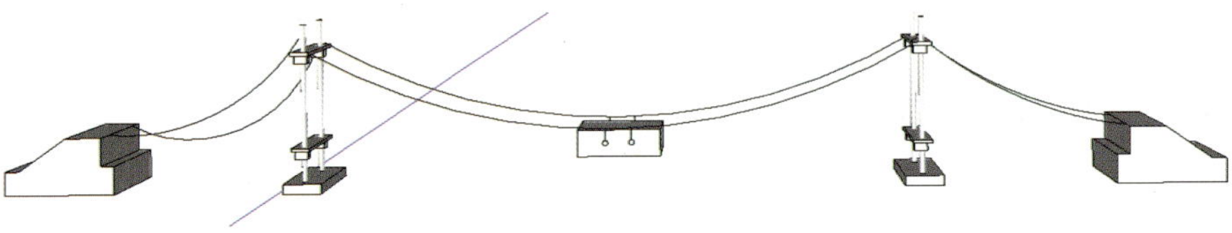

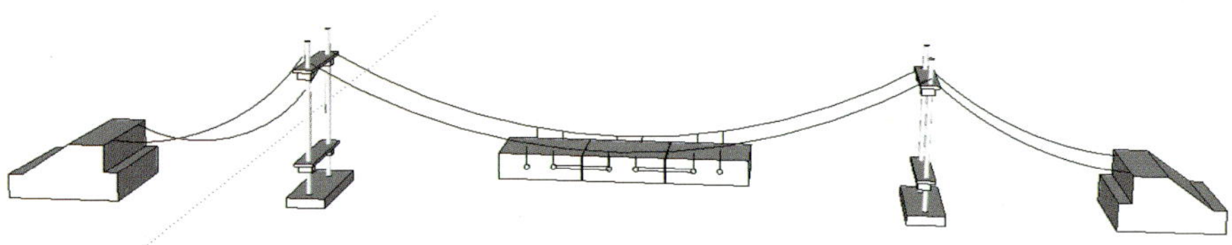

완성 모양

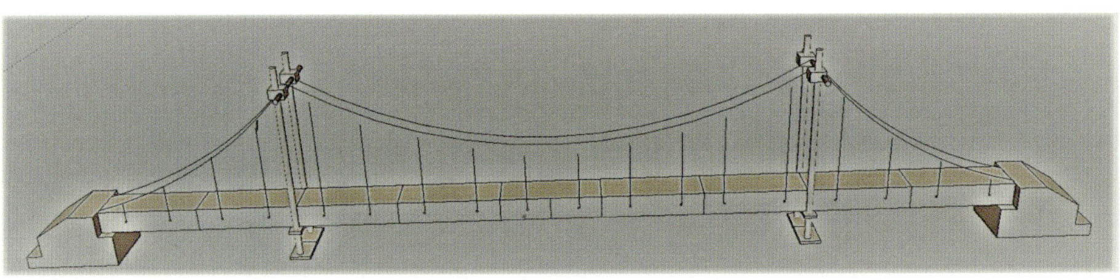

DIY-5. 탐구 현수교 탐구

탐구. 하중 테스트 및 탐구

- 무거운 물체를 얹어 보고 하중을 견디는 역학 원리를 설명해 보자.
- 상판 무게중심점, 주탑이 평형을 유지하는데 관여하는 힘들을 설명해 보자.
- 교량이 더 큰 하중을 견디기 위해서 보완되어야 할 점은 무엇인가?
- 현수교 케이블은 통으로 된 케이블이 아니라 여러 가닥의 와이어 묶음으로 되어 있다. 와이어 묶음 케이블을 쓰는 이유는 무엇일까?

실험. 공진 실험

[준비물] 실, 추, 막대

[과정] 그림과 같이 막대에 다양한 길이의 진자를 매달고 한 손으로 막대로 잡고 다른 한 손으로 추A를 화살표 방향으로 살짝 밀어보자.

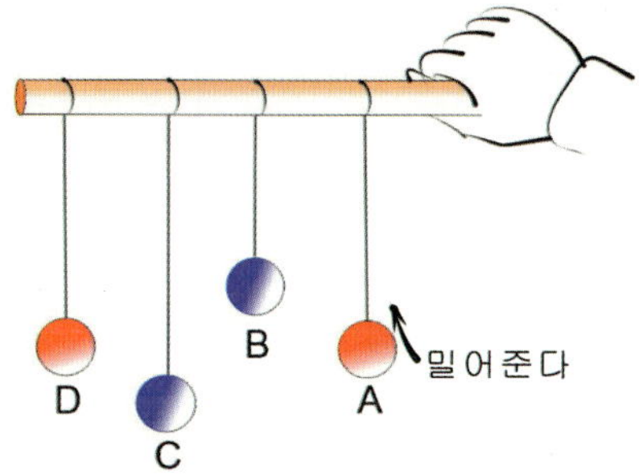

[고찰]

□ 다른 진자들은 어떤 운동을 하는가?

□ 똑같이 진동하는 진자의 쌍을 찾아 보자. 또 그 이유를 생각해 보자,

개선점 찾기

장치에서 불편한 점, 개선점을 찾아보자.

창의설계

개선점을 토대로 새 장치를 만들기 위한 창의 설계도를 그려 보자.

고쳐 만들기

창의설계대로 보완하여 모형 현수교를 고쳐 만들어 보자.

개념 · 원리 현수교의 역학 원리

교량의 종류와 현수교의 개발 과정

Beam Bridge

강이나 협곡의 양쪽 언덕에 두 개의 교각을 설치하고 빔을 걸치는 다리 형식

Beam Bridge

Four Mile Bridge over Big Horn River

Truss Bridge

넓은 공간을 가로질러 다리를 건설하는데 중간 위치에 교각을 박지 않으면, 빔의 자체 무게 때문에 중간부가 너무 쳐져 안정하지 못하다. 한 가지 방법은 빔 사이에 여러 개의 삼각 구조를 이용하는 방법이다. 삼각 부재를 사용하여 중간이 축 처지지 않게 만든 교량을 트러스교(truss bridge)라 한다.

현수교(Suspension Bridges)는 어떻게 고안되었을까?

Q: 넓은 강폭이나 깊은 협곡에 다리를 놓으려면 긴 상판을 깔아야 한다. 교각을 사용하지 않고 기다란 상판을 지지하는 방법은 어떤 것이 있을까?

[방법1] 헬기를 동원한다.

강철이 비싸다고 생각한다면, 몇 대의 헬기를 띄워서 잡고 있으면 된다. 교량을 지지하는 아이디어는 훌륭하지만 이런 수행은 어리석은 짓이다.

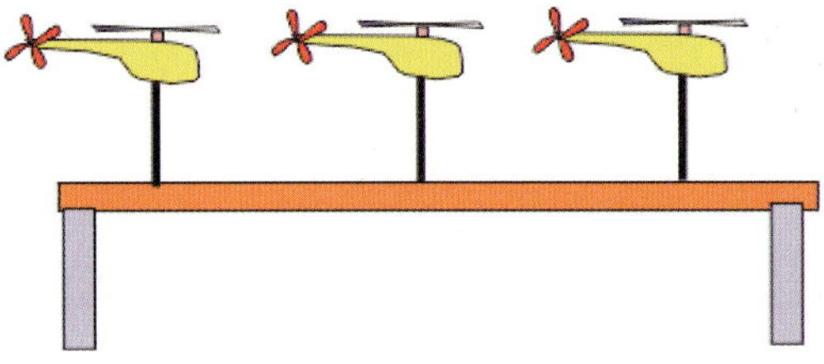

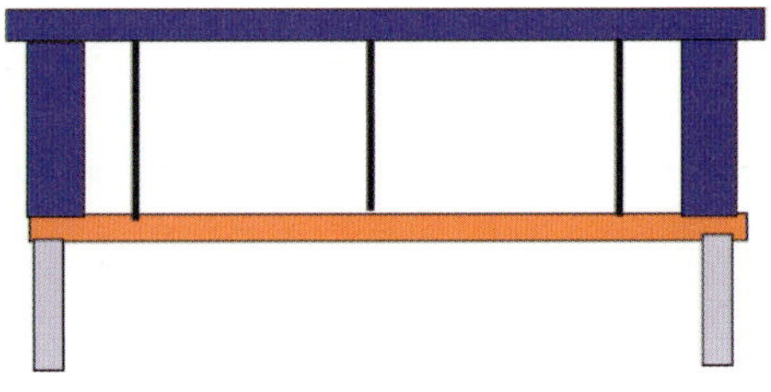

[방법2] 헬기 대신 보조 가로빔을 쓴다면?

- 두 개의 타워를 세우고 그 사이에 긴 빔을 설치하자. 그리고, 거기에 교량을 매달자.
- 가로목이 빔이라서 자중 때문에 축 처진다는 점을 제외하면 훨씬 좋게 보인다.
- 빔 대신 값싸고 가볍게 만들 수 있는 다른 방법을 고안해 보자.

[방법3] 케이블로 상판을 끌어 올리는 방법

두 개의 주탑을 양 끝에 세우고 그 사이에 케이블을 연결한 다음 상판을 끌어 올리는 방법을 사용할 수 있다. 다음 그림(오른쪽)과 같은 문제가 생긴다.

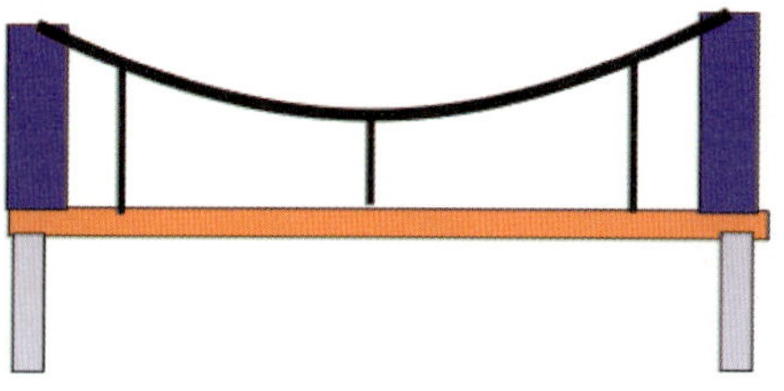

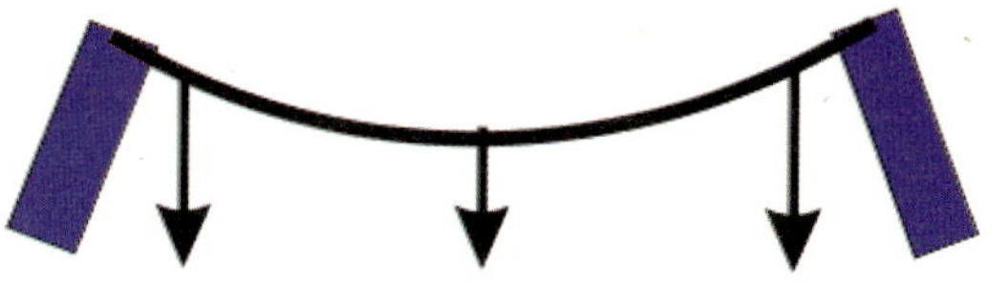

[방법4] 교량 바깥에 구조물을 설치하여 케이블을 연장해서 고정하는 방법

주탑이 안쪽으로 넘어지지 않도록 그림과 같이 바깥쪽에 여분의 줄을 추가하여 설치한다. 현수교(타정식)이다. 이때 현수교를 세우는 주요 기술 중 하나는 두개의 주탑 사이에 얼마나 먼 거리를 유지하는가이다.

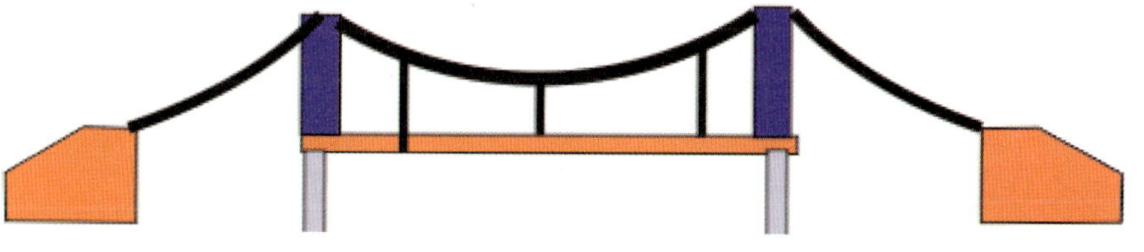

런던브릿지

노량대교

현수교의 역학

세 힘의 평형 조건

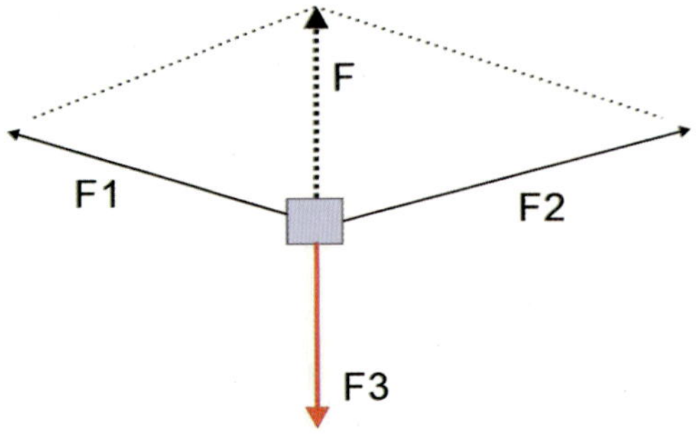

$$F_1 + F_2 + F_3 = 0$$

또는,

$$F_3 = -(F_1 + F_2)$$

현수교 주케이블 각 지점의 평형 관계

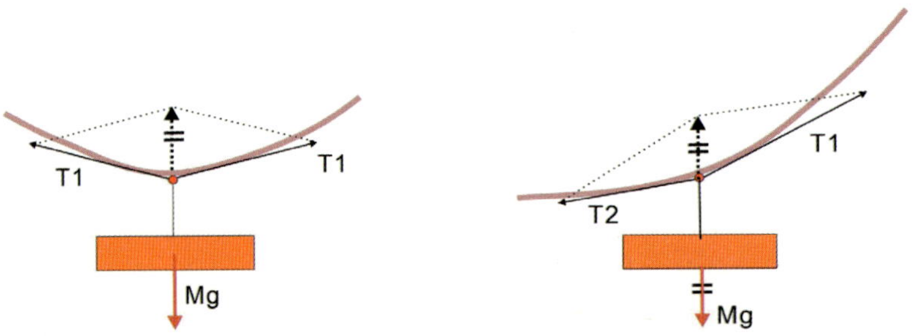

케이블 중앙점 평형　　　　케이블 측면 지점 평형

현수교에 작용하는 힘

만약 보조 cable이 없다면 다음 그림과 같이 상판이 처질 것이다.

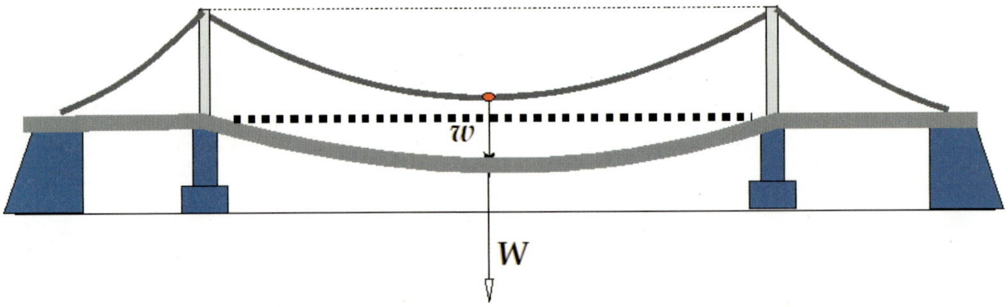

보조 cable의 인장력이 상판 하중을 지탱한다. 보조 케이블이 상판을 당기는 현수교에서 정역학적 평형 관계는 다음과 같다.

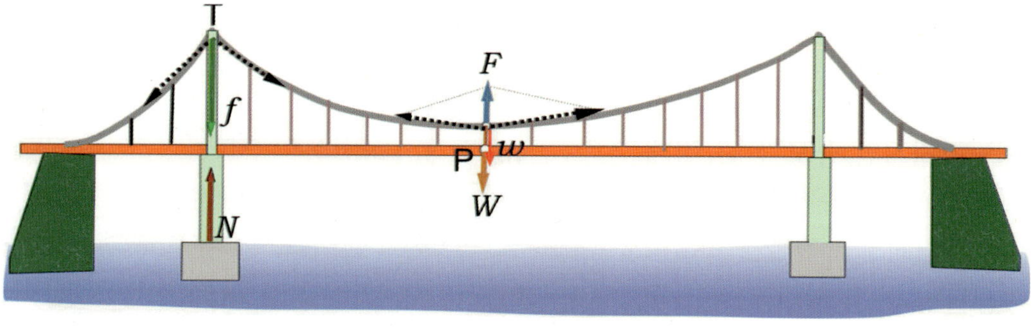

만약 케이블의 자중 W, 상판의 자중 w, 케이블에 걸리는 장력 F 라면,

- 상판의 평형 〈P점〉 케이블w +상판의중력W+케이블장력F = 0
- 주탑의 평형 〈T점〉 장력의 합력(*f*)+주탑의자중+상판이누르는힘+수직항력N= 0

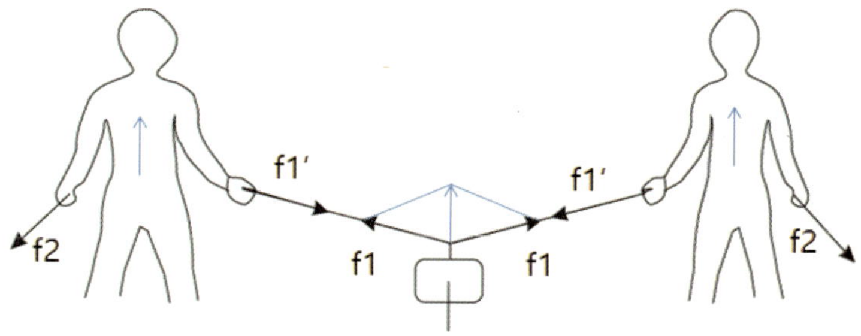

두 사람이 줄에 묶인 짐을 들고 서 있을 때 평형을 유지하려면 양쪽 f_2의 힘이 필요하다.
앵커 블럭에 연결된 케이블의 역할이다.

공진(공명)

강제 진동의 진동수와 물체의 고유 진동수가 같아지면 진폭이 점점 커지게 되는데, 이러한 현상을 **공명(공진)**이라 한다. 예를 들면, 라디오 주파수를 맞추는 현상, 그네를 탈 때처럼 움직이는 방향과 같은 방향으로 같은 주기로 밀어줄 때 그네의 진폭이 점점 더 커지는 현상 등 여러 가지가 있다. 진폭이 점점 커진다는 것은 공명 조건에서 에너지가 가장 효율적으로 전달된다는 것을 의미한다.

타코마 다리 붕괴 원인

1940년 7월 1일 개통된 워싱톤 주의 타코마 협교는 세워진지 4개월 후에 가벼운 돌풍에 의해서 무너졌다. 타코마브릿지가 풍속 19m/s 정도의 약한 바람에도 파손된 이유는 당시 불어오는 바람의 진동수와 다리의 고유진동수가 일치하는 현상 즉,

공진이 일어나 진폭이 점점 커져 큰 에너지를 받았기 때문이다.

현수교는 경량화가 가능한 장점을 가지지만 규모가 큰 장대(長大) 교량의 경우 재료를 적게 써서 가벼워지면 진동에 취약하게 된다. 타코마 다리도 적은 재료로 경량화를 추구하다보니 약한 바람에도 진동이 일어났으며 공교롭게 그 바람이 교량의 고유진동수와 같은 공진이 일어나게 되었으므로 진폭이 점점 더 커지게 되어 붕괴된 것이다.

1940년 11월 17일 타코마 다리 붕괴 모습

현수교의 안전-진동 위험 대비

타코마 브릿지처럼 장대교량을 경량화하면 진동에 취약하게 되어 붕괴되기 쉽다. 교량의 붕괴를 막으려면 바람에 의한 진동을 고려하여 설계하여야 한다. 풍압을 최소화하거나, 상하진동 및 비틀림진동이 일어나지 않도록 특별한 장치를 해 주어야 한다.

부산의 광안대교에서는 풍압을 줄이기 위해 교량의 상판을 보강형트러스로 제작하여 차례차례 행어에 연결하였다. 상하 복층으로 만듦으로써 각 층 사이에 바람이 잘 통하도록 되어 있고 큰 하중으로 상하 진동에도 유리하게 되어 있어서 초속 81m/s 의 강풍에도 견딜 수 있는 구조이다.

또 다른 예로는 부산항대교의 경우 상판이 유선형으로 제작되어 있어 측면 풍압에 저항이 적으며, 두 상판 사이에 틈을 두어 바람이 교행되어 흐르게 함으로써 상판에 비틀림진동이 일어나지 않도록 설계되어 있다.

광안대교 보강형 트러스 구조. 바람에 의한 진동이 적고 뒤틀리지 않는 구조

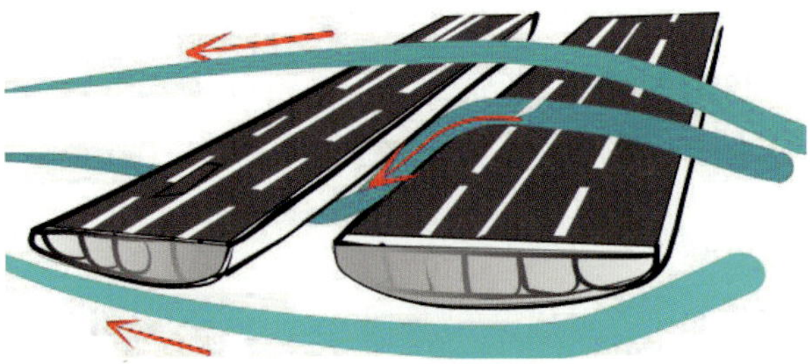

북항대교의 상판. 유선형 모양으로 바람의 저항이 적고 바람이 교행하므로 비틀림 진동이 감쇄

한걸음 더

현수교량의 건설 기술(광안대교)

설계 전 준비 작업

● **지질 조사** : 교량 건설에 앞서 교량을 설치할 광안리 앞바다의 정밀 지질 조사를 실시한다. 바닷물 아래 진흙, 그 밑에 어느 정도의 깊이에 암반층이 형성되어 있으며, 또 시료를 채취하여 암석의 종류, 강도를 조사해야 한다. 특히, 단층 구조를 피해야 한다.

광안현수교 주변의 해저 지질구조

셉바지선 구조

● **셉바지선 제작** : 교량 건설의 많은 공정이 거대 정비를 해상에 반입하여 작업해야 하기 때문에 파도에 흔들리지 않도록 거대한 셉바지선을 해상에 설치한다. 바지선 네 모서리에 초대형 강관을 해저 암반층까지 견고하게 박아서 만드는데, 이때 강관은 초대형 해머로 내리쳐서 박는다.

앵커블럭 및 교각 설치

● **앵커블록 공사** : 해상 교량은 상판을 떠 받칠 주탑과 줄을 잡아주는 앵커블럭의 기초를 설치하는 일이 가장 중요하다. 교량의 건설 환경에 따라 그 제작 방법이 다 다르다.

광안대교의 경우, 앵커블럭 설치를 위한 기초 작업은 해저 밑바닥 암반 20m를 굴착하고 **스틸케이슨**이라는 거대한 물막이를 설치하는 방법이다. 거의 축구장 크기, 아파트 6층 높이의 구조물을 제작장에서 만들어 예인선으로 운반, 지정 위치에 가라앉힌 다음, 내부를 모래로 채워 인공섬 형태를 만들었다. 또 그 안쪽은 차수벽을 설치하고 다시 내부에 버팀쇠를 설치하여 완성하였다. 완공된 케이슨을 앉히려면 평평한 기초가 필요한데 이를 위해 암반층에 마이크로파일을 박아 평평하게 만들어 그 위에 케이슨을 올리고 앵커블록을 설치하였다.

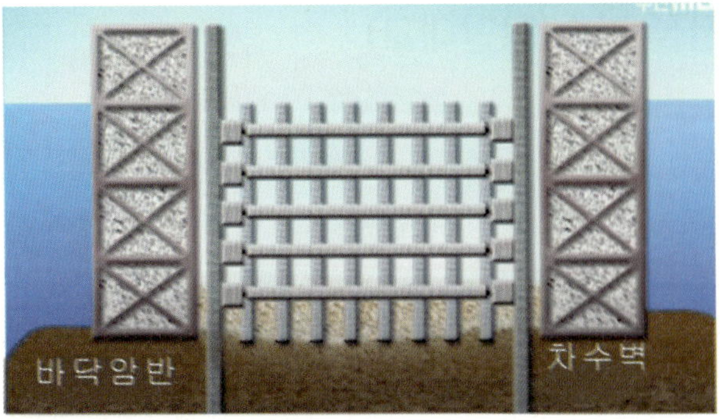

스틸케이슨의 구조

광안대교 앵커블록의 구조

● **주탑 기초공사** : 주탑 기초공사는 콘크리트 말뚝을 암반에 박아 고정하는 방식이다. 스틸케이슨 위에서 암반에 강관을 박고 스틸케이슨 속의 물을 제거한 다음 콘크리트를 타설한다. 그 위에 사각 푸팅을 설치하고 베이스플레이트, 탑기부를 순차적으로 올려 주탑 기초를 완성한다.

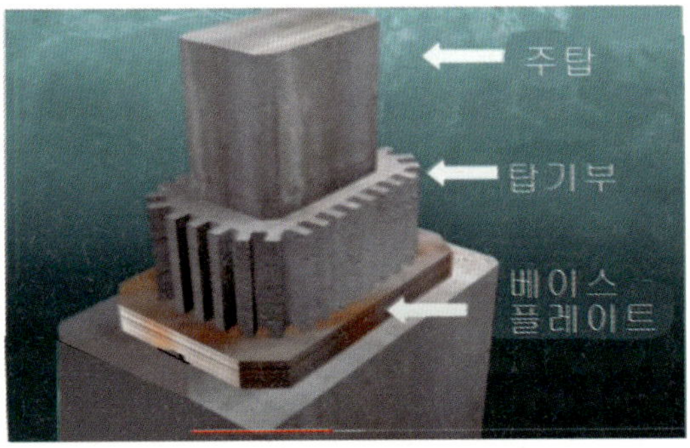

주탑 기초 및 주탑의 제작

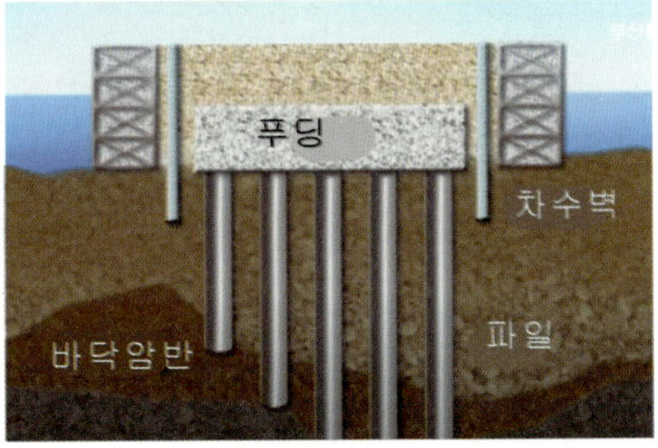

주탑 기초공사

● **주탑 공사**

주탑은 하단 블록, 중단 블록, 하단 블록으로 나뉘어 제작장에서 제작하여 해상 크레인에 의해 인양되어 주탑 기초 위에 설치한다. 각 연결 부위에는 볼트를 끼울 수 있도록 구멍이 촘촘하게 뚫려 있고 무수히 많은 볼트를 체결하여 연결한다.

주케이블 및 행어 공사

에어스피닝 공법

와이어의 생명은 강도와 내구성이다. 이를 위해 탄소강을 재료로 **강선 늘이기, 열처리하기, 코팅하기**를 반복함으로써 강도를 높인다. 광안대교의 현수 케이블은 직경 5mm의 특수 강선으로 가공되어 있다.

주케이블 공사 모습

에어스피닝 공법

이렇게 만들어진 초고강도 와이어를 **에어스피닝**(Air Spinning)이라는 공법에 의해 주케이블이 가설된다. 이 공법은 공중에 바퀴가 이동하면서 4가닥의 와이어를 한쪽 앵커 블록과 두 주탑, 반대편 앵커 블록 사이를 왕복 이동하면서 312가닥을 묶어 스트랜드를 구성하며, 37개 스트랜드를 모아 주 케이블을 가설하였다. 따라서, 주케이블은 1,154가닥의 와이어로 구성되어 있어 최대 장력 12,548톤중의 무게를 견딜 수 있게 설계되어 있다. 주 케이블을 구성하는 각 스트랜드(312가닥 와이어)는 앵커 블록의 하나의 스트랜드슈에 견고하게 고정되어 있다. 앵커블록에는 많은 스트랜드슈가 부착되어 있어서 각 스트랜드 로프를 잡아주고 있다.

스트랜드슈

스프레이새들에 의해 가지런히 모아진 케이블

● 행어 시공

주케이블을 주탑에 가설하고 나면 행어로프를 주케이블에 연결하여야 한다. 연결을 위해 케이블 밴드 작업을 미리 한다. 그런 다음 대형 장비를 이용하여 직경 61mm의 행어로프 두 줄을 케이블 밴드 홈에 걸쳐 볼트로 결합하여 주케이블에 행어로프가 미끄러지지 않게 연결한다. 이 작업은 사람의 힘으로 이루어 진다. 행어로프 한가닥이 85톤중 무게를 견딘다. 밴드 하나에 늘어뜨려진 4가닥 와이어는 각각 2가닥씩 모아져 두 매듭이 만들어지고 이 곳에 상판(보강형트러스)이 연결된다.

행어로프 고정 장치

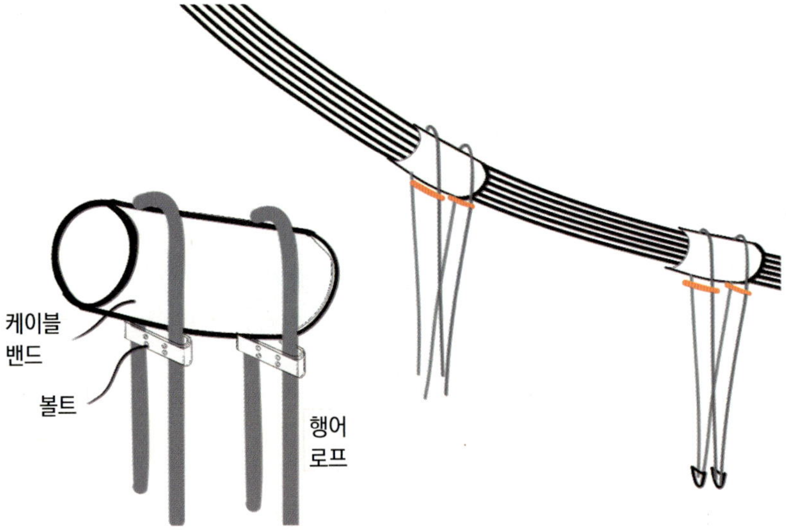

케이블밴드 체결

✅ DIY.s 과제 제작 예

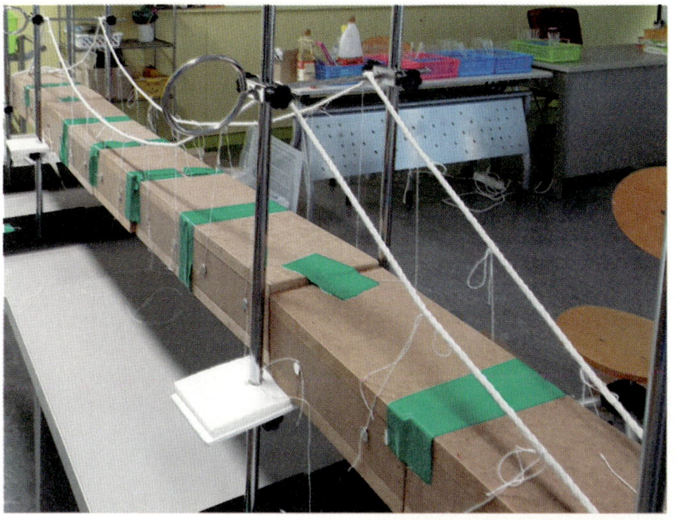

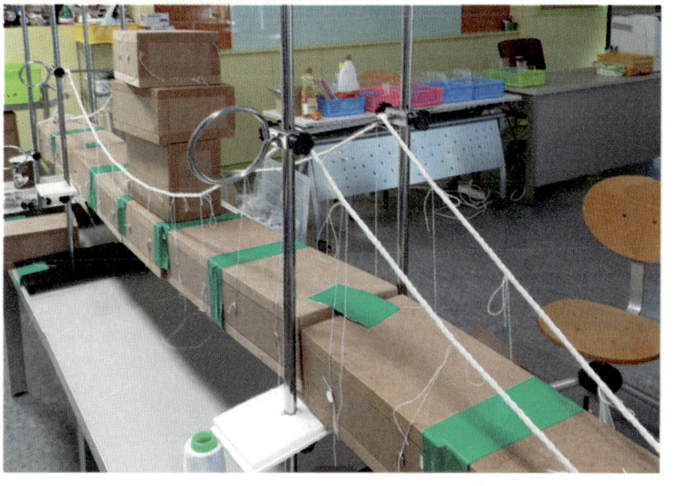

✅ [3D설계] 앵커리지

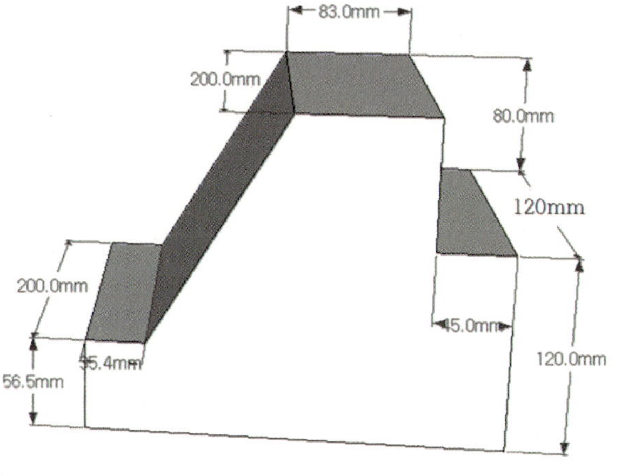

V. 전통 과학

V

1. 마리오뜨병 물시계 만들기

2. 전통 지게 만들기

3. 간이 각궁 만들기

4. 모형 한옥 정자 만들기

DIY-Science

마리오뜨병 물시계 만들기

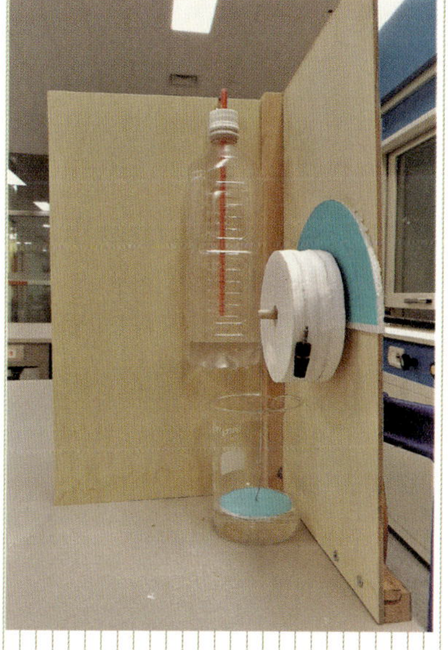

DIY Science
아이디어

조선 세종조 장영실이 만든 물시계는 시간을 측정하는 자동시보장치이다. 당시 농경사회에서 시간을 관리하는 것은 국왕의 중요한 임무 중 하나였다.

물시계의 핵심은 경과한 시간에 비례하여 일정한 물이 흐르도록 장치하는 데 있다. 일정하게 수압을 유지하는 방법으로 옛 부터 마리오뜨병이 사용되어 왔다. 이 마리오뜨 병을 물시계에 이용하면 시간을 측정하는 물시계를 만들 수 있을 것으로 생각되었다.

장영실이 만든 물시계, 자격루의 원리를 이해하고 한걸음 더 나아가 다양한 센서를 이용한 디지털 시계, 자동시보 장치 등 창의적 아이디어를 제시해 보게 하는 기회를 만들수 있을 것이다.

[평가기준]

평가 준거	수 준		
	상	중	하
작품은 창의적인가?[30P]	개선점을 찾아 창의적으로 설계할 줄 안다.	개선점을 찾지 못하여 창의적 설계를 못함	처음 제시한 방법으로만 제작
마리오뜨병의 원리를 논리적으로 설명하는가?[20P]	일정한 물줄기가 만들어 지는 원리를 논리적으로 잘 설명한다.	원리를 알고 있지만 논리적이지 못하다.	원리를 모르거나 틀리게 알고 있다.
자격루의 파수호의 역할을 논리적으로 설명하는가?[30P]	파수호의 용도를 잘 설명한다.	원리를 알고 있지만 논리적이지 못하다.	원리를 모르거나 틀리게 알고 있다.
서로 협동하는가?[20P]	조원들끼리 잘 협동함	보통 수준	협동이 이루어지지 않음

SCIENCE DIY
cafe.daum.net/hiphys

마리오뜨병 물시계 만들기

〈과제〉

○ 마리오뜨병을 이용하여 정교한 물시계를 만들어 보자.

○ 물시계가 정교하게 작동하는 과학 원리를 탐구해 보자.

○ 개선점을 찾아 창의적인 장치를 새로 설계해 보자.

DIY과제 마리오뜨병 물시계 만들기

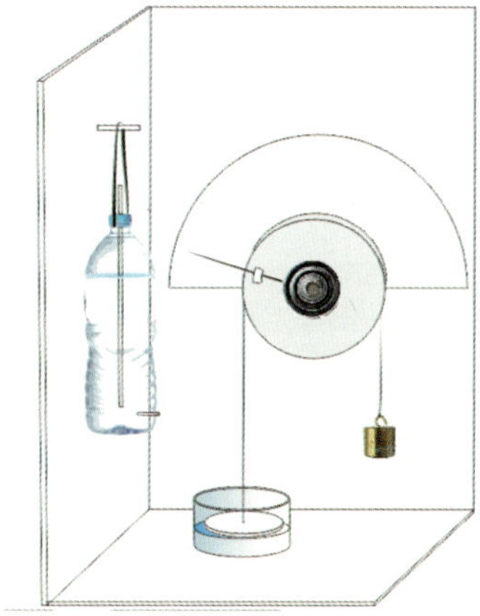

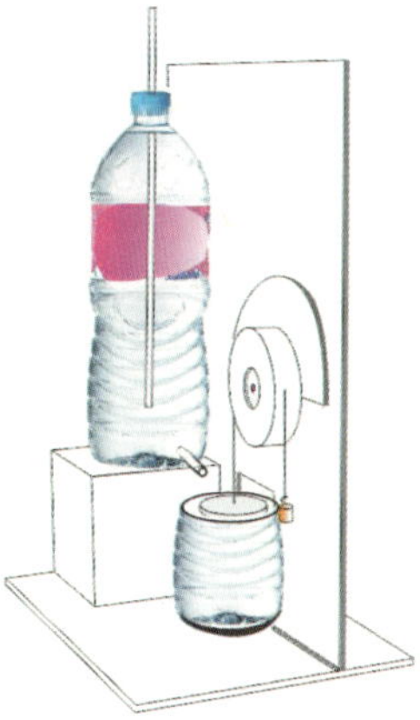

이 활동을 하면…

- 마리오뜨 병의 수압은 시간이 경과해도 일정함을 이해할 수 있다.
- 마리오뜨병물시계의 측정 원리를 설명할 수 있다.
- 장영실이 만든 물시계 측정 원리를 설명할 수 있다.

사고실험 물시계 개발 설계

준비물

페트병, 합판, 글루건, 우드락, 스티로폼, 빨대, 베어링, 초시계, 실, 컴퍼스

□ 페트병 물시계를 만들기 위한 사고의 발전 과정을 설명해 보자.

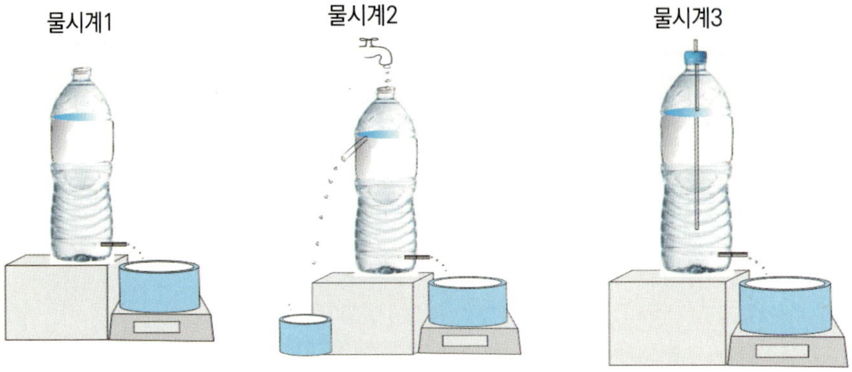

[아이디어1] 〈물시계1〉 : 페트병에 구멍을 뚫고 물을 흘려 흘러나온 물의 양으로 시간을 측정한다.

[아이디어2] 〈물시계2〉 : 병 속 물의 수압을 일정하게 하기 위해 특정 수위에 빨대를 꽂아 그 수위 이상의 물은 흘려 보내고 사용하는 물의 양을 일정하게 하여 흘러 나온 물의 양으로 시간을 측정한다.

[아이디어3] 〈물시계3〉 : 수압을 일정하게 하는 장치로 마리오뜨 병을 사용하여 흘러나오는 물의 양을 일정하게 하여 흘러나온 물(저울 눈금)을 시간으로 환산한다.

사전실험 마리오뜨병의 물흐름 속도 측정

페트병에 물을 담고 빨대를 끼워 일정한 수압을 유지하도록 고안된 장치를 **마리오뜨병**이라 한다. 페트병 뚜껑에 구멍을 뚫고 빨대를 끼운 다음 병 아래쪽에도 빨대를 끼워 물이 흐르도록 만든다.

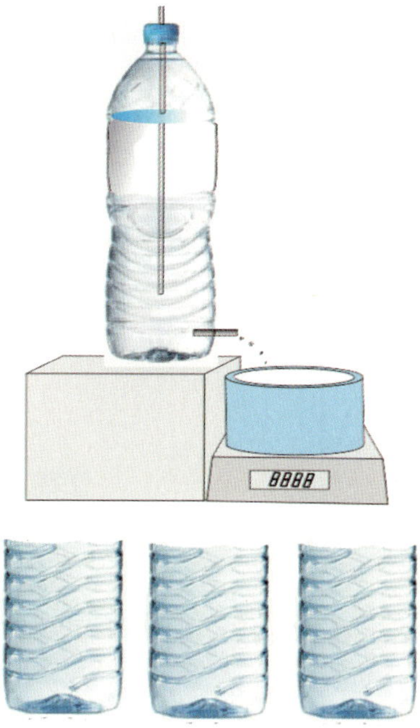

🎬 **준비물** 펫트병, 빨대, 실리콘건, 전자저울, 초시계, 펫트병 자른 것 3개(동일한 크기)

[실험 과정]

- 페트병 마개에 송곳으로 구멍을 뚫고 빨대를 끼운다. 실리콘을 녹여 잘 메운다.
- 페트병의 옆면 끝 근처에 구멍을 한 개 뚫는다.
- 전자저울 위에 놓고 그릇(또는 팻트병 자른 것)에 물을 흘려줌과 동시에 초시계를 작동한다.
- 2분 동안 그릇에 물을 받아 전자저울의 눈금을 읽는다.

[고찰] 차례로 다른 컵에 2분 동안 물을 받아 눈금을 읽고 앞의 컵 물의 양과 비교해 보자.

DIY활동 마리오뜨병 물시계를 만들어 보자.

🎬 준비물

합판(미리 재단), 팻트병, 빨대, 수조, 글루건, 실, 베어링, 나사못, 우드락, 초시계, 송곳, 가위, 컴퍼스, 십자드라이버

➡ 준비물 가이드

⏰ **제작과정**

- 합판을 잘라 거치대 밑판 제작, 우드락으로 거치대 판 세우기
- 마리오뜨병 제작(사전실험에 사용한 마리오뜨병)
- 시계 몸통 및 눈금판 제작
- 물받이 수조에 부표 설치하고 추 연결하기
- 받침대 위에 마리오뜨 병 설치하기

거치대 만들기

- 합판으로 밑판을 잘라 우드락 거치대 판과 수직되게 붙인다. 수직을 유지할 수 있도록 밑판과 수직판 닿는 부위에 우드락 조각을 글루건으로 붙인다.
(거치대를 더욱 단단하게 하려면 거치대 전체를 합판으로 제작해도 좋다.)

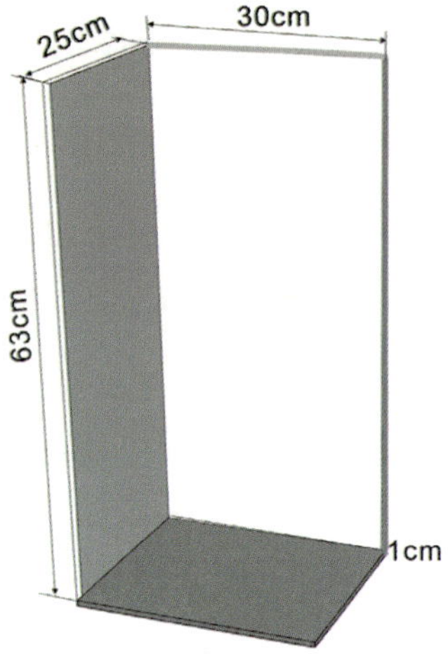

거치대1

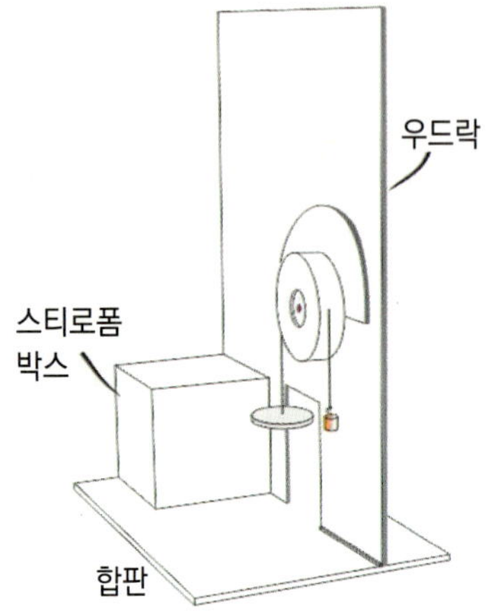

거치대2

마리오뜨 병 만들기

- 1.8리터 병 뚜껑에 송곳으로 구멍을 뚫고 빨대를 끼운 다음 글루건(또는 촛농)으로 틈을 잘 메꾸어 준다. (긴 빨대가 없으면 빨대 두 개를 연결한다.)

마리오뜨병

시계 몸통 및 눈금판 제작

- 두꺼운 스티로폼을 원형으로 잘라 베어링이 들어갈 수 있도록 구멍을 판다.
- 베어링을 끼운다. 베어링과 몸통 사이에 틈이 안 생기도록 꽉 끼운다.
- 마분지로 몸통 둘레에 둥글게 반원형 눈금판을 부착한다.

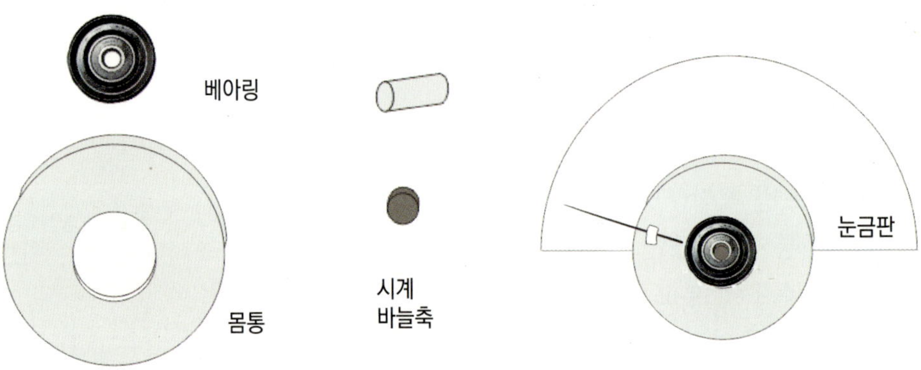

물받이 수조, 부표 및 추 연결

- 물받이 수조(또는 페트병 자른 것)를 준비한다.
- 스티로폼으로 수조보다 직경이 작은 원형 부표를 제작한다.
- 부표의 중심과 추(부표의 무게와 비슷한 것)를 연결하여 몸통 둘레에 걸친다.

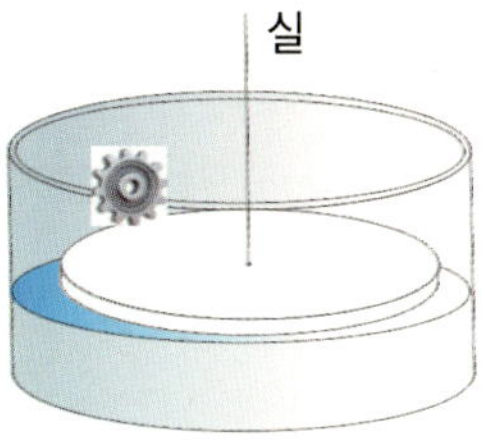

수조, 물 위에 원판

받침대 위에 마리오뜨병 설치하기

- 받침대를 만들거나 스티로폼 박스 등 주변 물체를 이용하여 마리오뜨 병을 올려 놓는다.
- 마리오뜨병의 출수구에 구멍을 뚫고 빨대를 끼운다.
- 마리오뜨병에 물을 채우고 물받이 수조에 물이 흘러 들어갈 수 있도록 맞춘다.

작동하기

- 물시계의 빨대 윗 끝을 막고 있으면 물시계는 작동하지 않는다. 세팅이 끝나면 손가락으로 막고 있던 빨대 끝을 열어 물이 흘러 나오게 한다.
- 흘러 나온 물은 부표를 뜨게 하고 시계 몸통의 반대편 쪽 추의 무게 때문에 몸통이 돌아가는데, 몸통에 시계바늘이 부착되어 있어서 바늘이 함께 돌아간다.
- 물시계의 수위가 빨대 아래쪽 끝에 닿을 때 빨대 상단부를 손으로 막아 작동을 멈춘다.
- 초시계로 시간을 읽고 눈금판에 바늘의 위치를 표시한다.
- 바늘의 시작점과 끝 점 사이를 등분배하여 시간 눈금을 표시한다.

DIY-5.탐구 물시계 탐구

탐구. 물시계에 대해 탐구해 보자.

□ 장치에서 시계바늘이 돌아가는 원리를 설명해 보자.

□ 물시계와 초시계를 동시에 작동시켜 실제 시간과 비교해 보자. 오차는 무엇 때문에 생기는가?

□ 조선시대 시간 체계를 조사하여 오늘날의 시간과 비교해 보자.

□ 물시계를 응용하여 시간을 측정할 수 있는 다른 방법을 고안해 보자.

개선점 찾기

장치에서 불편한 점, 개선점을 찾아보자.

창의설계

새 장치를 만들기 위한 창의 설계도를 그려 보자.

아이디어 예시:

1. 숫자판 대신 **압력 센서(PZT)사용**-디지털 시계 제작
2. **수위 센서-알람시계 제작, 수위 센서-팻트병에 물 자동 보충**
3. 자동 시보 장치 부착-수위 센서를 달아 물이 찰 때 알려주는 장치
4. 물 대신 모래를 사용하면?(빨대를 사용하지 않아도 된다.)

고쳐 만들기

창의설계 대로 개선점을 보완하여 물시계를 고쳐서 제작해 보자.

창의탐구 가이드

□ 탐구1 : 물시계에서 빨대 굵기를 달리하면 어떻게 될까?

□ 탐구2 : 물 대신 모래를 사용하면 어떻게 될까?

개념 · 원리 마리오뜨병 물시계의 작동 원리

유체의 압력

압력이란?

압력이란 단위 면적당 힘으로 정의한다. 즉,

$$\text{압력} = \frac{\text{힘}}{\text{면적}}\ (N/m^2)$$

이다.

유체 내 특정 점에서 압력은 모든 방향에서 크기가 같다. 또, 유체의 압력에 의한 힘의 방향은 유체의 접촉면에 수직으로 작용한다.

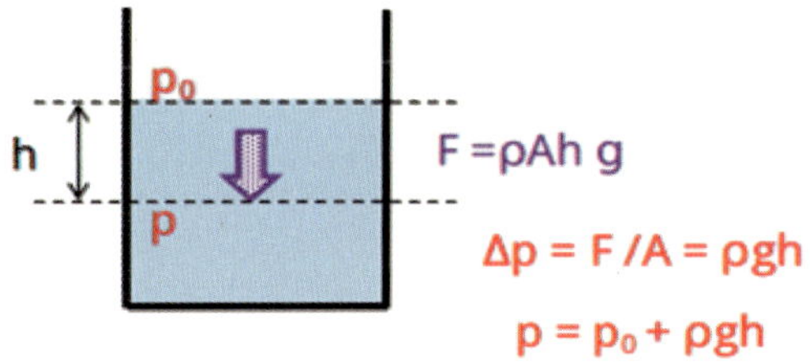

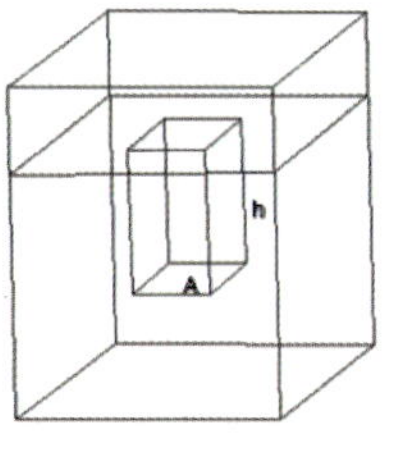

깊이 h 인 곳 압력은 P_0보다 ΔP만큼 크다. ΔP는 밀도 ρ , 깊이 h, 단면적 A인 유체기둥 무게에 의한 압력이므로,

$$P = \frac{F}{A} = \frac{mg}{A} = \frac{\rho V g}{A} = \frac{\rho h A g}{A} = \rho g h$$

가 되고 $P=P_0+\rho gh$가 된다.

즉, 깊이가 깊을수록 유체의 압력은 크다. 또 같은 깊이는 압력이 같다.

물 속에서는 약 10m 깊어질 때마다 수압 1기압씩 증가한다.

1기압

토리첼리(Torricelli)에 의하면 1기압은 수은주 76cm의 대기의 압력과 같다. 즉,

$$1\,atm = \rho g h = 13.6\,g/cm^3 \times 980\,cm/s^2 \times 76\,cm$$

$$= 1.013 \times 10^5\,N/m^2 = 1.013 \times 10^5\,Pa = 1013\,hPa$$

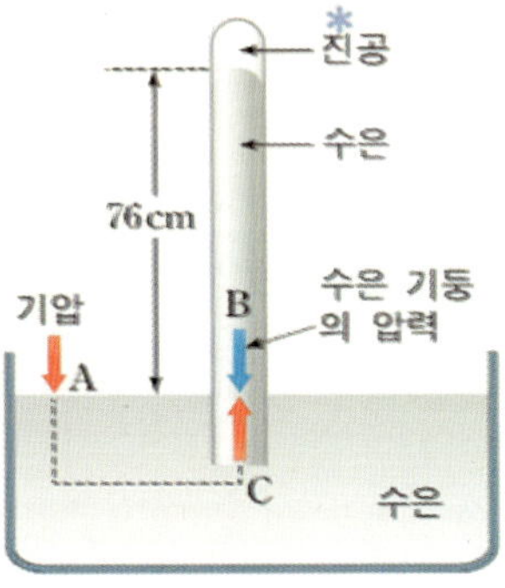

마리오뜨 병(Mariotte's bottle)의 원리

펫트병에 구멍을 뚫고 물줄기를 만들 때, 병 속의 물이 흘러나오면서 양이 점점 줄어들면 압력이 작아지기 때문에 물줄기는 약해지고 같은 시간 동안 흘러나오는 물의 양은 점점 줄어든다.

그런데 펫트병에 빨대를 하나 꽂으면 펫트병의 꼭지에서 받는 압력을 일정하게 유지하게 할 수 있어서 물의 흐름도 일정하게 할 수 있다.

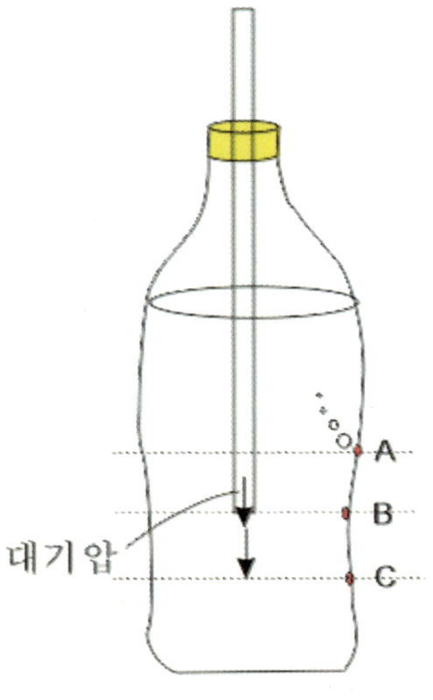

A 병안의 압력 〈 대기압

B 병안의 압력 = 대기압

C 병안의 압력 〉 대기압

그림에서 A, B, C 구멍을 막고 있다가,

- **B만 개방** : 병 바깥 대기압과 병 안의 압력이 같아져 물이 나오지도 공기가 들어가지도 않는다. 왜냐하면, 빨대 끝의 압력은 대기압(P_0)과 같고 외부 기압과 같아서 흐름이 없다.

- **A만 개방** : A점 수위에서 내부 압력(공기+수압)은 P_0보다 작고(B점에서 압력이 P_0인데 그 보다 위에 있기 때문), 병 바깥의 압력은 대기압(P_0)이다. 따라서, 공기방울이 보글보글 병 안으로 들어간다.

마리오뜨병에서 물의 흐름이 일정한 이유는?

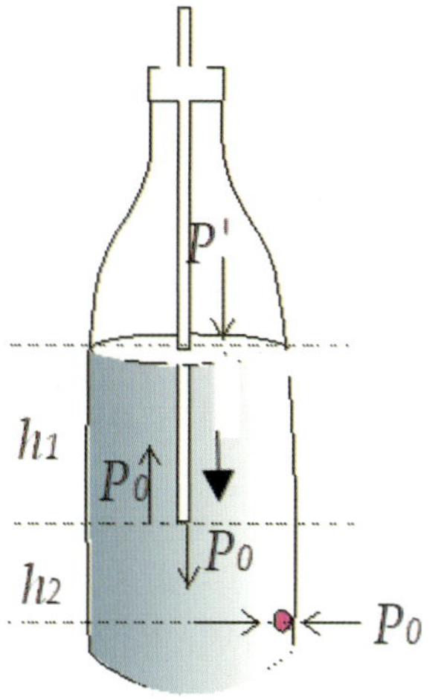

앞의 그림에서 구멍 C만 개방하면 병 속의 수면이 빨대 끝 아래로 내려오기 전까지는 빨대를 통해 공기의 압력(대기압)이 작용하므로, 구멍 C에서는 빨대 끝부터 구멍 C 위치까지의 물의 압력만을 받게 되어 줄어드는 물의 양과는 관계없이 일정하게 흘러 나간다.

마리오뜨 병에서, 시간이 경과하면 병 속 물의 양이 감소하므로 수압($\rho g h_1$)은 줄어들고, 수면 위 빈 공간이 넓어져 병 내의 공기 압력도 줄어든다. 그러나, 곧장 빨대를 통해 바깥 공기가 유입되므로 P'가 증가하여 P_0와 평형을 이룬다.

즉,

$$P' + \rho g h_1 = P_0\,(\uparrow)$$

팻트병 구멍에서의 수압은,

$$P_0 + \rho g h_2 - P_0 = \rho g h_2$$

가 되어 물줄기는 오로지 $\rho g h_2$ 의 일정한 수압에만 의존한다.

그러나, 수면이 빨대 끝 보다 더 아래로 내려오면 수압은 시시각각 변하게 된다. 물시계로 사용할 수 있는 물은 빨대 끝 부분까지이다.

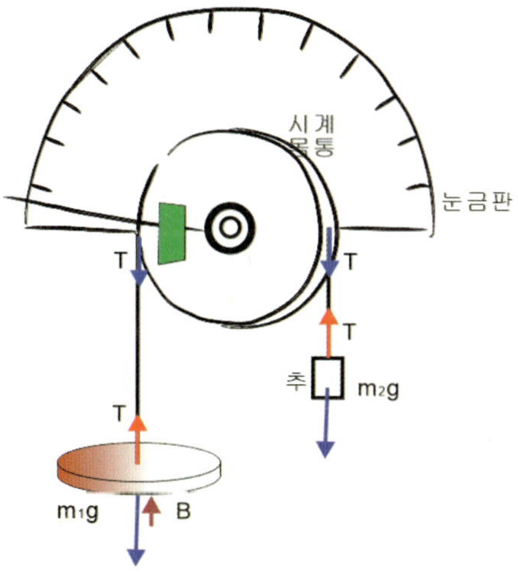

마리오뜨병 물시계 시간 측정 원리

- 물시계 작동하기 전에는, 부표의 중력, 부력, 표면장력의 합이 추의 중력과 평형을 이룬다.(추는 물 위에 뜬 부표의 무게와 같거나 약간 무거운 추를 쓰는 것이 좋다.)
- 물시계가 작동하면 시간이 경과함에따라 그릇 내 흘러들어온 물에 의해 그릇 수면이 올라가게되고 부표가 같이 올라간다.
- 추의 중력이 실을 당겨주므로 실이 느슨해지지 않는다.
- 실은 시계 몸통을 둘러져 있고 몸체와 실 사이에 마찰력이 작용하므로 몸체를 돌려준다.

- 예를 들면, 1분에 물그릇(수조)의 수위가 1cm 상승했다면 반대 쪽 추가 실을 당겨 몸통과 실의 마찰력 때문에 바늘이 움직이게 되고, (몸통의 반지름이 5cm라면) 반원 전체를 바늘이 움직였다면 πr cm 이동하며, 각도로는 180도 이동한 셈이므로, 비례식은

$$\pi r : 180 = 1 : x$$

에서

$$x = \frac{180}{\pi r} = \frac{180(\text{도})}{3.14 \times 5} = 11.5\text{도}$$

만큼 이동한다. 즉,

11.5도 위치에 1분 표시를 해주면 된다.

조선의 시법(時法)과 장영실의 물시계-자격루

조선의 시법

조선시대의 시간 용어로는 **시(時), 각(刻), 경(更), 점(點)**이 있다.

• **시(時)** : 하루 시간을 12등분한 시간 단위

자시(23시~1시), 축시(1~3), 인시(3~5), 묘시(5~7), 진시(7~9), 사시(9~11), 오시(11~13), 미시(13~15), 신시(15~17), 유시(17~19), 술시(19~21), 해시(21~23)

로 나누었으며, 매 시(時) 마다 종을 쳤다.

또, 매 시(時)를 '**초**(전반)'와 '**정**(후반)'으로 나누었는데, 예를 들면 '**자초**시'라 하면 밤 11시부터 12시를, '**자정**시'라 하면 12시부터 1시를 일컫는다.

• **각(刻)** : 시(時)의 하위 개념으로 1시간을 8로 나눈 시간 단위이다. 따라서 1각은 15분에 해당한다.

일각은 15분, 2각은 30분, 3각은 45분, 반각은 1시간(정시), 5각은 75분, 6각은 75분, 7각은 105분, 정각은 120분이다.

• **경(更)** : 특별히 밤 시간을 이를 때 쓰는 시간 용어로서 일몰 시간 저녁 7시(19시)부터 일출 시간(새벽 5시)를 5등분하여 불렀는데, 매 경마다 북을 쳐서 시간을 알렸다.

초경은 19시~21시, 이경은 21시~23시, 삼경은 23시~1시, 사경은 1시~3시, 오경은 3시~5시이다.

• **점(點)** : 경의 하위 단위로서 1경을 5 등분한 시간을 말한다. 따라서, 1점(點)은 24분에 해당한다. 예를 들어 '5경 3점'이면 새벽 4시 12분이 된다. 이 시간은 야간 통행 해제 시간이다. 매 점마다 징을 쳐서 시간을 알렸다.

자격루의 작동 원리

조선 세종 15년(1433년)에 장영실 등이 완성한 자격루는 자동으로 시각을 알려주는 물시계이다.

자격루의 구조는 시각을 측정하는 **물시계**, 물시계에서 측정된 시간을 소리로 바꿔 주는 **시보 장치**, 물시계와 시보 장치를 연결해 주는 **방목(方木)** 등 크게 세 부분으로 이루어져 있다.

자격루는 물을 공급하는 항아리인 파수호에서 물을 흘려보내면 물받이통 수수호에 물이 고이는 구조로 되어있다. 수수호에 띄워 놓은 잣대가 고인 물의 부력에 의해 떠오르면 잣대에 새긴 눈금을 읽어 시각을 알아낸다.

시보 장치의 상단에 설치된 3개의 시보 인형은 시(時), 경(更), 점(點)마다 각각 종, 북, 징을 쳐서 시간을 알린다. 시보 인형 가운데 하나는 시를 알려준다. 매 시각마다 인형의 팔뚝과 연결된 제어 장치가 작동하여 인형의 팔뚝을 움직이고 그 움직임이 종을 울리게 한다. 시를 담당한 인형이 종을 울리면 곧이어 시보 장치 하단에서 12지신 가운데 그 시에 해당하는 동물 인형이 시 이름이 적힌 팻말을 들고 나온다.

경과 점을 알려 주는 다른 2개의 인형은 경점법이라는 우리의 고유한 시간 표시 방법에 따라 작동하면서 시간을 더 자세하게 알려 준다.

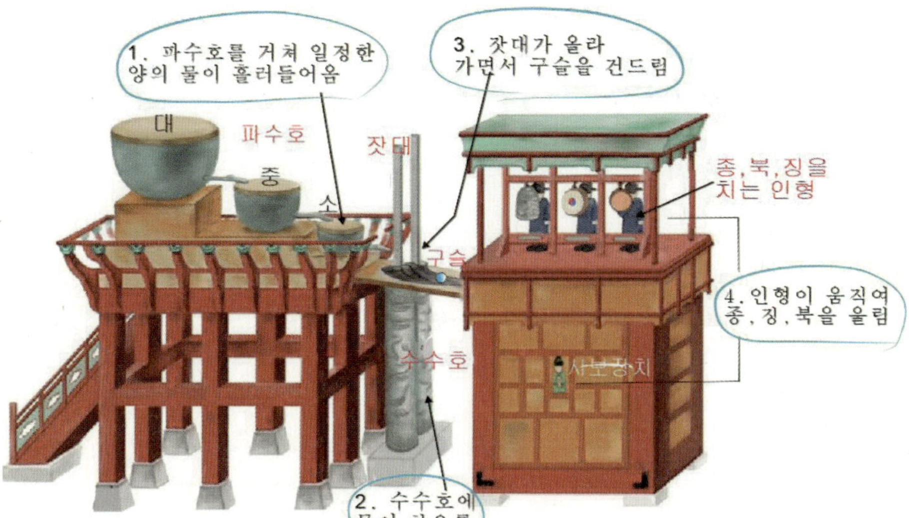

자격루 안에서 물이 일정하게 흐르는 이유는?

물시계가 정확하게 작동하려면 공급되는 물의 양이 일정해야 한다. 물통에 담긴 물이 흘러나갈 때, 시간이 지남에 따라 통 속의 물의 양이 줄어들게 되고 그에 따라 수압이 감소하게 된다. 그렇게 되면 물줄기가 약해져 시간을 정확하게 측정할 수 없다.

자격루는 어떻게 물이 일정하게 흐를까? 자격루에는 **'파수호'**라고 불리는 물 항아리가 있는데, 항아리의 크기에 따라 **대파수호, 중파수호, 소파수호**로 구분된다. 이 세 곳의 파수호를 거쳐서 나온 물이 수수호(긴 원통형으로 생긴 2개의 물받이통)에 일정하게 채워지면 수수호에 있는 잣대가 위로 떠오르는 구조로 되어있다.

물 흐름의 속도를 일정하게 유지하는 데는 대파수호, 중파수호, 소파수호, **폐호**가 사용되었는데, 수수호로 물을 흘려보내는 소파수호의 물 높이를 일정하게 유지하는 것이 관건이었다. 맨 위쪽 대파수호의 물은 수압에 따라 물 흐르는 양이 달라진다. 이를 보완하기 위해 중파수호를 통해 물이 소파수호로 흘러들어오게 설치했고, 소파수호에 일정 높이 이상의 물이 차오르면 폐호로 물이 넘치게(overflow)해 소파수호의 수압을 일정하게 유지시켰던 것으로 추측하고 있다. 이렇게 해서 수수호에 물이 일정한 양의 물이 흘러 들어오게 되는 것이다.

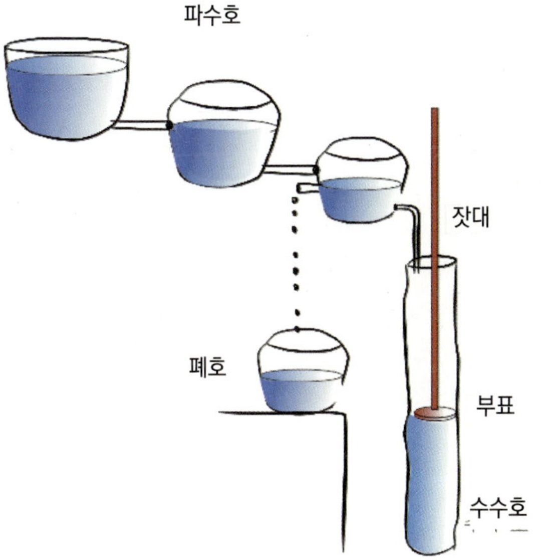

모래시계

⌛ 다음의 연구 결과를 이용하여 모래시계에 도전해 보자.

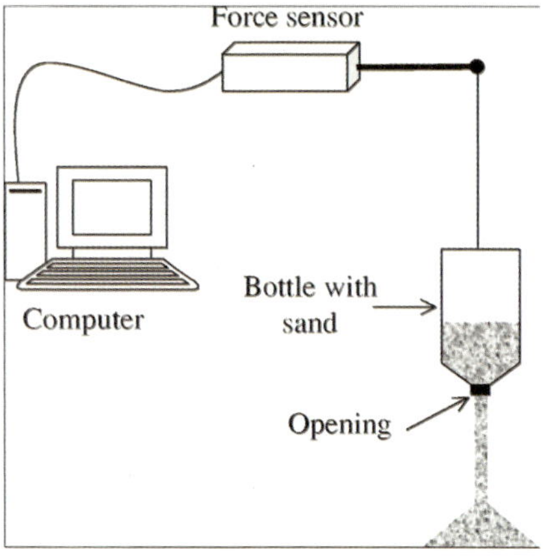

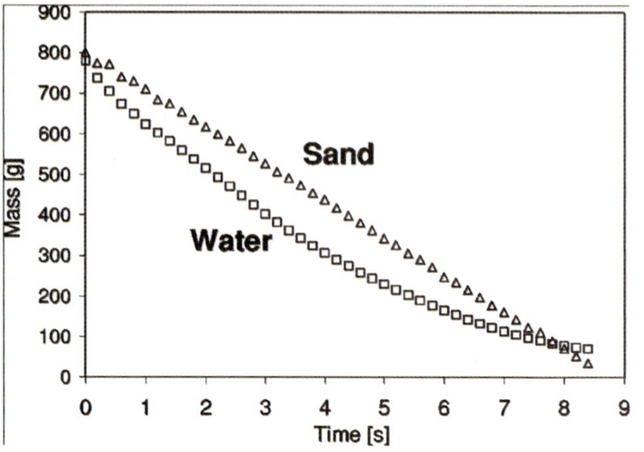

✅ DIY.s 과제 제작 예

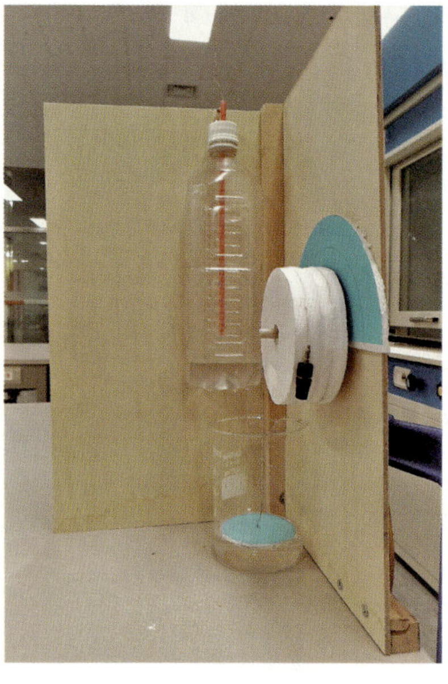

DIY-Science

전통 지게 만들기

DIY Science 아이디어

우리 조상들이 발명한 가장 독창적 운반기구 중 하나로 지게가 있다. 지게라는 말은 '지는 것' 이란 말에서 유래되었을 것으로 보인다. 지게는 그 구조의 단순함에 비해 위력은 상당하여, 6.25동란 중에는 산악전투에 군수품 수송 도구로 유용하게 쓰였다고 한다.

전통과학을 공부하는 의의는 조상들의 창의적 사례를 찾고 이를 응용하여 창의적 아이디어를 발견하는데 있다. 전통 지게 만들기를 통해 그 유용한 쓰임새에 대해 탐구하고 창의적 발상으로 새로운 개념의 지게를 설계해 보면 어떨까?

[평가기준]

평가 준거	수 준		
	상	중	하
제작한 지게는 안정적으로 만들어 졌는가?[30P]	지게가 안정적으로 잘 만들어졌다.	안정적이지 못하다.	지게를 완성하지 못한다.
지게의 구조적 안정 원리 설명은 논리적인가?[20P]	원리를 논리적으로 잘 설명한다.	논리적이지 못하다.	원리를 모르거나 틀리게 알고 있다.
지게의 평형 원리를 이해하는가?[30P]	정지, 이동하는 지게의 평형 원리를 잘 이해한다.	평형 원리를 이해하지만 미흡하다.	지게의 평형 원리를 잘 이해하지 못한다.
서로 협동하는가?[20P]	조원들끼리 잘 협동함	보통 수준	협동이 이루어지지 않음

SCIENCE DIY
cafe.daum.net/hiphys

전통 지게 만들기

〈과제〉

○ 대나무로 튼튼한 지게를 만들어 보자.

○ 전통 지게가 안정적으로 기능하는 원리를 설명해 보자.

○ 개선점을 찾아 창의적인 장치를 새로 설계해 보고 제작해 보자.

DIY과제 전통 지게 만들기

이 활동을 하면…

- 못을 쓰지 않고 만들어진 지게의 구조적 안정 원리를 설명할 수 있다.
- 지게의 평형 원리를 설명할 수 있다.
- 창의적 신개념 지게를 설계할 수 있다.
- 지게 탕갯줄의 탄성을 활용할 수 있는 방법을 찾을 수 있다.

지게 용어

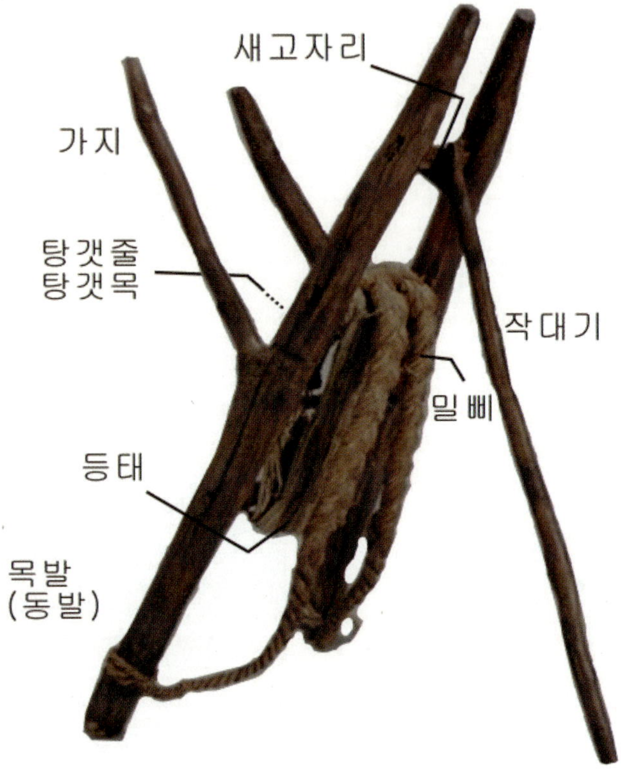

- 새고자리 : 지게의 좁아지는 끝 부분
- 새장은 보통 4, 5개다. 맨 위의 '윗새장'은 지게 작대기를 걸치는 곳이며, 그 아래의 것이 '밀삐새장'이다. 여기에 밀삐 위 끝을 매며 등태끈도 닿는다. 가운데 새장은 '허리새장'으로 등태를 받쳐준다.
- 가지 : 짐을 떠받치는 나무. 지게 몸에서 조금 위로 뻗어 나왔다.
- 동발 : 짐을 싣고 묶기 위하여 목발에 매어 가지에 감아놓은 줄.
- 탕개목·탕개줄 : 지게 몸체를 고정시키기 위해 탕갯줄 틈 새에 끼우고 돌려 탄성을 이용하는 세로목

DIY활동 대나무로 전통 지게를 만들어 보자.

준비물

대나무(직경 50mm, 길이 100mm) 2, 각목(40×30×800mm) 2, 각목(60×30×800mm) 2, 탕갯줄(가는 철사, 또는 나일론 줄) 3m, 조각도, 접착제(목공용), 멜빵(노트북 가방끈), 지게작대기 1

준비물가이드

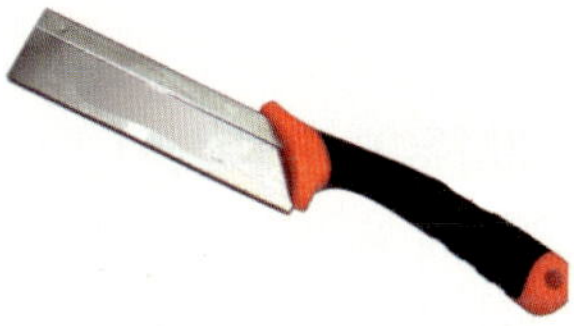

제작과정

- 2개 대나무 지게 기둥에 세장 끼울 위치에 구멍 뚫기
- 세장을 끼우고(4군데) 각도를 조절하여 여분을 잘라낸다.
- 지게 기둥에 가지를 끼울 위치를 정하고 구멍 뚫기
- 60~65 cm 길이 정도 되는 각목 가지 끼우기(접착제)
- 기둥과 연결부 위치마다 나무못으로 고정하기
- 탕개목으로 탕갯줄을 꼬아 밀삐세장과 허리세장 사이에 끼워 지게로 고정하기
- 등태 부착, 밀삐(맬빵) 연결하기

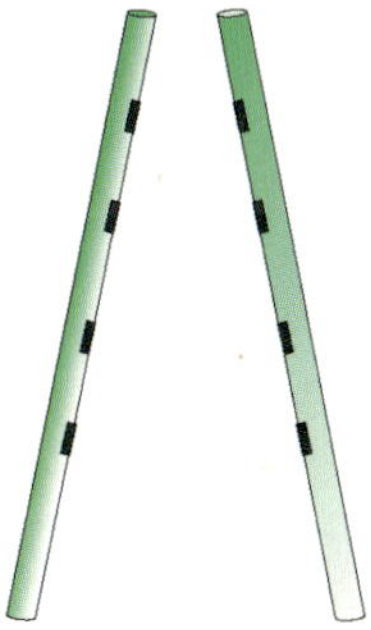

지게 기둥 준비

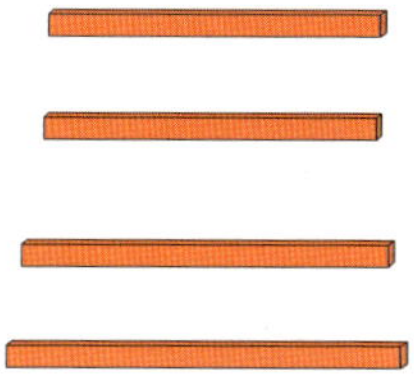

세장 준비

기둥에 세장 준비

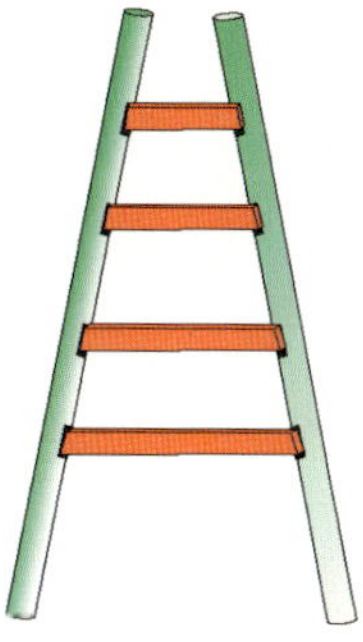

세장 다듬기

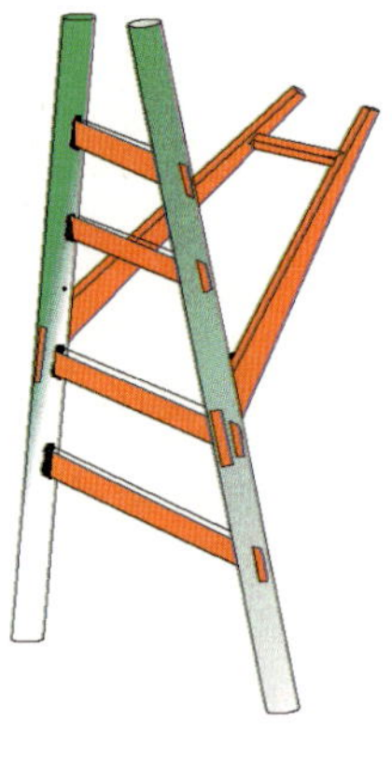

지게가지 끼우기

탕갯줄 감기

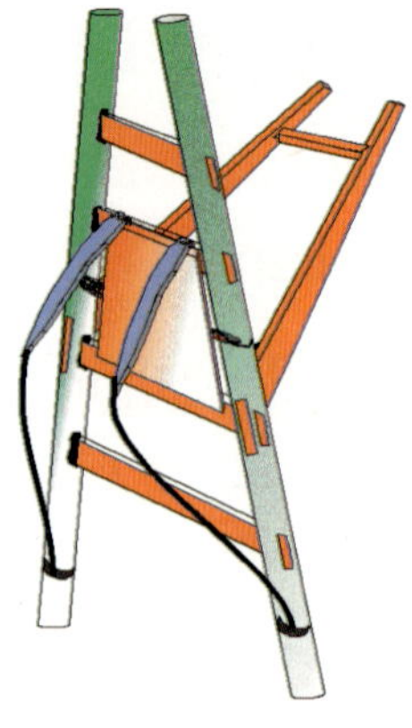

등태, 밀삐 설치

[DIY-포인트] 대나무에 구멍 뚫기

- 대나무를 바닥에 놓고 구멍 위치에 전기드릴로 먼저 구멍을 뚫는다.
- 구멍을 중심으로 대나무 결과 수직되게 살짝 톱질 한다.
- 조각도로 구멍의 크기, 모양을 손질한다.

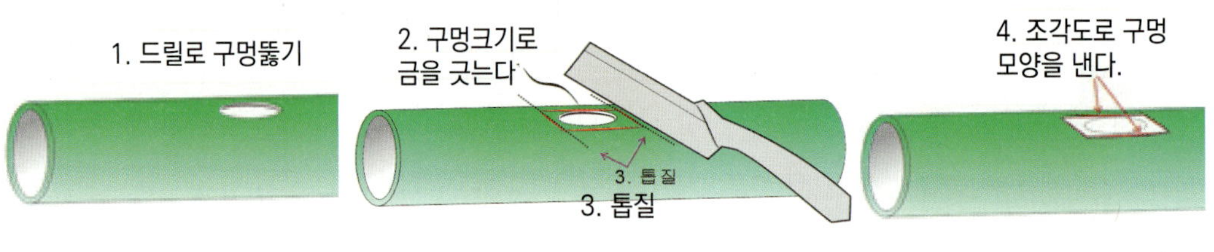

[DIY-포인트] 탕갯줄 감기

- 지게의 두 기둥에 튼튼한 줄(또는 철사)을 8자 모양으로 감는다.
- 탕개목을 탕갯줄과 수직되게 끼운다.
- 탕개목을 여러 번 회전시켜 꼰다.
- 탕개목을 가운데 두 세장 사이에 끼워 고정시킨다.

DIY-5.탐구 전통 지게 탐구

탐구. 전통 지게에 대하여 탐구해 보자.

- 세워진 지게에는 어떤 힘이 작용하는가? 안정적으로 평형을 유지하는 원리를 설명해 보자.
- 탕개목으로 줄을 꼬아서 감은 탕갯줄의 역할은 무엇인가?
- 지게의 가지의 각도는 지게의 기능에 어떤 영향을 줄까?
- 짐을 얹어 지게를 지는 과정에서 안정을 유지하는 원리는 무엇인가?
- 짐을 졌을 때 힘이 가장 크게 작용하는 곳은 신체 부위 중 어디일까?

실험. 탕갯줄의 탄성력 측정 [선생님과 함께]

[과정]

- 그림과 같이 탕갯줄을 8자 모양으로 꼬고 그 가운데에 탕개목을 끼운다
- 양쪽의 세로목에 줄을 연결하고 가운데에 용수철 저울을 연결한다.
- 탕개목 하단부 끝이 가로목에 닿지 않도록 피해가며 줄과 수직되게 돌려 줄을 감는다. 감기를 멈출 때는 가로목에 받친다.

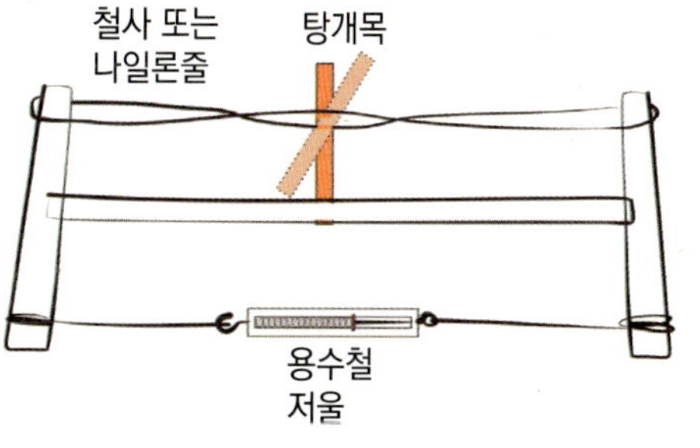

- 줄을 5회, 7회, 9회, 11회... 등 감은 횟수에 따라 용수철저울의 눈금을 측정한다.

[고찰]

□ 탕갯줄의 탄성력은 탕개목 회전 횟수와 어떤 관계가 있는가? 감은 횟수와의 그래프를 그려보자.

□ 지게의 구조에서 탕갯줄의 역할은 무엇인가?

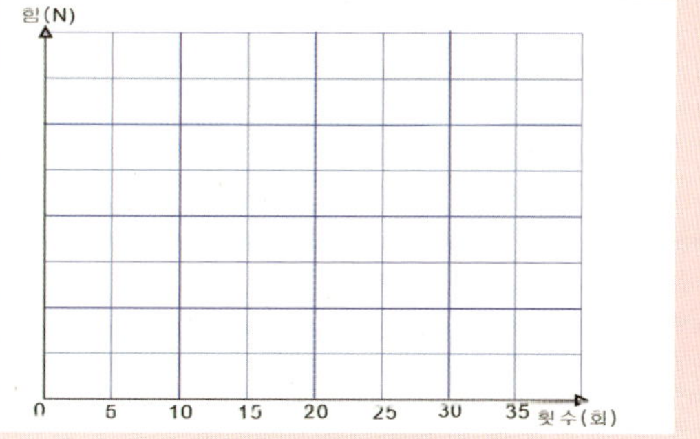

감은 횟수-힘의 관계 그래프

개선점 찾기

🔍 지게를 제작하는 과정에서 불편한 점, 개선점을 찾아보자.

창의설계

📚 다양한 지게를 참고하여 창의적 지게를 설계해 보자.

예) 물지게, 기지게, 모판운반지게, 배낭지게, 옥지게 등

물지게

모판운반지게

지게배낭

옥지게(강원도 지방)

고쳐 만들기 배낭이 되었다가 지게가 되었다가…

창의설계 대로 개선점을 보완하여 지게를 고쳐서 제작해 보자.

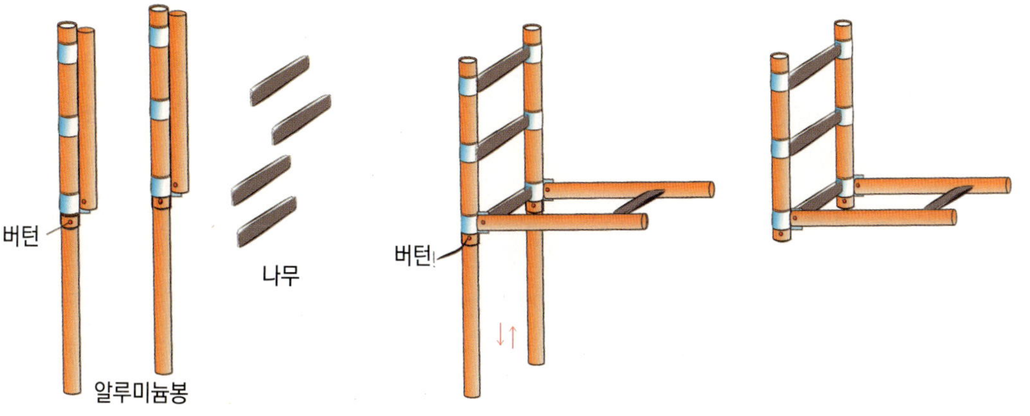

* 버턴을 누르면 봉이 접히거나 뺄 수 있는 구조임

개념·원리 전통 지게의 과학적 원리

지게의 유래

오늘날 짐을 옮기는 배낭의 원조격인 지게가 최초 사용된 시기는 명확하지 않다. 지게는 선조들이 고안해 만든 가장 우수한 생활 도구 중의 하나이다. 전남 무안 양장리 유물 중 지게자루가 출토되었으며, 기록상으로 〈위지동이전〉의 삼한조에 지게로 보이는 장비를 써서 물건을 옮기는 일을 했다는 기록이 있는 것으로 보아 지게는 최소 삼한 시대부터 쓰인 것으로 추정된다.

지게라는 이름이 처음 쓰인 것은 조선시대 문장가 정철이 지은 『장진주사』에 처음 보인다. 처음에는 '지개'로 불리다가 현재의 '지게'로 바뀐 것은 숙종 16년(1690) 『역어유해[1]』에 처음으로 나타난다. 여기서는 중국어 '배협자(背狹子)'를 풀어서 '지게' 로 기록하고 있으며, 1766년에 간행된 『증보산림경제』에는 '부지기(負持機)'란 말이 나타나 있는데 '짊어지는(負) 지기(持機)'라는 뜻이다.

지게의 과학

- 5~6㎏ 밖에 안 되는 간단한 구조로 된 지게가 50~70㎏의 짐을 거뜬히 지고 다닐 수 있는 매우 효율적이며 과학적인 도구이다.
- 등이 닿는 부분에 짚으로 짠 등태(등받이)를 달아 짐을 질 때 푹신한 상태가 되어 등에 부담을 적게 준다.

- **평야지대의 지게는 목발이 길다.**

새고자리의 너비가 좁고 목발과 목발 사이가 많이 벌어져 있으며, 지게 목발 길이가 긴 것이 특징이다.

〈이유〉 삼각형 모양의 구조물에서 밑변이 넓으면 안정적이기 때문에 짐을 많이 싣고서도 안정적으로 이동할 수 있다. 또, 평지에서는 방해물이 적으므로 두 목발(동발) 사이가 넓어도 무방하다. 또, 지게의 목발 길이가 길면 몸을 약간 낮추기만 해도 지게가 땅에 닿아 아무데서나 지게를 세울 수 있다. 목발이 짧으면 다리를 많이 구부려야 하므로 지게를 세울 때 힘이 많이 든다.

- **산간지방의 지게는 목발이 짧다.**

목발과 목발 사이 간격이 다소 좁으며 목발이 짧은 특징을 가진다.

1) 사역원에서 김경준 등이 1682년(숙종 8)에 편찬된 중국어-한국어의 분류 대역 어휘집이다. 각 어휘 항목은 표제어인 중국어를 한자로 적고, 한자마다 그 아래에 중국어의 음을 한글로 표기하고 다시 그 밑에 우리말 뜻을 적어 놓은 체재로 되어 있다.

〈이유〉 산 속에서 짐을 이동할 때 두 목발 간격이 좁아야 숲에 부딪히지 않는다. 또, 목발이 길면 경사면이 많은 산에서 이동이 자유롭지 못하며, 지게를 세울 때에도 목발(동발)이 짧아야 경사면에 세우기 쉽다.

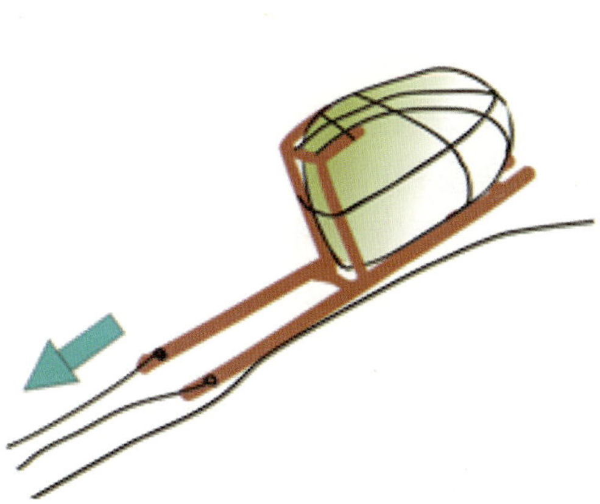

옥지게의 짐 이동

- **산간지방에서 쓰는 옥지게는 가지가 굽어있다.**

옥지게는 가지가 구부러져 있다. 강원도 산간 지대에서 주로 사용했는데 경사가 급한 곳에서 지게를 지는 것이 불편하여 동발을 두 손에 쥐고 끌어내리기 위해 가지를 구부린 것이다. 주변 나뭇가지에 지게가 걸리지 않도록 하기 위함이다.

2종 지레

지레는 힘을 다양하게 이용하는데 쓰이는 도구이다. 시소와 같이 가운데에 받침점을 두고 한 쪽에 힘을 가하여 반대 쪽에 작용력을 얻는 경우도 있지만, 병따개나 호두까기 도구는 받침점이 한 쪽 끝에 있고 반대 편 쪽 끝에 힘점이, 그 사이에 작용점이 있어서, 작은 힘으로 큰 효과를 얻는 지레이다.

다음 그림에서 회전력이 평형을 이루므로,

$$L_1 \times F = L_2 \times f$$

$L_1 < L_2$ 이므로 힘에서는 $F > f$
즉, 이런 도구를 사용하면 힘이 적게 든다.

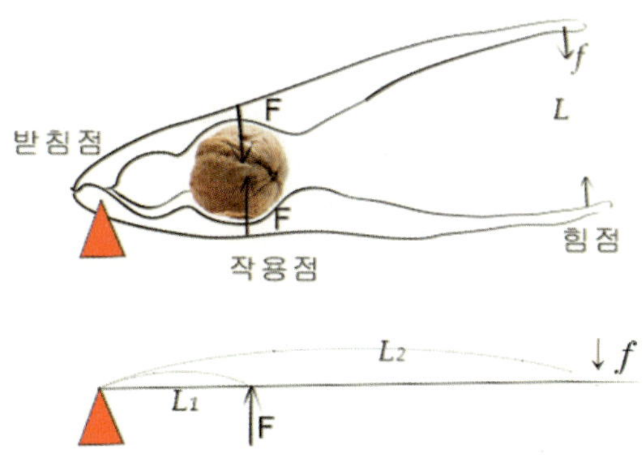

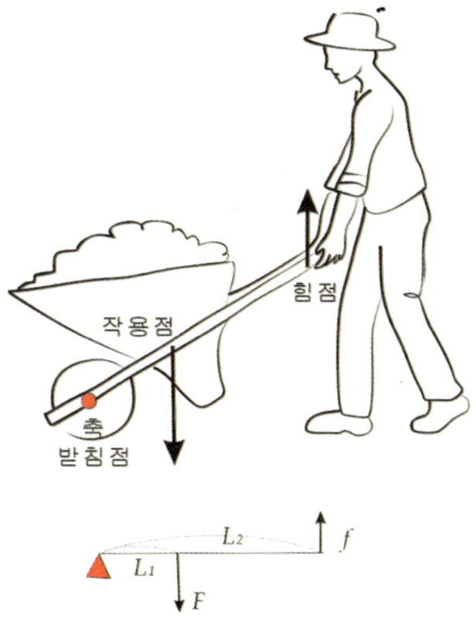

전통지게의 평형원리

지게의 프레임을 고정시키는 원리, 탕갯줄

탕갯줄을 여러번 감으면 줄이 꼬여 길이가 짧아지고 복원력이 생긴다. 탕갯줄은 지게의 두 기둥(몸체)에 매어있고, 그 복원력이 지게를 안쪽으로 당겨주기 때문에 지게 몸체는 빠지지 않고 안정된다. 탕갯줄을 많이 감을수록 복원력은 커진다.

지게의 역학적 평형

◆ **정지 상태** : 지게의 두 다리와 작대기가 삼각형을 이루어 지게의 자체 무게와 평형을 이루어 안정을 유지한다.

짐을 실으면 두 목발이 땅으로부터 받는 힘, 작대기가 땅으로부터 받는 힘의 합력이 중력(지게 자체의 무게 포함)과 평형을 이루어 안정을 유지한다.

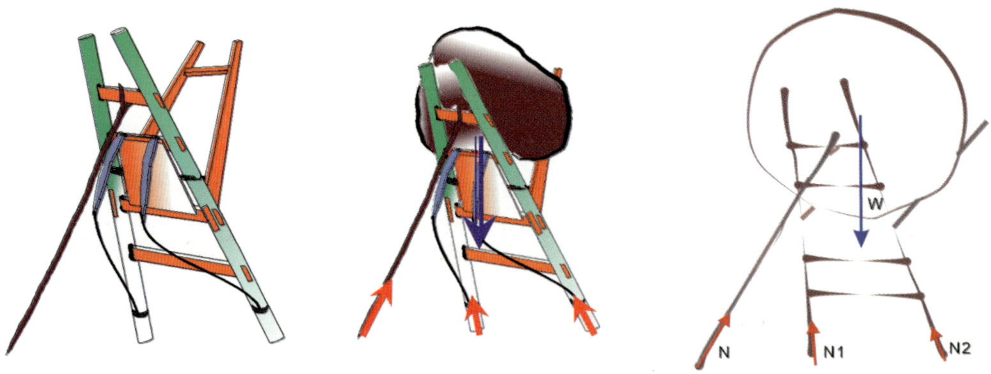

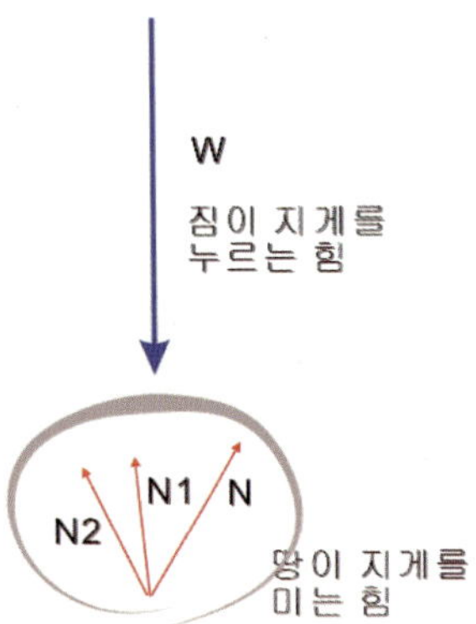

지게가 받는 힘

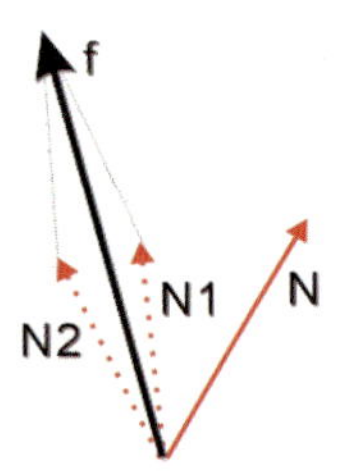

두 목발의 합력f

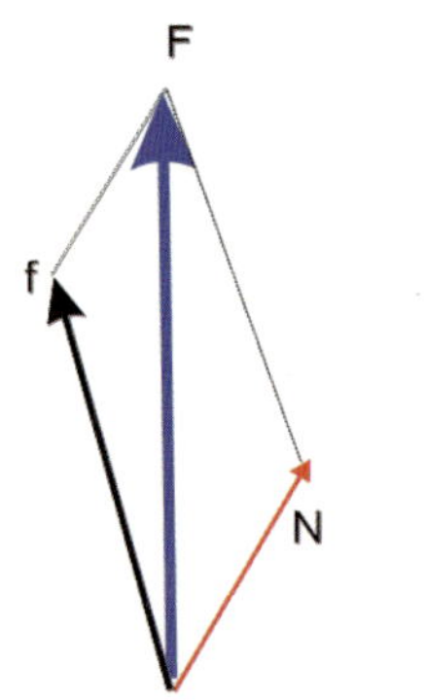

목발과 작대기에 의한 힘의 합력 F

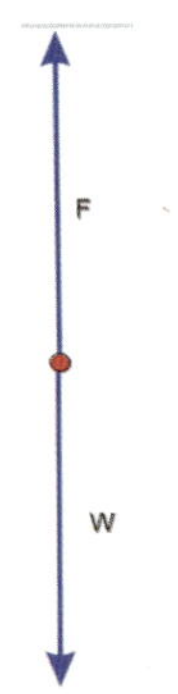

지게의 평형
합력= 0

◆ 지게의 회전평형

- 지게의 멜빵(밀삐)을 어깨에 매기 때문에 이 점이 축이 되고 지레의 받침점이 된다.
- 짐의 무게 중심이 등에 놓이므로 이 점은 지레의 작용점이 된다. 이 점에서는 큰 하중과 짧은 거리의 곱으로 회전력이 생긴다.
- 허리 부분이 힘점이 되어 지게가 닿아 반대 방향의 회전력이 생긴다. 즉, 긴 거리와 작은 힘의 곱으로 회전력이 결정된다.
- 두 회전력의 크기는 같고 방향은 반대방향이다.

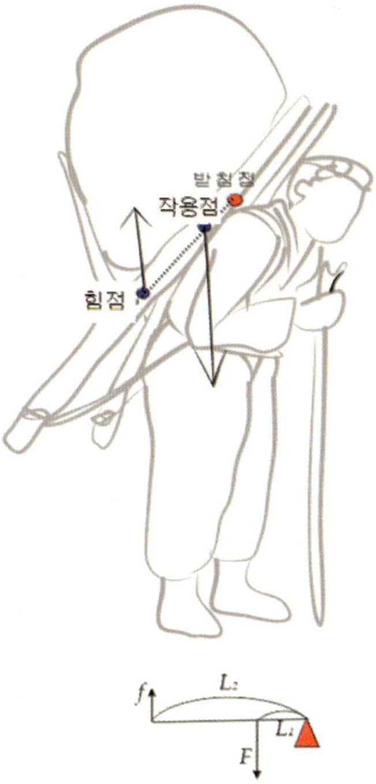

◆ 지게작대기로 땅을 밀면서 일어설 때

- 짐을 지게에 싣고 작대기로 평형을 이룬 상태에서, 짐꾼은 작대기 대신 작대기 위치에 들어가 짐이 균형을 잃지 않게 어깨로 받친다.
- 준비 자세는, 오른 무릎을 꿇고 왼 무릎은 수직으로 세우고 작대기는 오른 무릎 앞 30~40cm 위치에 힘을 주어 비스듬히 짚는다.
- 작대기에 힘을 주면서 오른 무릎을 살짝 든다. 이 때 왼 무릎에도 힘을 가해 조금씩 펴면서 지게 목발을 지면에서 띄운다.

즉,

작대기 힘+ 왼 무릎 힘+ 두 목발 힘 = 짐의 무게

지면과 짐꾼이 지게에 가한 세 힘의 합력이 짐의 무게와 균형을 이루어 지게는 안정된다.

● 왜 지게를 구부린 자세로 질까?

바로 선 자세로 짐을 지면 가장 편할 것 같지만, 무게 중심이 뒤로 놓이게 되어 어깨를 중심으로 회전력이 작용, 뒤로 넘어진다.

구부린 자세로 짐을 지면 중력 방향(무게방향)과 어깨 힘점이 일치하여 힘의 팔이 0에 가까워 지므로 회전력이 거의 0이 되어 평형을 유지한다. 걸어가는 동안 굴신운동에 의한 진동으로 회전 평형이 무너지지 않도록 조정한다.

● 각이 큰 지게

그림 (가), 그림 (나)를 비교하면, 각이 큰 지게(나는 가지에 힘(무게)이 크게 걸린다. 회전력에 의해 뒤로 자빠질 수 있다. 또, 가지가 약하면 부러질 수 있다. 등에는 힘이 적게 걸리지만 밀삐를 맨 어깨에 하중이 크게 걸린다. 지게로서의 역할이 크지 않다.

이런 지게는 그림 (다)처럼 밀삐 끈을 바짝 당겨 지게를 어깨에 밀착 시키거나, 구부린 자세로 지게를 지면 어깨에 하중이 작게 걸린다.

(가) (나) (다)

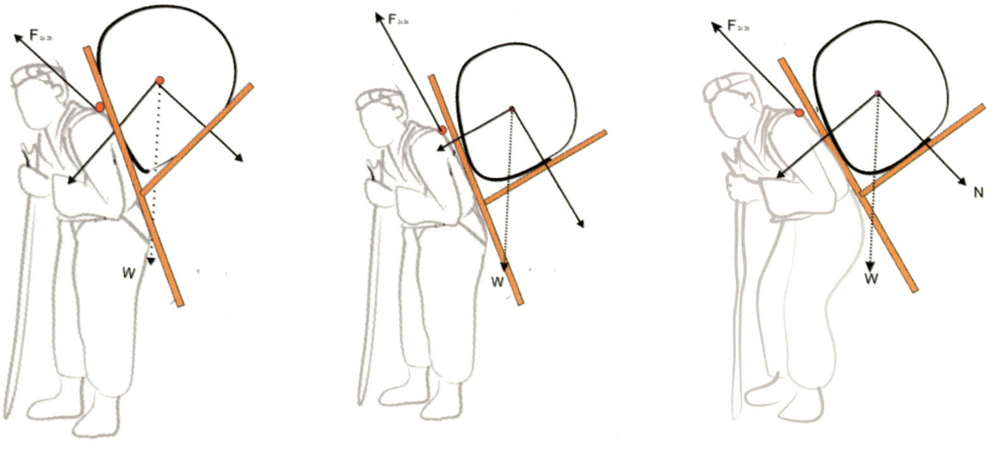

짐의 분량에 따른 지게의 안정

지게로 짐을 지는 요령은 몸을 구부리는 각도, 굴신을 잘 이용하는 것이다. 짐의 분량이 적을 때는 적당히 허리를 구부리고 지면된다. 너무 서서 걸으면 어깨에 하중이 많이 걸려 어깨가 아프고, 너무 구부리면 등에 하중이 걸려 이동이 불편하다.

많은 짐을 높이 실었을 때는, 너무 뻣뻣하게 서서 짐을 지면 뒤로 회전력이 생겨 뒤로 넘어지며, 자세가 너무 구부리면 앞으로 쏟아진다. 허리를 어느 정도 펴고 지게를 져야 한다. 지게가 등에 닿이는 점을 기준으로 무게중심선이 앞으로 놓이면 회전력이 생겨 앞으로 넘어진다. 무게중심선을 힘 선 뒤쪽으로 놓이게 해서 지게작대기를 이용해서 회전력이 생기지 않도록 균형을 맞추어야 안정적인 지게를 질 수 있다.

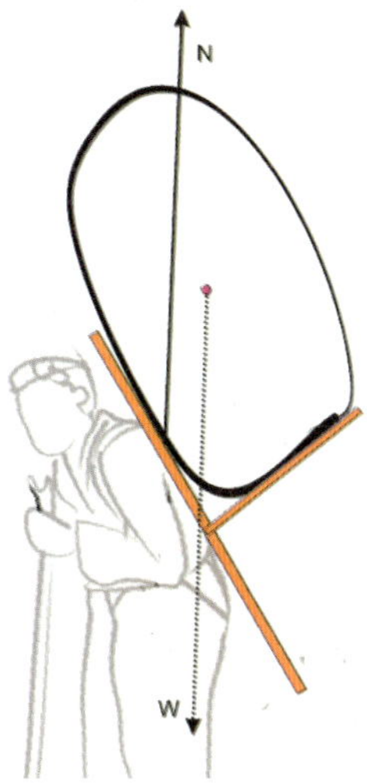

높은 짐을 질 때는 어느 정도 자세를 세운다. 무게중심선이 힘 선 보다 뒤에 있으면 안정된다. 작대기로 회전력을 조절한다.

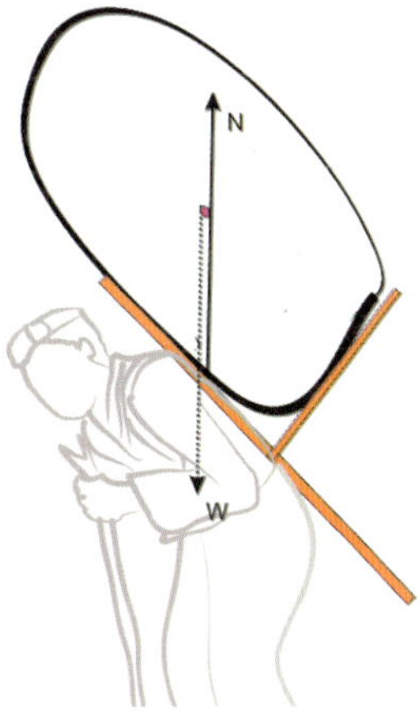

높은 짐을 질 때 많이 구부리면 무게중심선이 힘 선보다 앞 쪽에 놓여 앞으로 넘어진다. (구부리면 동작이 불편하다.)

한걸음 더 탕갯줄의 탄성력

탄성력

물체에 힘을 가할 때 변형이 생기면 복원력이 작용한다. 복원력의 크기는 변형 x에 대해

$$F = kx$$

로 나타낼 수 있다.

또, 탄성력은 탄성체의 길이, 굵기에 따라 그 크기가 달라진다.

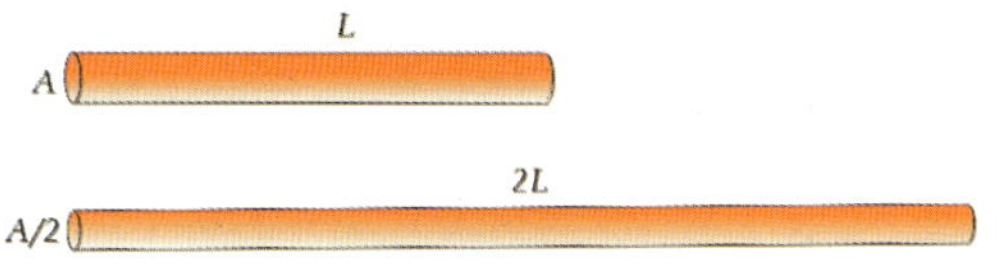

길이가 L, 단면적이 A인 탄성 물체의 탄성력은,

$$F \propto L, \quad F \propto \frac{1}{A}$$

(L : 길이, A: 단면적)

이다.

탕갯줄과 탕개톱

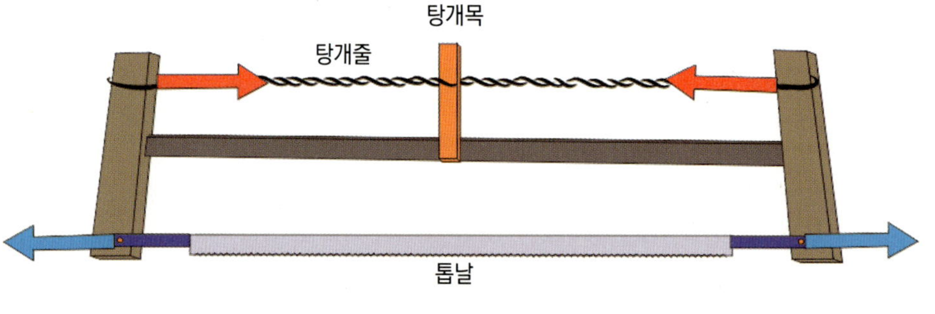

탕개톱의 구조

탕개란, 양 끝에 줄(탕갯줄)을 묶고 줄 가운데에 탕개목을 질러 탄성을 이용하는 장치를 말한다. 탕개목을 줄과 수직되게 돌리면 줄이 감기면서 오므라 든다. 이 때, 줄의 길이가 짧아졌으므로 탄성력이 생긴다. 가운데 가로목은 양쪽 두 개의 세로목 뚫린 홈에 끼워져 있다. 톱날 양 끝은 볼트, 넛트에 의해 빠지지 않도록 채워져 있다.

탕갯줄을 감으면 윗쪽은 탄성력이 안쪽으로 생기고, 가운데 가로지른 나무가 버팀목이 되어 톱날은 바깥쪽으로 힘을 받아 단단히 고정된다.

• 줄의 양 끝을 고정시킨 다음 가운데 부분에 가로목을 지르고 탕개목을 잡고 여러 번 줄을 꼬면 줄에 변형이 생겨(길이가 줄어 들어) 복원력이 작용한다. 탕개목을 돌려 감을 때마다 줄의 굵기는 증가하고 길이는 감소하지만 전체 줄의 부피는 변하지 않는다. 따라서, 줄의 길이가 반으로 줄어 들면 굵기는 두 배로 증가하므로 복원력은 4배가 된다.

즉

$$F = k\frac{L}{A},$$

$$F' = k\frac{2L}{A/2} = k\frac{4L}{A} = 4F$$

에 의해 4배가 된다.

DIY-Science

간이 각궁 만들기

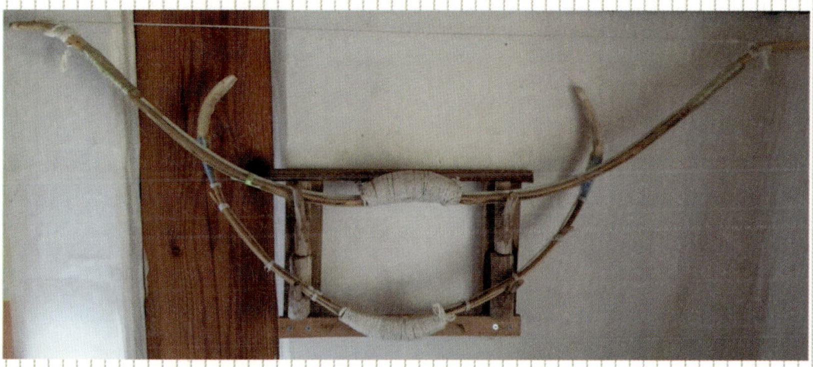

DIY Science
아이디어

고구려 고분 벽화 무용총수렵도에는 말을 타고 달리면서 활을 쏘는 고구려 기마 무사들의 늠름한 모습이 그림으로 표현되어 있다.

활쏘기는 전쟁이나 수렵 활동에서 무예로서의 중요성도 있었지만 옛날부터 선비들이 심신을 닦는 여섯 덕목, 육예-예(禮), 악(樂), 사(射), 어(御), 서(書), 수(數)-의 하나로 필수 교양과목으로 더욱 중요시 되었다.

각궁의 우수성은 그 재료와 형태에 있다. 원래 각궁의 원재료로는 물소뿔, 소 힘줄, 어교 등을 쓰지만, 주변에서 흔하게 찾아 볼 수 있는 재료를 대치하면 간이 각궁을 제작할 수 있을 것으로 여겨져 각궁의 과학적 원리를 이해하고 우수성을 재현해 보게 하는 기회를 만들었다.

[평가기준]

평가 준거	수준		
	상	중	하
작품은 창의적인가?[30P]	개선점을 찾아 창의적으로 설계할 줄 안다.	개선점을 찾지 못하여 창의적 설계를 못함	처음 제시한 방법으로만 제작
각궁의 탄성이 큰 원리를 재료면에서 논리적으로 설명하는가?[20P]	인장력, 압축력을 알고 원리를 논리적으로 잘 설명한다.	원리를 알고 있지만 논리적이지 못하다.	원리를 모르거나 틀리게 알고 있다.
각궁의 탄성이 큰 원리를 형태면에서 논리적으로 설명하는가?[30P]	형태 면에서 강한 탄성을 가지는 원리를 잘 설명한다.	원리를 알고 있지만 논리적이지 못하다.	원리를 모르거나 틀리게 알고 있다.
서로 협동하는가?[20P]	조원들끼리 잘 협동함	보통 수준	협동이 이루어지지 않음

※ 각궁을 제대로 만들려면 매우 어려운 일이다. 물소뿔, 소힘줄 등 재료를 구하는 일, 재료를 가공하는 일, 재료를 장기간 보관하는 일 등이 현실적으로 거의 불가능하므로, 각궁의 형태, 재료의 특징 때문에 각궁의 위력이 우수함을 이해하는 수준으로 목표를 낮췄다.

SCIENCE DIY
cafe.daum.net/hiphys

간이 각궁 만들기

〈과제〉

○ 고구려 벽화에 나오는 각궁을 조사해 보고 간이 각궁 만들기

○ 고구려 각궁의 우수한 성능을 과학 원리로 설명하기

○ 개선점을 찾아 창의적인 각궁을 설계해 보기

DIY과제 간이 각궁 만들기

이 활동을 하면…

- 재료면에서 각궁의 우수성을 설명할 수 있다.
- 형태 면에서 각궁의 우수성을 설명할 수 있다.
- 활의 탄성을 측정해 볼 수 있다.
- 화살이 날아갈 때 생기는 '궁수의 파라독스'를 이해할 수 있다.

각궁 용어

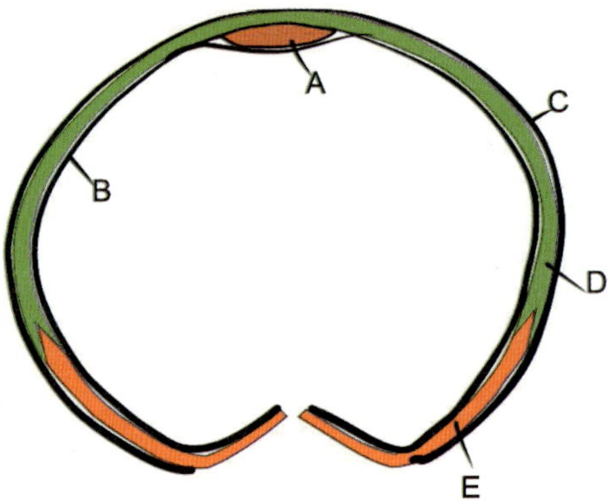

부린활의 구조 :
A;참나무 B;소힘줄 C;물소뿔 D;대나무 E;뽕나무

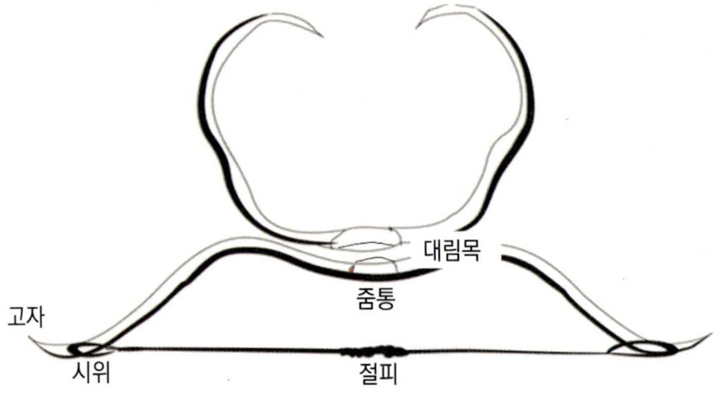

- 오늬 : 화살이 활줄에 걸리도록 패인 홈, 싸리나무로 만든다.
- 줌통 : 활을 잡는 손잡이
- 대림목 : 활을 쏠 때 힘을 많이 받는 중앙부 손잡이 바깥쪽에 붙인 참나무
- 절피 : 활줄 중앙 근처에 화살의 오늬가 꽉 끼이도록 두툼하게 감은 실
- 시위 : 활에 화살을 끼워 당기는 줄, 활줄
- 고자 : 활 양 끝에 덧대어진 굽어진 부분
- 새코 : 시위를 걸기 위해 고자 끝에 깎은 부분
- 부린활, 얹은 활 : 보관을 위해 시위를 풀어 놓은 활을 부린활, 활을 쏘기 위해 시위를 거는 것을 '활을 얹는다'고 하고 얹은 활이라 부른다.

DIY활동 간이 각궁을 만들어보자.

준비물

대나무(몸체) 35~40×8×800mm, 뽕나무(또는 아카시 나무) 200mm, 참나무(또는 소나무) 120mm, 생고무줄, 토치, 낚싯줄, 칼, 순간접착제, 알루미늄 테이프, 기타

준비물 가이드

· 접착제(순간접착제+스티로폼 조각), 핀셋, 생고무줄 폭, 짜귀, 기타(도지게)

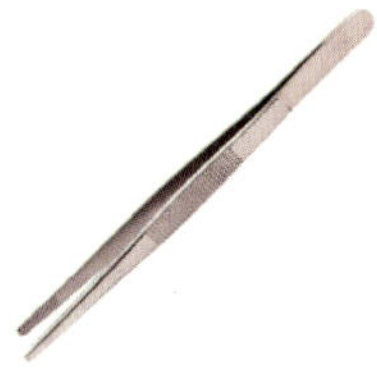

[DIY-Tip] 순간접착제를 묻힌 후 스티로폼 조각을 녹이면 접착력이 강력해진다.

제작과정

- 대나무로 몸체 준비하기
- 고자 제작, 끼우기
- 새코 깎기
- 고무줄, 대림목(줌손) 부착하기
- 우산살 끼우기
- 해궁하기

몸체 제작

- 활 본체용 대나무(왕대)를 다듬어 토치로 열을 가한다. 숯불에 달구어 가면서 휘어 주기도 한다.
- 대나무를 궁창에 끼워 서서히 휘어 타원형 모양으로 만들고 줄을 묶는다(1, 2 주일 정도 보관). 대의 껍질 쪽이 안으로 향하게 한다. (전통 활은 밖을 향함)

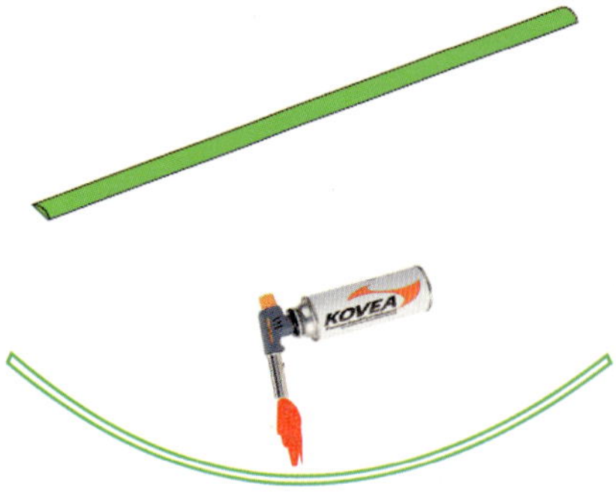

토치불로 대나무 진액빼기

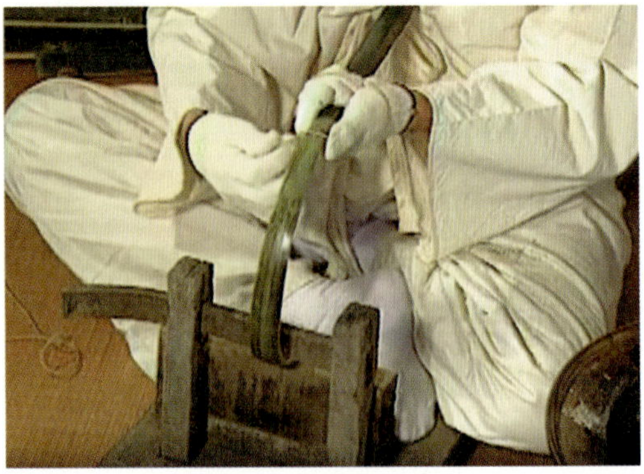

궁창으로 대 휘기(몸체 만들기)

[DIY-Tip] 궁창 대신 단단히 고정된 좁은 공간(틈)이나 구멍에 끼워서 휘어도 된다.

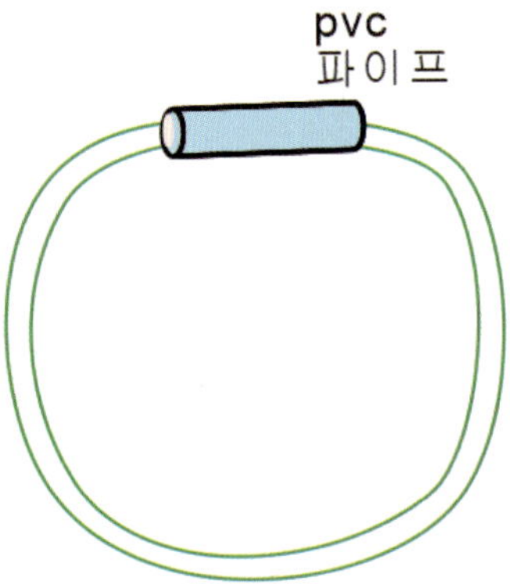

몸체를 둥글게 고정

몸체 준비

고자 제작 및 결합

□ 고자 제작하기

- 산뽕나무를 20cm 정도 잘라 뜨거운 물에 푹 삶은 다음 궁창에 끼우고 힘을 가해 약 50~60도 정도 되도록 휜다.
- 고자의 한 쪽 끝을 뾰족하게 깎는다.

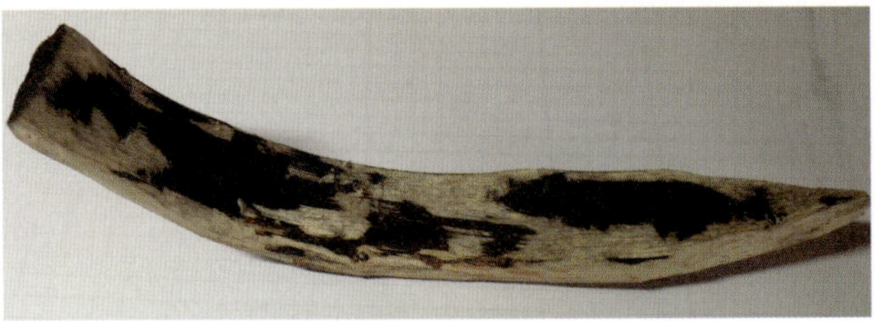

□ 고자 결합

- 둥글게 말아 보관해 둔 활의 본체를 푼다.
- 활 본체의 양 끝에 고자를 끼울 형태에 맞도록 그리고 실톱으로 잘라 낸다.
- 고자 끝과 몸체의 양 끝 노루발 사이에 강력접착제를 바른 후 단단히 끼운다.
- 접착제가 잘 마른 후, 결합한 자리에 알루미늄테이프를 두 번 정도 감는다.

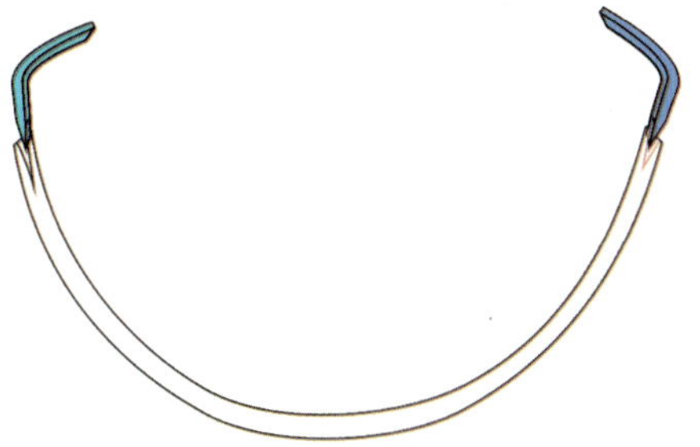

노루발에 고자 끼우기

대나무 노루발 잘라내기

뽕나무 제비초리 연결(고자제작)

어교풀칠 후 묶기

[DIY-Tip] 고자목을 깍아 고정하는 대신 PVC 봉을 20 cm 정도 잘라 토치를 가열하여 굽힌 다음 몸체의 대나무 양 끝에 끼워서 만들어도 된다. 이때 세코깍기 대신, 쇠톱날로 시위가 매어질 위치에 홈을 판다.

새코 깍기

- 활의 양쪽 끝 시위가 걸리는 부분에 활줄이 벗어나지 않도록 홈을 파는 것을 새코 깍기라 한다. 실톱이나 칼을 이용하여 조심스럽게 깎는다.

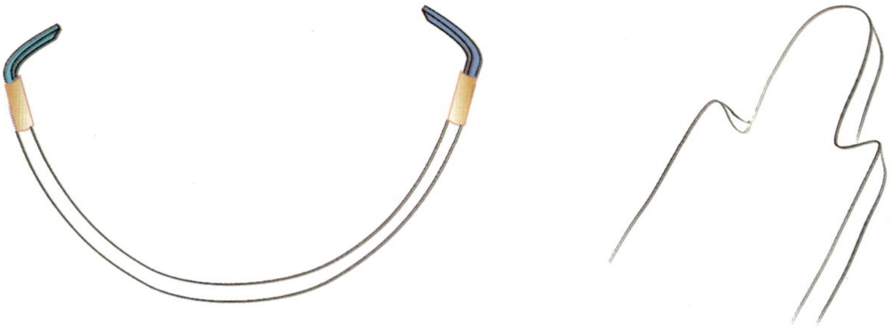

생고무줄, 줌손 부착하기

- 줌손 부착

  먼저 줌손을 본체에 부착한다. 줌손의 면이 활 본체와 사이가 뜨지 않도록 낚시줄로 단단히 고정한다.

- 고무줄 고정

  활의 탄성을 강하게 하기 위해 생고무줄을 사용한다(소 힘줄 대신 사용). 고무줄을 적당한 길이로 잘라 가운데 부분을 활 몸체의 중심부, 줌손 중심부에 대고 낚시줄을 몇 번 감아 고정한다.

[DIY-Tip] 고무줄의 왼 쪽 끝을 잡아당겨 본체의 왼 쪽 끝에 묶은 다음 5cm 정도 여분을 두고 고무줄을 접어 다시 낚시줄로 촘촘하게 감는다(그림 참조). 오른 쪽 끝도 같은 방법으로 연결한다.

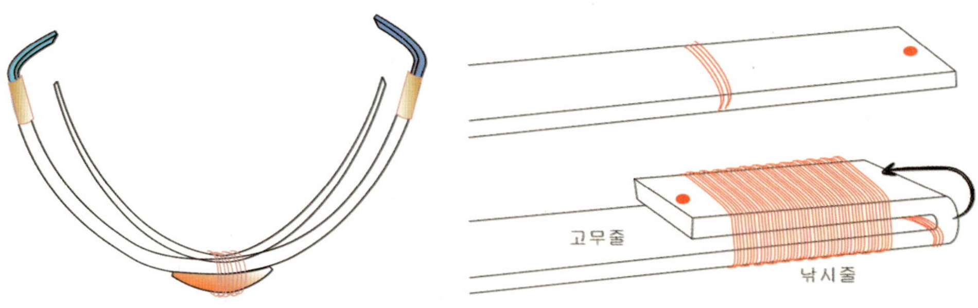

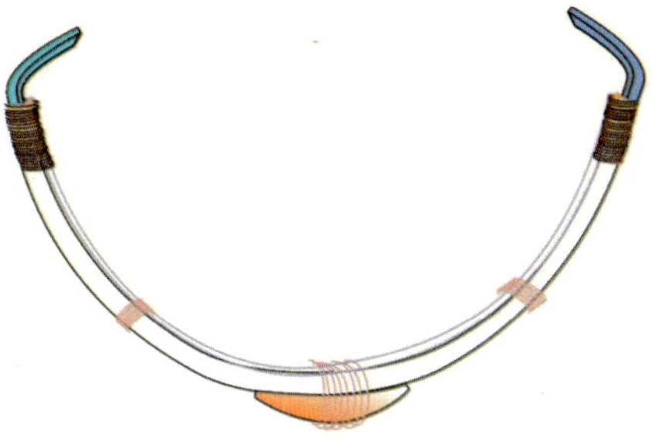

※ 대림목을 본체의 위에, 줌손을 본체의 아래에 부착하는 것이 원칙이지만 대림목은 생략하고 줌손만 부착하였음(대림목은 활의 형태를 만들어 주고 줌손은 손바닥으로 집궁이 용이하도록 한 장치이지만 두 기능을 하나로 묶었음).

우산살 끼우기

- 탄성력을 키우기 위해 우산살(플라스틱)을 잘라 줌손과 활 본체 사이의 틈에 끼운다.
- 우산살, 생고무줄이 본체와 틈이 안생기도록 좌우 각각 2번 정도 낚시줄로 고정한다.

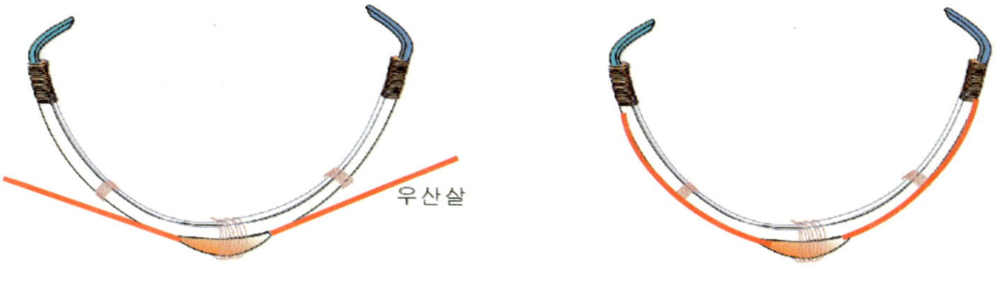

해궁하기(시위 걸기)

- 도지게를 이용하여 활의 한쪽을 묶고 반대편도 묶어 시위를 고자에 맨다.
- 도지게를 푼다. (※ 해궁과정 영상 참조)

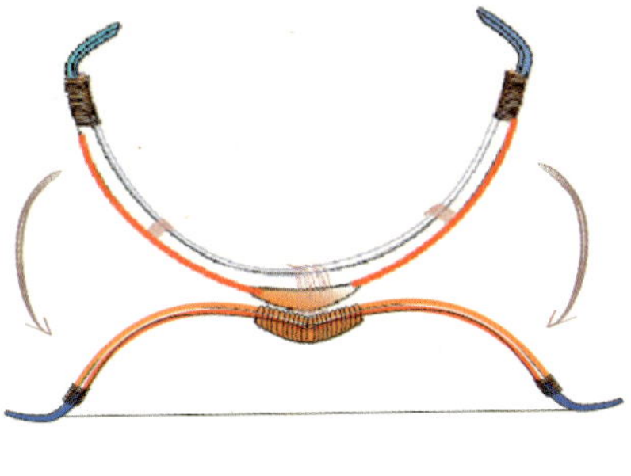

완성 모양

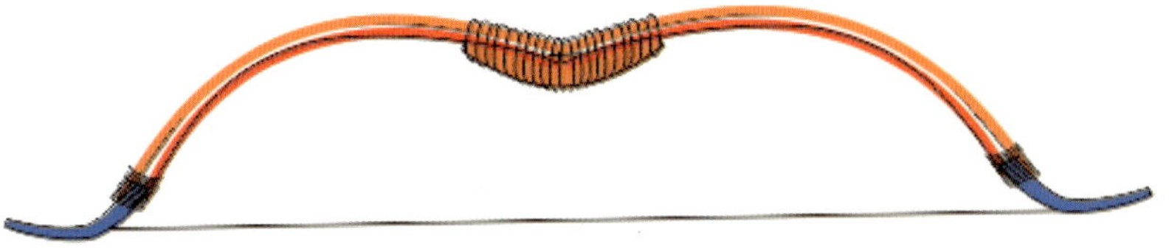

해궁-도지게

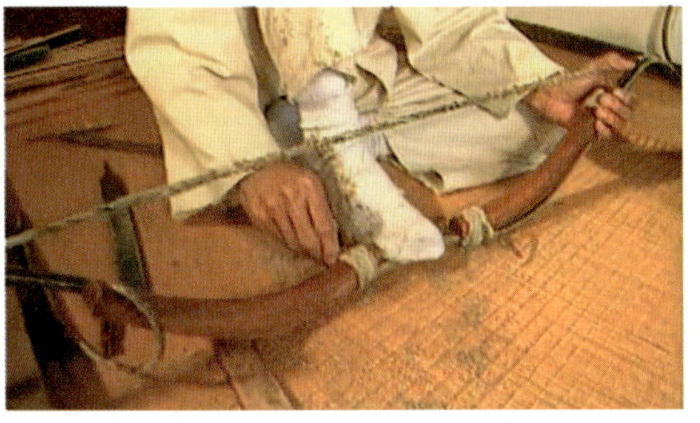

시위 매기 및 도지게 풀기

DIY-5.탐구

각궁 탐구하기

실험. Draw force 측정 [선생님과 함께]

[준비물] 철제스탠드, 클램프, 용수철저울, 활, 미터자, 기타

[장치 및 과정]

- 철제스탠드에 활을 그림과 같이 고정시킨다.
- 스탠드에 자를 부착한다.
- 활을 클램프에 걸어 놓고 고정시킨 다음 활 줄을 용수철저울에 걸어 천천히 늘여 가면서 힘-늘어난 길이 관계를 그래프로 그린다.

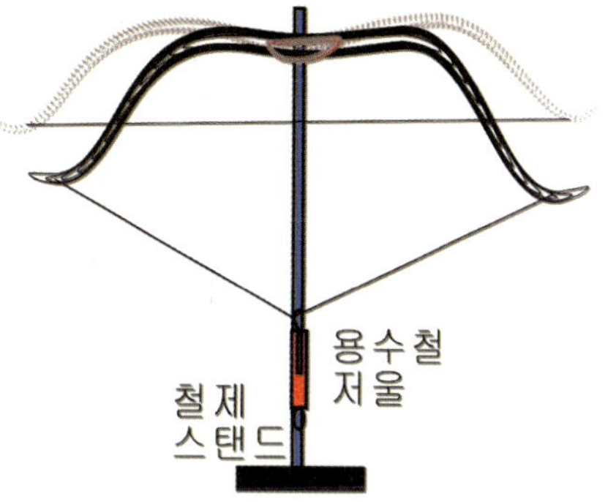

[고찰]

□ 활의 탄성이 강한 이유는 무엇일까?
□ 활줄을 당길 때 해 준 일의 에너지 전환 과정을 설명해 보자?
□ 똑 같은 조건의 큰 활과 작은 활은 어느 쪽이 더 탄성이 강할까?

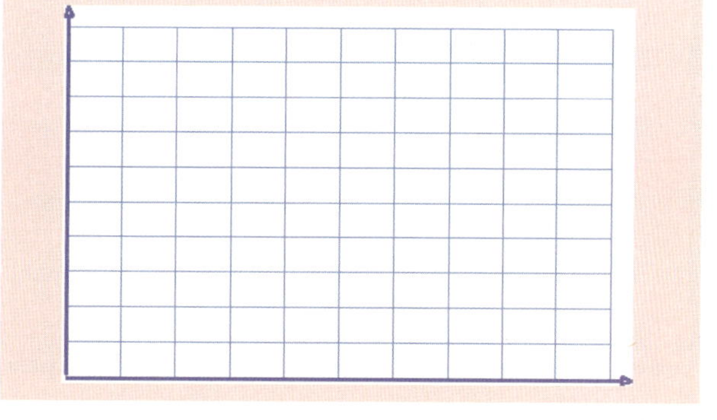

개선점 찾기

제작한 활이 더 튼튼해지려면 어떻게 개선하면 좋을까? 개선할 점들을 찾아보자.

창의설계

개선점을 반영한 창의적 장치를 만들기 위한 설계도를 그려 보자.

- 제작의 용이성을 고려하여, 좀손, 고자를 PVC 재료로 대치하면 좋을 듯함

고쳐 만들기

창의 설계를 참고하여 튼튼한 활을 제작해 보자.

개념 · 원리

각궁의 과학

✅ 고구려 고분벽화 속의 각궁

고구려 무용총 수렵도 그림 속에 각궁이 나온다. 고구려의 강한 국력의 바탕에는 각궁이라는 우수한 무기의 위력이 있었다.

각궁(角弓)이란, 몸체는 나무로 되어있고, 활의 탄력성을 높이기 위해 활의 몸체에 짐승의 짐승의 뼈를 얇게 다듬어 덧붙인 특수한 활을 말한다. 그래서 **합성궁**(合成弓) 혹은 **복합궁**이라 부른다. 기마용의 활은 길이가 1m를 넘지 않도록 짧게 만들어 말 위에서 쏘기에 적합하게 하였다. 고구려 고분 벽화에는 이런 각궁을 가지고 사냥을 하는 장면이 여러 군데 그려져 있는데, 편편한 도끼날촉을 끼운 화살로 호랑이를 관통시켜 잡는 모습을 표현하고 있어 고구려 활의 우수성을 잘 보여 준다.

그림 속 고구려 무사들은 승마의 달인들이다. 말 위에서 허리를 뒤로 돌려 활을 쏘는 배사법(파르티안 샷)을 구사하고 있다. 배사법 승마 기술이 가능하려면 말 위에서 말 고삐를 놓고도 몸을 자유자재로 움직일 수 있도록 말과 궁수의 몸이 고정되어야 할 필요가 있다. 그 역할을 위해 등자가 개발되었다. 등자(鐙子)란 안장과 끈으로 연결된 발을 거는 쇠 고리를 말한다. 등자의 개발로 말 위에서 활, 칼, 창 등을 사용하는 기마전술을 펼치는 데 큰 역할을 할 수 있게 되었다.

✅ 활의 탄성력과 탄성에너지

활은 기본적으로 두 팔 스프링(two-arm spring)이라 불리는 간단한 기계와 같다. 화살을 시위에 얹어 뒤로 당기면 궁수가 가하는 힘은 변위로 바뀌게 되고 이 때 활을 당기는 일은 탄성적위치에너지로 바뀐다.

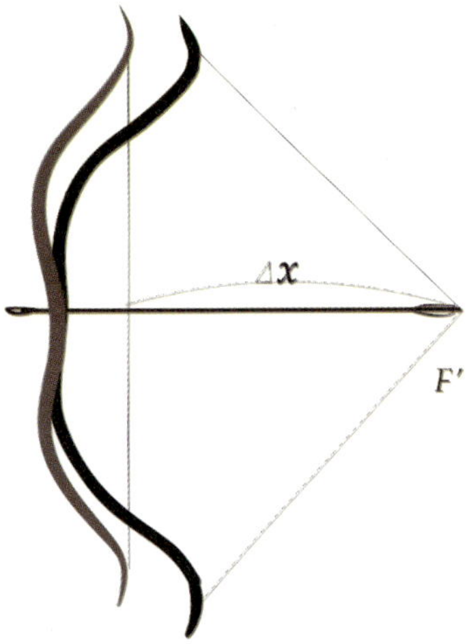

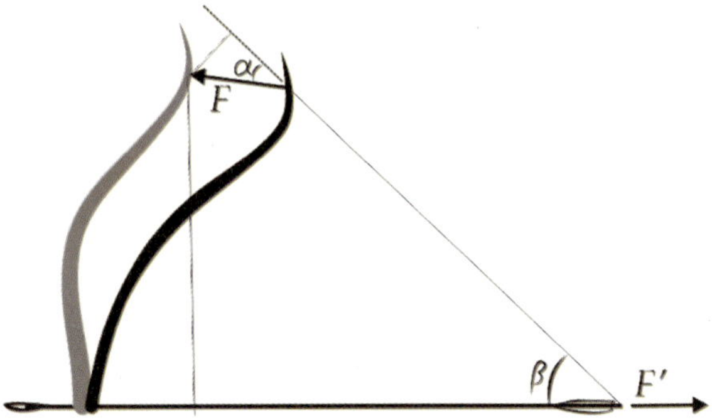

궁수가 활에 가하는 힘은 Draw Weight이라 부른다. 이 힘은 활의 양 쪽 팔을 구부려주고 탄성에너지를 더해 주게 된다. 따라서, 활은 화살을 재기 위해 에너지를 저장한 용수철과 비슷하다. 궁수가 가하는 힘은 Δx 에 직접적으로 비례한다.(후크의 법칙)

후크의 법칙은 시위를 당겨 준 힘 F'와 활 줄의 변형 Δx사이에, $F' = k\,\Delta x$ 의 관계를 표현하는 법칙이므로 활을 당기면 활의 탄성력에 의해 활 끝이 이동한다.

활줄을 당기는 힘(Draw Weight)은,

$$F' = 2F\ (\cos\alpha)\ (\cos\beta) = k\Delta x\ ,$$

(F는 활 몸체에 가해진 힘)

으로 나타낼 수 있다.

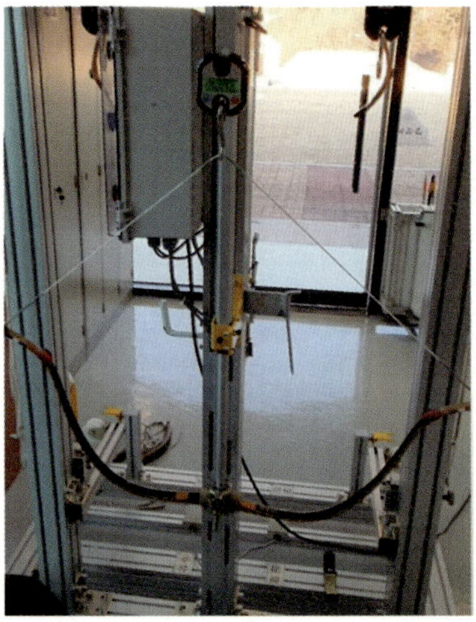

F를 측정하지 않더라도 F' 은 용수철저울이나 센서로 활을 당겨 직접 측정할 수 있다. 실재로 국궁의 탄력(장력)을 측정할 때 활 줄에 저울을 걸고 당겨서 그 힘을 측정한다. 이 때 탄성력은 줄의 변형에 의한 탄성이 아니라 몸체의 변형에 의한 탄성이다.

만약 우리가 화살을 변위 x만큼 당기는데 필요한 힘 F'의 그래프를 그리면 아래 그림과 같다. 활 몸체의 중앙 부분은 두껍고 끝 부분은 얇은 복잡한 모양을 갖고 있고, 또 활줄에 걸리는 장력이 항상 같은

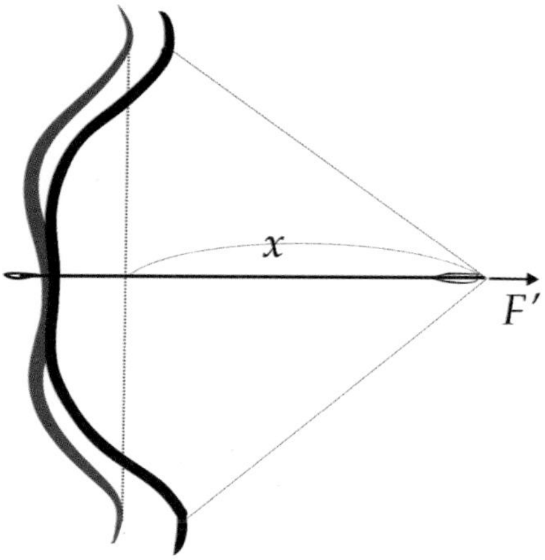

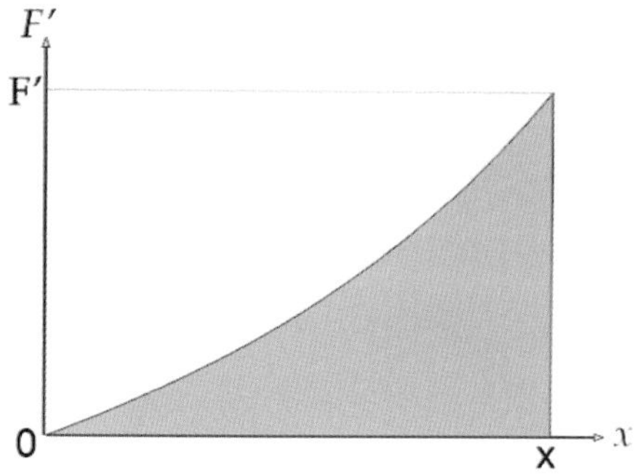

방향으로만 당겨지는 것이 아니기 때문 F-x 그래프는 항상 커브를 유지한다. 이 위치에너지는 활에 저장되어 지고 화살을 통해 운동에너지로 전환되어진다. 위치에너지는 위 그래프에서 면적으로 구해질 수 있다.

활의 탄성력을 표시하는 단위로 '파운드(lb)'를 사용하는데, 1lb는 약 0.454kg에 해당한다. 기호 lb는 라틴어 리브라(libra)에서 유래하였다. 그러나 파운드는 질량의 단위이기 때문에 힘으로 환산하여 lbf(파운드 힘)이라 써야 정확하다.

즉,

$$1\ \text{lbf} = 0.454\text{kg} \times 9.8\text{m/s}^2 = 4.448\ \text{N}$$

힘의 크기에 해당한다.

국궁의 경우 활의 탄성력 측정 기준은 활을 2자6치5푼(80.3cm, 31인치) 당겼을 때힘을 기준으로 한다(서양식 활인 리커브 보우의 장력은 활을 28인치(71.12cm) 기준). 50파운드 국궁이 있다면 80.3cm 당길 때 50lbf, 즉 222.4 N의 힘이 필요한 활의 강도를 가진 활이라는 의미다.

✅ 각궁의 탄성력이 큰 이유는 무엇일까?

각궁의 형태에 따른 탄성력

각궁은 그 형태의 특이성 때문에 다른 나라의 활에 비해 탄성력이 월등히 강하고 사거리가 길다.

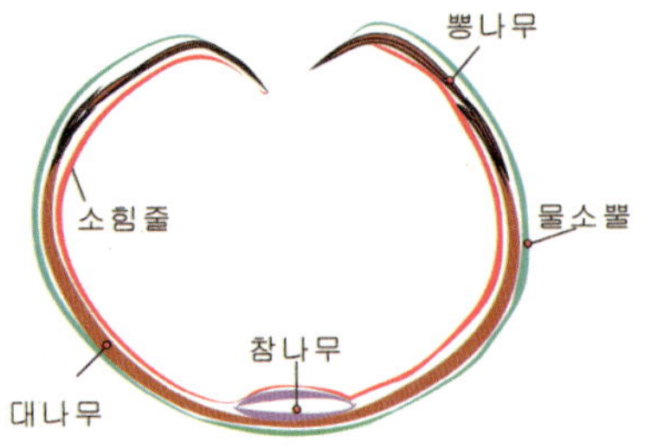

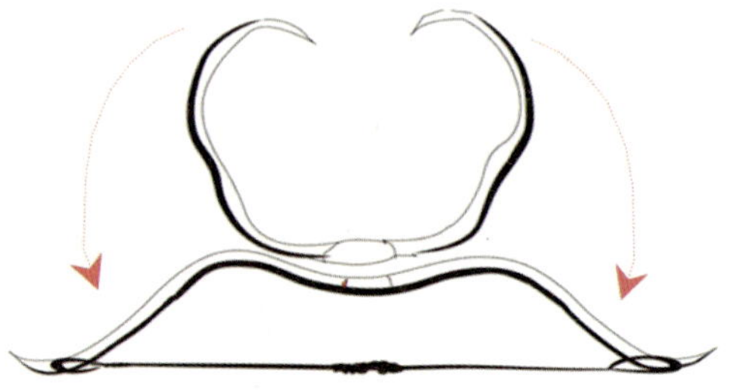

후크의 법칙에 의하면, 탄성력은 변형에 비례하므로 변형이 크면 탄성력도 커진다. 각궁의 모양은 시위를 걸기 전 O자 모양으로 둥글게 되어 있다. 일자모양의 활보다 O자 모양으로 굽어 있기 때문에 휘어서 시위를 거는 데 더 큰 힘이 필요하다. 또, 활의 양 끝 고자도 휘어져 있어서 변형을 더 크게 해 주어야 시위를 걸 수 있으므로 더 큰 힘이 필요하다.

각궁의 재료에 따른 탄성력

- **몸체는 대나무의 탄성을 이용**

각궁을 만드는 중심 몸체는 대나무를 사용한다. 대나무를 불에 달구어 장기간 말려서 사용한다. 대나무는 좋은 탄성체이면서 쉽게 파손되지 않기 때문에 중심 몸체에 적합한 재료다.

- **몸체의 안쪽에는 무소뿔의 압축력 이용**

대나무 몸체 안 쪽에는 무소뿔을 적당한 두께로 다듬어 어교[1]로 접착 시켰는데, 활을 당길 때 무소뿔이 활 안쪽에서 압축력이 강하게 작용하여 활의 탄성력을 강하게 만들어 준다. 또, 접착재로 어교를 사용하는 것은 접착한 두 물체, 즉 대나무와 무소뿔이 활의 변형이 생길 때도 유연성이 좋아 떨어지지 않기 때문이다.

- **몸체의 바깥에는 소 힘줄의 인장력 이용**

대나무 몸체 바깥에는 소 힘줄을 어교로 접착시켜 활을 당길 때 소 힘줄이 센 인장력이 작용하기 때문에 활의 탄성력을 강하게 만들어 준다.

---

1) 민어의 부레로 만든 접착제. 접착한 두 물체가 변형이 일어나도 유연하게 미끄러지면서 떨어져나가지 않는다

✅ 전통 각궁 제작 과정

● 재료

몸체(대), 대림목(참나무), 탄성체(물소뿔), 소힘줄, 어교, 고자목(뽕나무), 도지게, 궁창 등.

물소뿔

궁창

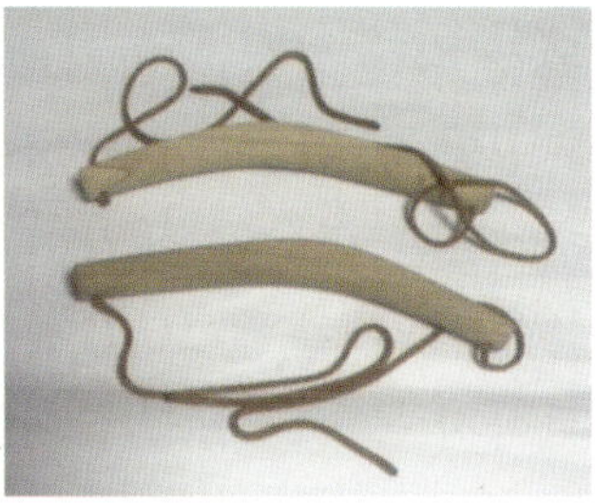

도지게

제작 과정

◦ 고자 제작, 본체에 붙이기(어교, 조막손이 사용)
◦ 대림목 제작, 본체에 붙이기(어교, 조막손이 사용)
◦ 물소뿔 다듬어 본체에 붙이기
◦ 심놓이-소 힘줄 붙이기
◦ 해궁 및 시위 연결하기

[DIY-point] 실(낚싯줄) 매듭 없이 매는 방법

1~2. 실을 매듭 감을 물체의 폭 만큼 길이로 놓는다.

3. 시작점에서 부터 실로 물체를 감는다. 빈틈없이 촘촘하게 감는다.

4. 끝 부분에 고리를 약간 남기고 감은 다음, 실의 반대 쪽 끝을 고리 속으로 집어 넣는다.

5. 펜찌로 시작 끝을 세게 잡아 당긴다. 반대편 고리가 끌려오면서 감긴 매듭 속으로 묻힐 때까지 당긴다.

6. 실 연결부를 잠기게 하고 나머지 밖으로 드러난 실을 자른다.

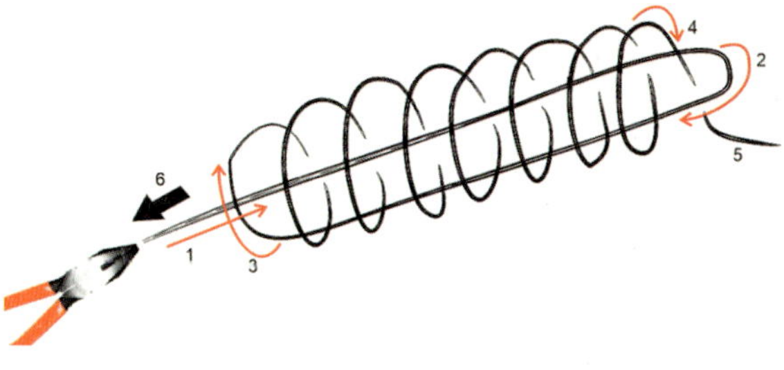

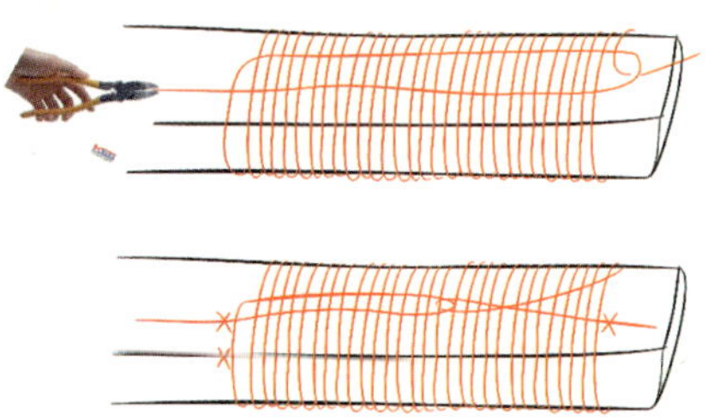

한걸음 더 화살의 비행

✅ 궁수의 파라독스(Archer's Paradox)

화살을 당길 때의 탄성에너지가 시위를 놓는 순간 화살의 운동에너지로 바뀌면서 화살이 날아가게 된다. 초고속 카메라로 촬영해 화살이 날아가는 모습을 보면 활시위를 떠난 화살은 마치 물고기가 헤엄치듯이 좌우로 흔들리면서 날아간다는 사실을 확인할 수 있다. 이를 '궁수의 패러독스(Archer's Paradox)'라 한다.

이러한 현상이 생기는 이유는 다양한 해석이 있지만 공통적으로, 궁수가 시위를 놓을 때 화살 끝(오늬)에 힘이 가해져 좌우로 진동하게 되며, 또 화살이 활 중앙을 통과하지 못하고 활 손잡이(줌통)의 측면을 지나가기 때문인 것으로 알려져 있다.

화살은 파동처럼 진동하면서 진행하게 되는데 차츰 진폭이 작아지면서 가다가 마지막에는 거의 직선으로 날아가 과녁을 맞힌다.

이런 화살의 진동 현상을 줄이기 위해 양궁에서는 활 손잡이 부분에 홈을 파서 화살이 활 중앙을 관통하도록 하며, 국궁에서는 줌통을 잡은 손을 비틀어 화살이 줌통에 닿지 않게 한다. 화살의 강도나 중량 등 다양한 화살을 사용하여 화살의 굴곡을 줄이기도 한다.

✅ 궁수의 파라독스 분석

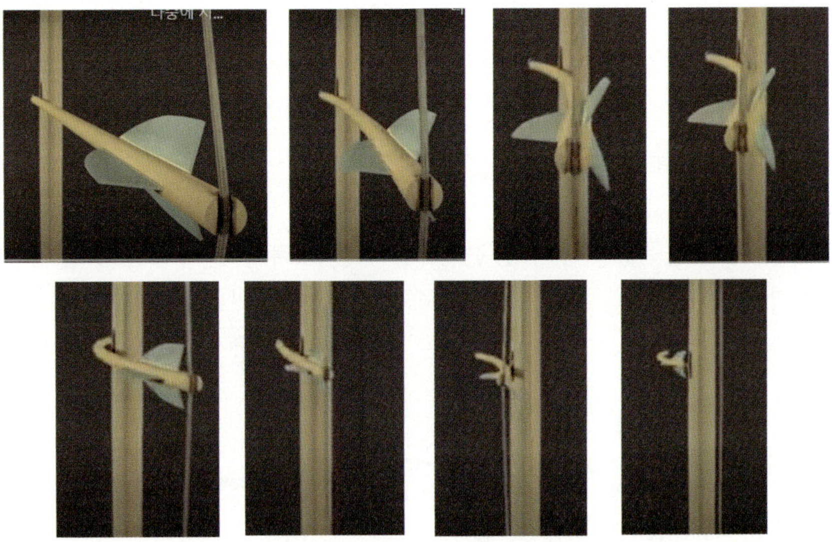

양궁의 Archer's paradox

활을 쏠 때 화살이 받는 힘은 활의 복원력을 받은 활줄에 의해 얻어진다. 이 때 화살은 활의 손잡이 줌통에 걸쳐서 쏘게 되므로 활 몸체의 중앙과 화살이 놓이는 방향

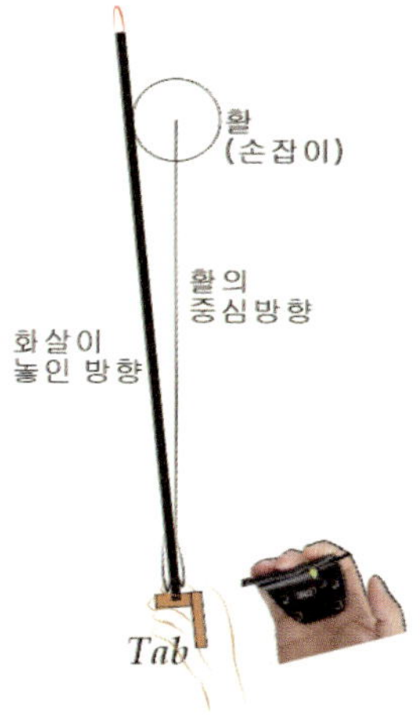

양궁의 Tab을 손가락에 끼워서 활줄(오니를 끼운 채)을 당김

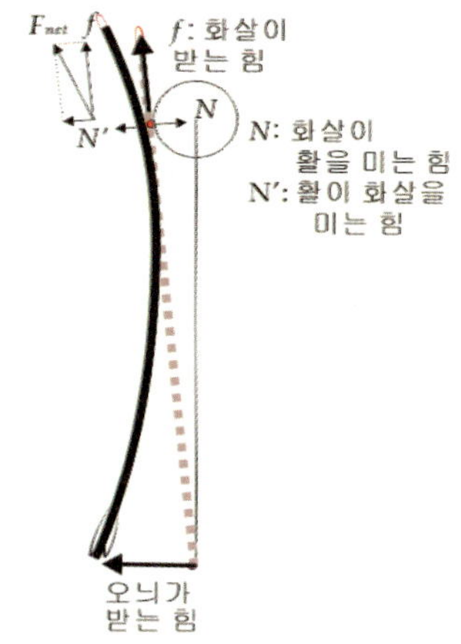

Tab을 놓으면 활줄이 Tab에서 미끄러지면서 줄과 함께 오늬가 왼쪽으로 함을 받음

은 일치하지 않고 약간 각도를 이룬다. 그 때문에 활줄을 당겼다가 놓으면 줄의 탄성력은 화살에 비스듬하게 전해진다. Archer's Paradox 현상은 손가락(또는 Tab[1]) 동작이 활줄에 가하는 힘 때문에 시작된다. 활줄을 당겼다가 놓으면 줄에 가해지는 장력은 탭을 회전하게 한다. 이 점에서 장력, 탭 반작용력, 탭 마찰력 등 세 힘의 합력이 줄에 작용한다. 활줄에는 화살의 뒷 끝(오늬)이 끼어 있기 때문에 이 들 힘의 합력은 화살의 오늬를 왼쪽으로 밀어 준다. 오늬가 활로부터 휘어지면 화살촉이 활 쪽으로 도는 방향의 회전력(토크)이 화살에 생기게 되어 P점에서 활과 접촉하게 된다.

이 때 화살은 앞으로 나아가는 동안 활(손잡이)에 힘을 가하게 된다. 그렇게 되면 활은 화살에게 반대 방향으로 반작용력을 준다. 이 힘은 화살이 활로부터 멀어지는 방향(왼쪽)으로 굽어지게 하는 원인이다.(**첫 번째 밴딩**)

• **두 번째 벤딩** : 활줄은 활줄의 본래위치(중간)으로 다시 원위치로 복원하려는 힘이 작용하므로 화살 오늬는 힘f 와 F의 합력을 2시 방향으로 비스듬히 받는다.

활줄의 장력은 화살대를 추진시킴과 동시에 오늬에 힘을 가하므로 화살이 앞으로 나아가면서 화살의 오늬는 활 쪽(2시 방향)으로 휘어진다. 오늬로부터 생기는 회전력을 없앨 수 있는 활은 없다. 이 회전력은 부분적으로 화살 회전을 일으키기도 하고, 부분적으로 화살 앞 쪽 부분을 휘어지게 만들기도 한다. 화살의 뒤쪽 부분의 흔들림은 화살 앞쪽에 회전평형을 이루는 토크를 제공하여 끝이 오른쪽 방향으로 휘어지게 한다. 이 것은 뼈덩

1) 궁수가 활을 쏠 때 손가락을 보호하기 위해 끼우는 보조 도구, 오늬가 끼워진 활줄을 내 손가락으로 당긴다. 화살은 검지와 중지 사이에 끼운다.

어리 긴 꼬리를 무기로 사용하는 디아노사우루스가 꼬리를 흔들었을 때 머리 부분은 반대 방향으로 흔들리는 것과 같다.

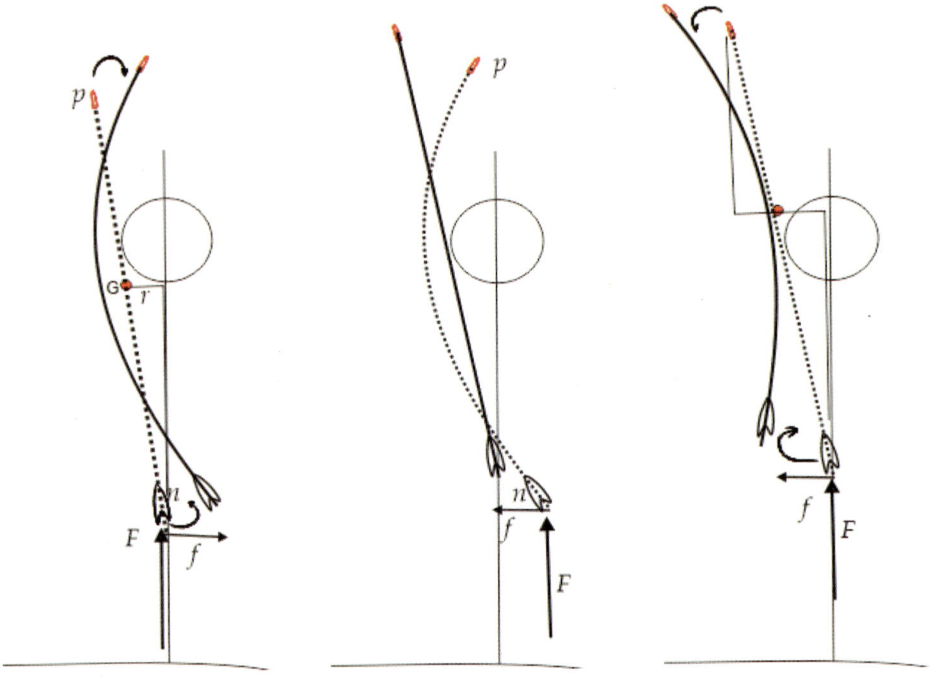

궁수의 파라독스, 두 번째 밴딩과 세 번째 밴딩

• **세 번째 벤딩** : 두 번째 벤딩 후 화살은 다시 펴지고 세 번째 벤딩은, 활줄은 진동이 이어져 왼쪽으로 이동하면서 줄과 오늬는 분리된다. 오늬는 활의 좌측 방향(10시 방향)으로 이동하게 되고 화살촉은 회전평형을 이루는 토크를 받아 화살은 세 번째 휘어짐이 생긴다.

이후 화살은 활줄을 벗어났기 때문에 더 이상의 오늬가 진동하는 힘은 주어지지 않고 다만 화살은 앞의 과정을 반복하는 벤딩이 이루어진다. 그러나, 공기 저항에 의해 진폭이 점차 줄어들어 과녁 근처에서는 거의 직선운동을 한다.

✅ 간이각궁 제작 예

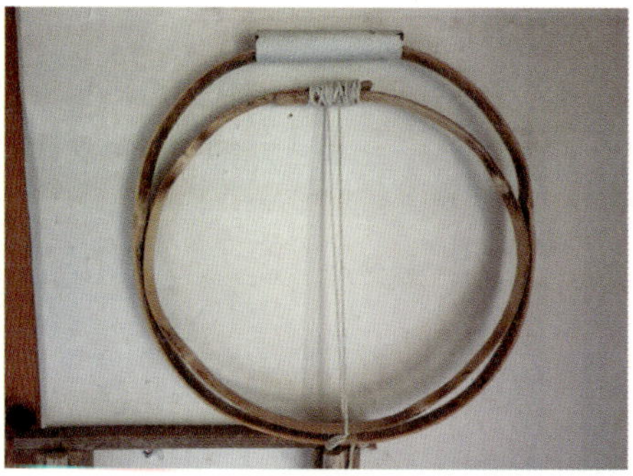

✅ [3D설계] 줌통과 고자

- **줌통**

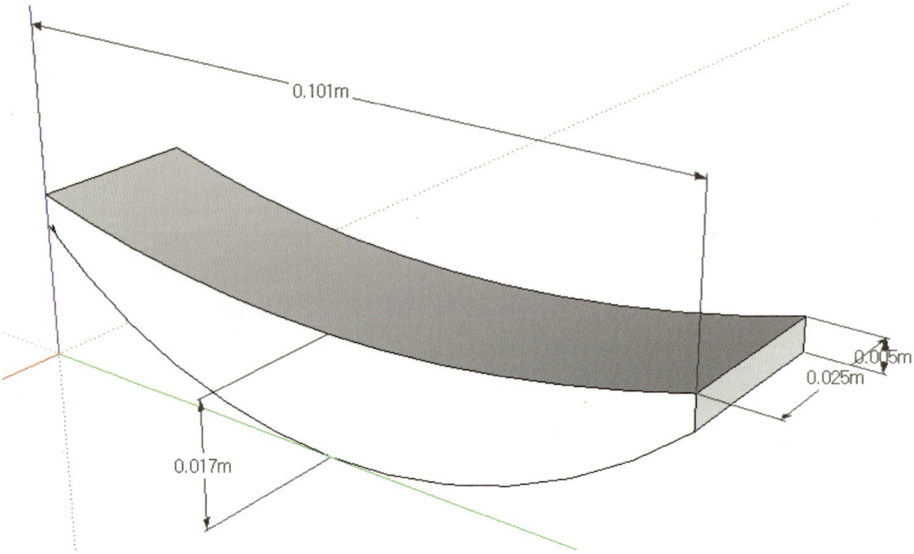

- **고자**

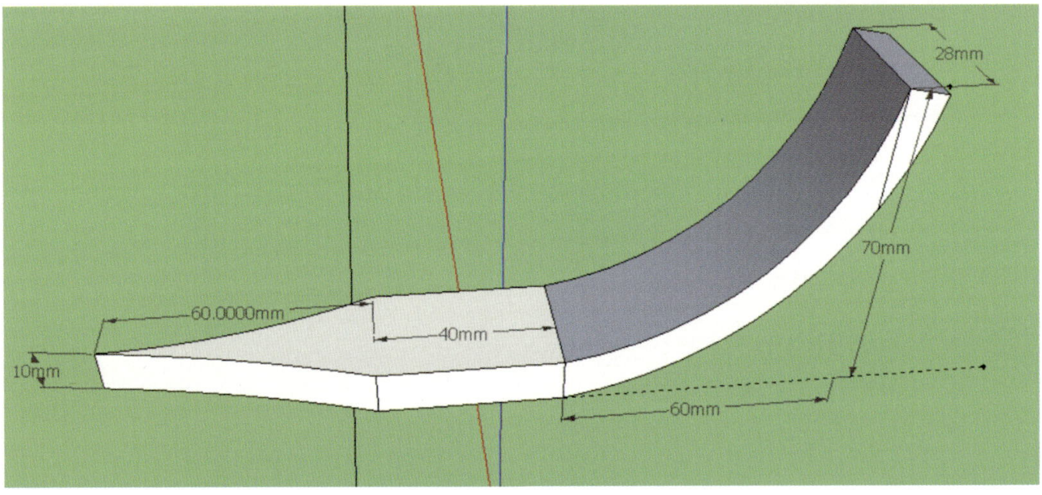

DIY-Science

모형 한옥 정자 만들기

DIY Science 아이디어

우리나라 곳곳에 산재해 있는 한옥 정자는 여름철 더위를 식히는 휴식 공간으로 유용하게 활용되는 건축물이다. 한옥 정자는 간단한 구조 속에 아름답고 과학적인 지혜가 응축된 건축이다. 한옥 정자는 미리 치목(가공)된 부재를 짜맞추는 결구법을 통하여 못을 사용하지 않고 제작하였다.

모형 한옥 정자 제작을 통하여 결구법을 체험하고, 한옥 정자가 역학적으로 어떻게 안정을 유지하는지 그 원리를 과학적으로 조명해 보고자 하였다.

[평가기준]

평가 준거	수준		
	상	중	하
작품은 창의적인가?[30P]	개선점을 찾아 창의적으로 설계할 줄 안다.	개선점을 찾지 못하여 창의적 설계를 못함	처음 제시한 방법으로만 제작
원리 설명은 논리적인가?[20P]	원리를 논리적으로 잘 설명한다.	논리적이지 못하다.	원리를 알지 못하거나 틀리게 알고 있다.
역학적으로 안정한 한옥 정자를 제작했는가?[30P]	안정성이 우수한 정자를 부재 결구를 능숙하게 제작함	부재 결구에 미숙함	부재를 결구하지 못함
서로 협동하는가?[20P]	조원들끼리 잘 협동함	보통 수준	협동이 이루어지지 않음

모형 한옥 정자 만들기

〈과제〉

○ 아름다운 한옥 정자의 모형을 만들어 보자.

○ 한옥 정자를 조립하는 과정을 토대로 건축의 역학적 안정 원리를 설명해보자.

○ 개선점을 찾아 창의적인 건축을 새로 설계해 보자.

DIY과제 모형 한옥 정자 만들기

이 활동을 하면…

- 간단한 부재 결구를 통하여 제작된 건축임에도 안정성에 대해 설명할 수 있다.
- 지붕의 하중, 공간, 물매의 관계를 설명할 수 있다.
- 정자 건축의 안정을 위한 공포의 역할을 이해할 수 있다.

한옥 정자 명칭

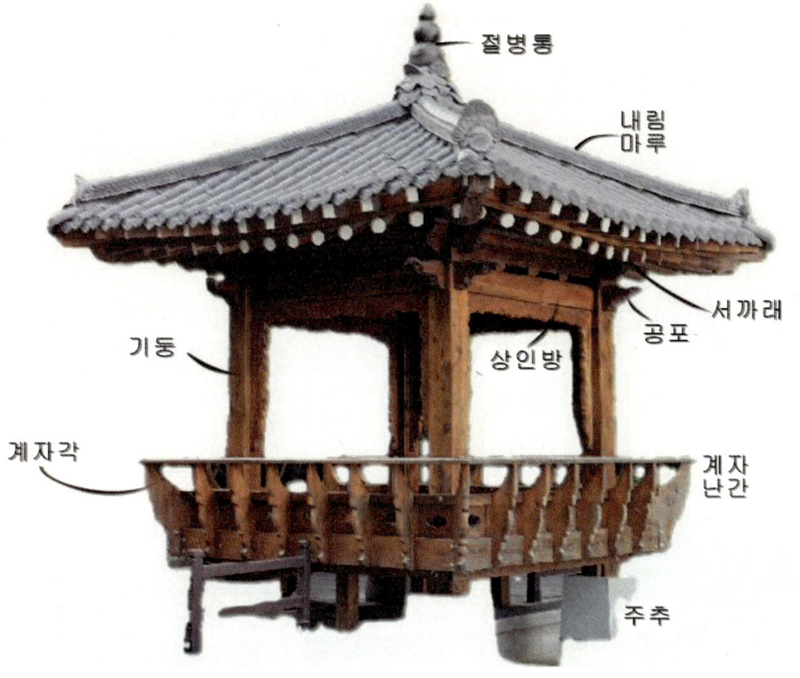

🍓 전통한옥 정자의 특징

- 기둥-주추에 그랭이질
- 기둥은 주추위에 고정되어 있지 않고 얹혀있다.
- 난간이 있다.
- 벽이 없다.
- 부재와 부재 사이에 연결은 못을 쓰지 않고 짜맞추기식으로 결구
- 공포구조 사용
- 지붕이 무겁다.
- 꼭대기에 무거운 절병통이 얹혀있다.

제작하기 모형 한옥 정자를 만들어 보자.

준비물

기둥, 대들보, 도리용 각목, 상인방용 각목, 내림마루, 절병, 각재, 판재, 우드락, 전동드릴, 글루건, 톱, 기타

준비물 가이드

- 기단부는 합판 사용
- 모든 부재는 미리 가공(치목)되어 있어야 함
- 기둥을 세울 때는 나무못으로 주추와 연결
- 내림마루와 기둥은 나무못을 사용하여 고정
- 계자난간은 우드락과 글루건 사용

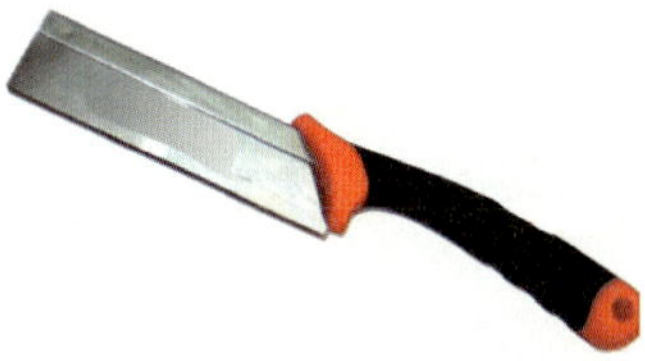

제작과정

기단 주초, 기둥 세우기

- 기단부는 합판 위에 각목을 잘라 고정한다.
- 기둥-주초 사이 나무못을 사용한다.

기단부

기둥 세우기

하인방, 도리-보 끼우기

- 기둥 하부와 기둥 사이를 인방목으로 연결한다.
- 기둥 상부와 도리, 보(또는 상인방)를 끼운다.

하인방 설치

상인방 설치

지붕(내림마루) 설치

- 중앙에 탱주를 세우고 절병 올리기
- 절병목에 내림 마루를 둘 씩 대칭되게 설치(나무못으로 고정)

내림마루 설치(1)

내림마루 설치(2)

탱주 제거, 절병 마무리

마루 깔기, 계자 난간 설치

마루 깔기, 계자 난간, 절병통 설치

- 절병통(또는 절병 항아리)을 절병목 위에 올린다.
- 인방목 위에 우드락을 잘라 마루를 설치
- 난간과 계자각 설치

  우드락을 칼로 잘라 계자각을 여러 개 만들고 글루건으로 붙임

  우드락을 잘라 의자를, 종이 빨대를 끼워 계자각 위에 글루건으로 난간 설치

원리, 탐구 한옥 정자 탐구

탐구. 한옥 정자에 대해 탐구해 보자.

- 정자가 일반 한옥과 다른 점은 무엇인가?
- 정자 건축이 센 바람에도 잘 견디는 이유는 무엇일까?
- 지붕 위 절병통의 역할은 무엇인가?
- 절병통의 위치에 추를 차츰 무겁게 얹어 가면서 기둥 상단부에 결구된 도리 및 보의 역할이 건축의 안정에 어떻게 기여하는지 생각해 보자.
- 지붕의 물매 경사와 절병 무게의 관계를 고찰해 보자.
- 기둥 상단부, 절병의 위치에서 작용하는 힘의 평형에 대해 설명해 보자.

개선점 찾기

장치에서 건축물의 안정을 높이기 위해 개선할 점들을 찾아보자.

창의설계

개선점을 반영한 창의적 장치를 만들기 위한 설계도를 그려 보자.

고쳐 만들기

창의설계 대로 개선점을 보완하여 한옥 정자를 고쳐서 만들어 보자.

개념 · 원리

한옥 정자의 역할

한옥 정자(누정)

누각과 정자를 합쳐 누정이라 하고 흔히는 정자로 통한다. 누정은 유람이나 휴식 공간으로 특별히 지은 건물이다. 초기의 누정은 상류계층의 각종 연회나 풍류, 휴식 공간으로 기능하였지만, 후대에 와서는 후진 교육을 위해 강학을 열거나, 향약, 동계 등 집회, 음주, 가무를 즐기는 활동 공간으로 다양하게 활용되었다.

누정은 원래, 방이 없이 마루만 있고 사방이 트였으며, 아름다운 경관을 조망할 수 있도록 짓는 것이 특색이지만, 강학이나 재실 기능을 위해 방을 둔 누정도 생겨나게 되었다. 그렇지만, 여전히 방보다는 마루 기능이 위주가 되므로 누정에 포함시킨다. 일반적으로, 누·정·당·대·각·헌 등을 모두 누정으로 일컫는다.

한옥 정자의 정역학

힘의 분해

임의의 힘을 분해할 때, 한 방향의 힘이 정해지면 나머지 방향의 힘을 정할 수 있다. 평행사변형의 법칙을 만족한다.

경사면 위 물체가 받는 힘의 분해

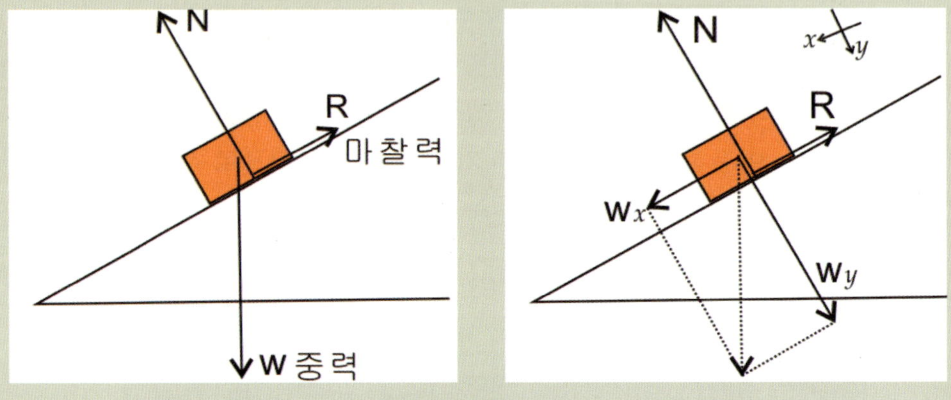

세 힘(크기)이 평형 :

$W + N + R = 0$

또는, $W + N = -R$

중력 분해 : $W = W_x + W_y$

평형 관계 : <x> $W_x = -R$

<y> $W_y = -N$

작용반작용과 두 힘의 평형 관계

- **두 힘의 평형**

한 물체에 크기가 같고 방향이 반대인 두 힘이 일직선상에서 작용하면 알짜힘이 0이 된다. 이때 두 힘이 평형을 이룬다고 한다.

- **작용 반작용 관계와 두 힘의 평형 관계 비교**

둘 다 힘의 크기가 같고, 방향이 반대이지만, 작용 반작용 관계인 두 힘은 서로 상대 물체에 작용한다는 것이고, 평형 관계인 두 힘은 한 물체에 작용한다는 점이 다르다.

□ 작용 반작용 관계

지구가 책을 당기는 힘(F_{CA})과 책이 지구를 당기는 힘(F_{AC})의 관계

책이 책상에 가하는 힘(F_{AB})과 책상이 책에 가하는 힘(F_{BA})의 관계

□ 평형 해석

- 책이 받는 힘

F_{CA}(지구가 당기는 힘)

= $-F_{BA}$(책상이 떠 받치는 힘)

- 책상이 받는 힘

F_{AB}(책이 누르는 힘)

= $-F_{AC}$(책이 지구를 당기는 힘)

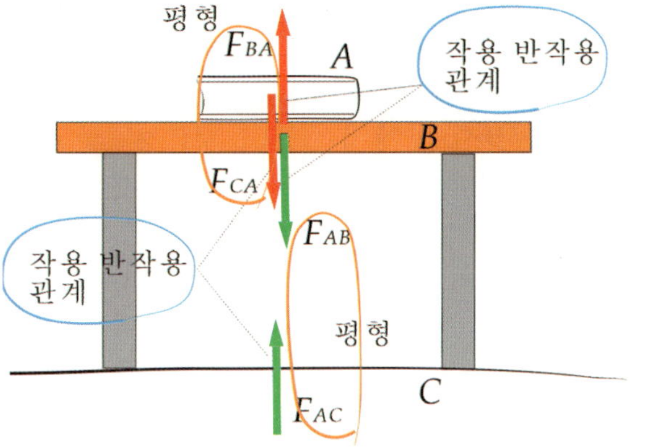

기둥에서 힘의 평형

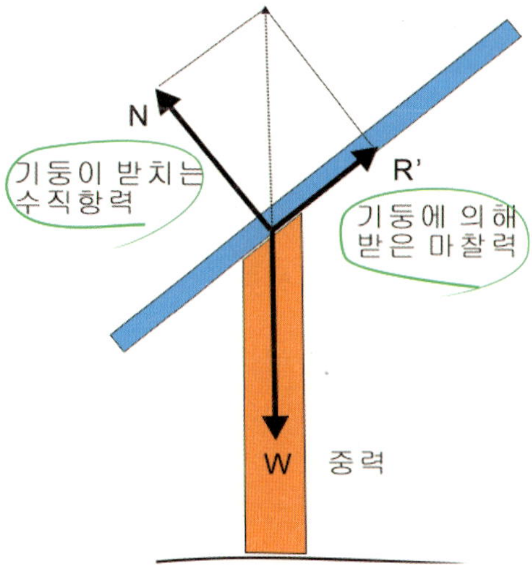

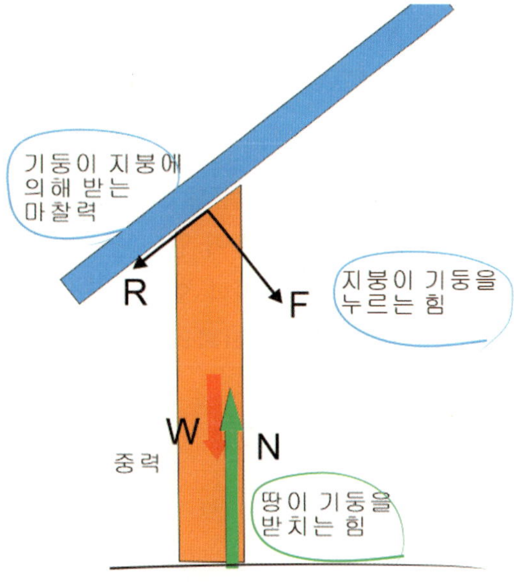

〈지붕의 평형〉

지붕은 중력, 기둥이 받치는 항력, 기둥과 사이의 마찰력을 받고 합력은 0이 되어 평형을 이룬다.

〈기둥의 평형〉

지붕에 의한 마찰력 R과 지붕이 누르는 힘 F,중력 W의 합력은 땅이 받치는 항력 N과 크기가 같고 방향이 반대, 평형을 이룬다.

기둥의 회전 평형

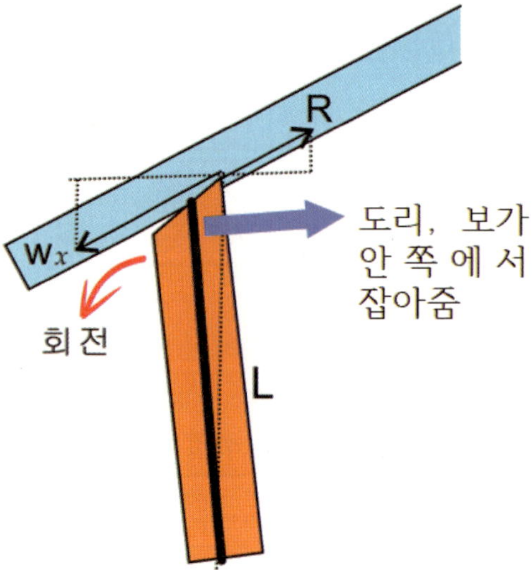

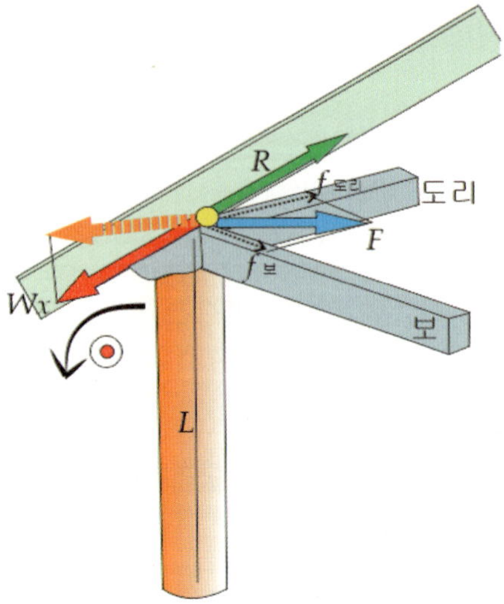

내림마루는 기둥, 도리, 보와 만나는 점에 못으로 고정되어 있다. 만약 지붕이 무거워서 기둥 끝에 경사면 방향의 힘 W_x이 지나치게 크면 지붕이 미끄러지지 않고 기둥이 회전하려 할 것이다.

그러나, 무게의 x성분 힘 W_x 때문에 생기는 회전력(지면 밖)을 반대편 쪽에서 도리와 보가 잡아 주어 회전이 일어나지 않게 한다.

즉, 한옥 정자는 **도리와 보에 홈을 파서 기둥 상단부와 짜맞춤식으로 결구되어 있어 바깥쪽으로 기둥이 회전하려는 붕괴를 막아 준다.**

지붕 꼭대기에서 힘의 평형

지붕의 평형

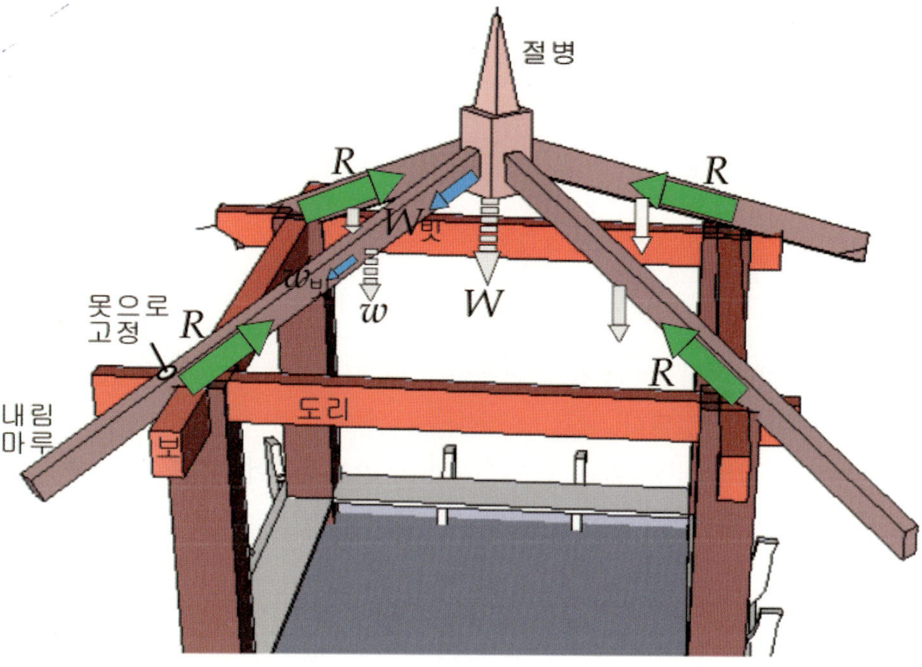

(절병 W + 내림마루 $4w$)의 빗면 성분 힘 = 네 기둥과의 마찰력 〈녹색 화살표〉
또, 내림마루 회전력은 사방이 대칭이 되므로 합이 0이 된다.

$$W_{벗} + 4w_{벗} = 4R,$$
$$\sum(l_{수평} \times W + \frac{1}{2}l_{수평} \times w) = 0, (\text{단}, l\text{은 절병} - \text{보 길이})$$

지붕 하중과 물매-절병통의 역할은 무엇일까?[1]

절병통은 정자의 지붕위에 올려놓은 항아리모양의 구조물로서 정자의 균형을 잡아주는 역할, 누수를 막아 주는 역할, 건축의 아름다움을 보여주는 역할을 하지만 지붕 물매에 따른 건축의 안정을 위해 기여한다고 할 수 있다.

지붕의 물매각이 클 때는 절병통의 무게가 무거워도 괜찮지만은, 물매각이 작은데 절병통이 무거워 지붕이 무거워지면 회전력이 커져 지붕이 무너질 수 있다. 물매에 따라 절병통의 무게가 달라야 한다.

---

1)'절병이 지붕 물매에 따라 지붕 무게를 조절한다'는 것은 학술적 이론이 아니며 하나의 가설임을 밝혀 둠

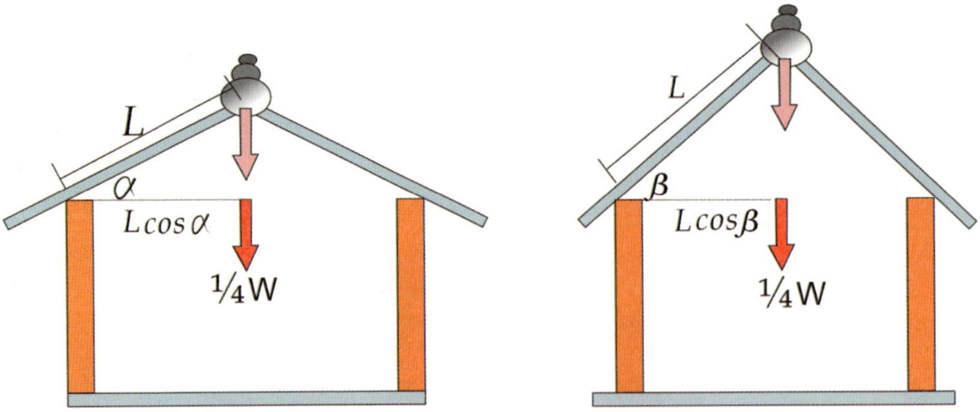

- 물매가 작을 때, '힘의 팔'이 길어 회전력이 커져 불안하다. 절병을 가볍게 해서 지붕 하중을 줄여야 안정된다.
- 물매가 클 때, '힘의 팔'이 짧아 회전력이 작아 안정적이어 절병통 무게를 무겁게 올려 줄 수 있다. 그러나 공간이 좁아진다.

공포구조

한옥 건축에서 보와 기둥이 만나는 부분에는 압력이 커지게 되므로 보나 기둥 중 약한 쪽이 파손될 우려가 있어 이를 방지하기 위해 공포 구조를 사용한다.

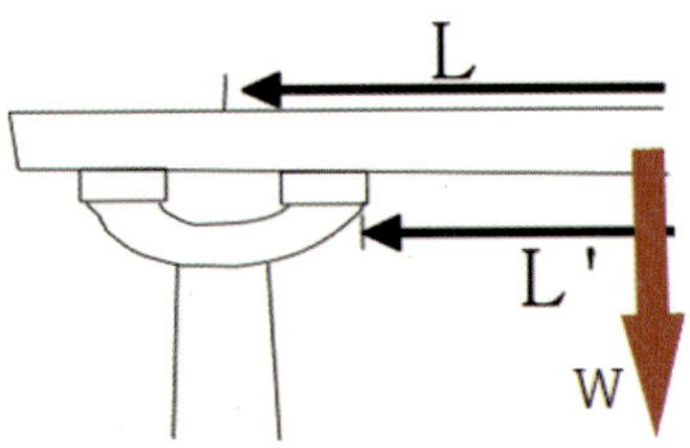

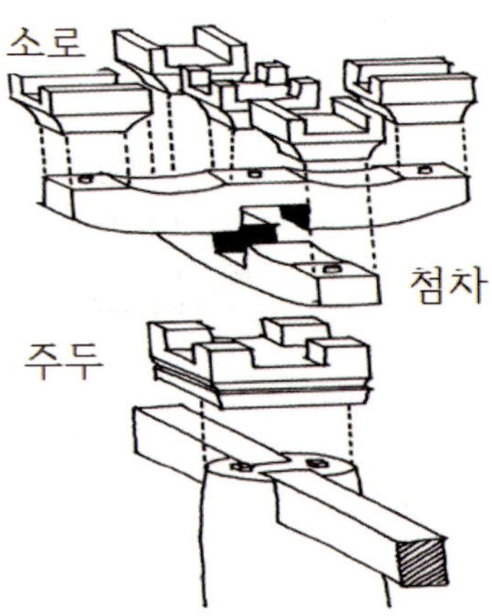

▷ 지붕하중과 보의 무게 W, 힘의 팔 L, L'
공포를 쓰지 않은 경우 힘의 팔은 L, 공포를 쓴 경우 힘의 팔은 L'

기둥 위에 공포구조를 얹어두면 보의 무게 중심으로 부터 '힘의 팔(*L*)'이 짧아져서 회전력을 작게 해 주는 효과가 있다. 공포구조는 마치 머리에 그릇을 이고 있는 사람처럼, 그릇이 크면 두 손을 받쳐줌으로써 안정을 유지할 수 있는 원리와 같다.

한걸음 더 [직업탐색]한옥을 짓는 사람들

우리 전통 한옥은 여름에는 시원하고 겨울에는 따뜻하며 습도를 조절해 주는 등 쾌적한 생활공간을 제공해 주며 친환경적이면서 아름다움을 더해주는 고유의 자랑스러운 건축물이다. 못하나 쓰지 않고 짜맞추어 조립하는 한옥 건축은 고도의 정밀함과 섬세함, 정성이 따르는 힘든 직업이다. 한옥을 짓는 과정의 각 공정에 투입되는 인력은 다음과 같다.

대목장(도편수)

목수 중 우두머리를 도편수라 부른다. 한옥 건축의 구조체가 되는 기둥, 도리, 들보 등 재료의 치목하는 일에서 부터 공포 짜기, 추녀 내기, 서까래 걸기 등 깎고 다듬는 일 까지 한옥의 형태를 결정하는 일을 맡아 한옥의 품격을 책임지는 역할을 한다. 공사 전체를 주관하며, 설계, 시공, 감리 등 목재로 집을 짓는 전 과정을 책임지는 사람이다.

따라서, 건축과 관련된 모든 기술과 기법에 대한 충분한 소양이 갖춰져 있어야 한다. 건축 각 과정에서 사용되는 다양한 기법들, 맞춤, 이음, 사용되는 도구 등에 대한 종합적 이해와 지식이 필요하다. 고도의 전문성이 요구되는 직업이다.

대목수의 대들보 결구 작업

소목 창호문 짜기

소목장(소목수)

소목은 건물의 문이나 가구를 짜고 꾸미는 일을 하는 사람이다. 창호문 및 문살 짜기, 난간, 반자, 마루를 놓는 일을 한다. 이러한 일들은 집의 디테일을 더해 집의 품격을 높여주는 일이므로 모든 공정에 정교하고 섬세한 기술이 요구된다.

흙벽장(니장, 토수)

흙벽장은 한옥 건축에서 벽이나 천장, 바닥 따위에 흙, 회, 시멘트를 바르는 일을 한다. 토수라고도 부른다. 흙벽장은 한옥의 벽체와 천장을 바르고 담장을 쌓고 바닥을 다지고 온돌을 놓고 우물을 파고 기단을 쌓는 일을 도맡아 한다. 기둥과 지붕을 제외하면 모두 토수의 몫이다. 기둥과 지붕이 이어지면 토수들이 벽을 친다. 벽을 바를 때는, 흙체로 쳐낸 차진 흙에 물을 섞어 이기는 작업 후에, 이 흙을 흙받이에 받아 들고 흙손으로 중깃[1]의 안팎을 바른 다음 다듬는다. 가는 모래가 섞인 진흙으로 '사벽질'을 한 다음 다시 회나 백토, 회사를 이겨 바른다. 또, 구들을 놓기 위해 흙벽장은 산에서 쇠정과 쇠망치로얇고 넓은 구들장을 채취해 와서 방고래 위에 깔아 구들을 놓는다.

자연목한옥 심벽집 벽체초벌공사

와공, 기와 지붕 이기

와공(기와장인)

와공은 지붕을 만드는 단계에서 기와를 잇는 작업을 한다. 한옥에서 어느 공정 중요하지 않는 것이 없지만 질 좋은 흙으로 구운 양질의 기와를 구해 견고하게 잇는 것은 건물을 오래 보존하게 하는 구조적 기능을 위해 중요하다. 4~5미터나 되는 지붕 위에 올라가 암·수키와 , 마루기와 등 1만 5천여 장의 기와를 쌓는 작업도 고된 작업이다. 수천톤의 추진 흙을 지붕에 올리고 그 흙이 마르기 전에 기와를 놓아야 하는 속도전를 치르기도 한다. 특히, 암키와가 처음 놓이는 연함파기는 전문성이 요구되는 작업이다.

석공

한옥 짓기에서 돌을 다듬는 일을 맡은 장인을 말한다. 평탄 및 토목공사 등 기초공사가 끝나고 나면 설계도에 의해 무거운 돌을 깎고 다듬은 초석을 놓는 일이 시작된

1) 흙벽을 칠 때의 벽체 힘살이 되게 세우는 부재

다. 오직 망치와 정 만으로 돌을 초석을 다듬는다. 분진, 돌조각 등을 온 몸으로 받아야 하는 위험 요소가 따르기도 한다. 물론 덤벙주초라는 반듯한 자연석을 그대로 옮겨 사용하는 경우도 많다.

✅ [3D설계] 한옥 정자 주요 부재

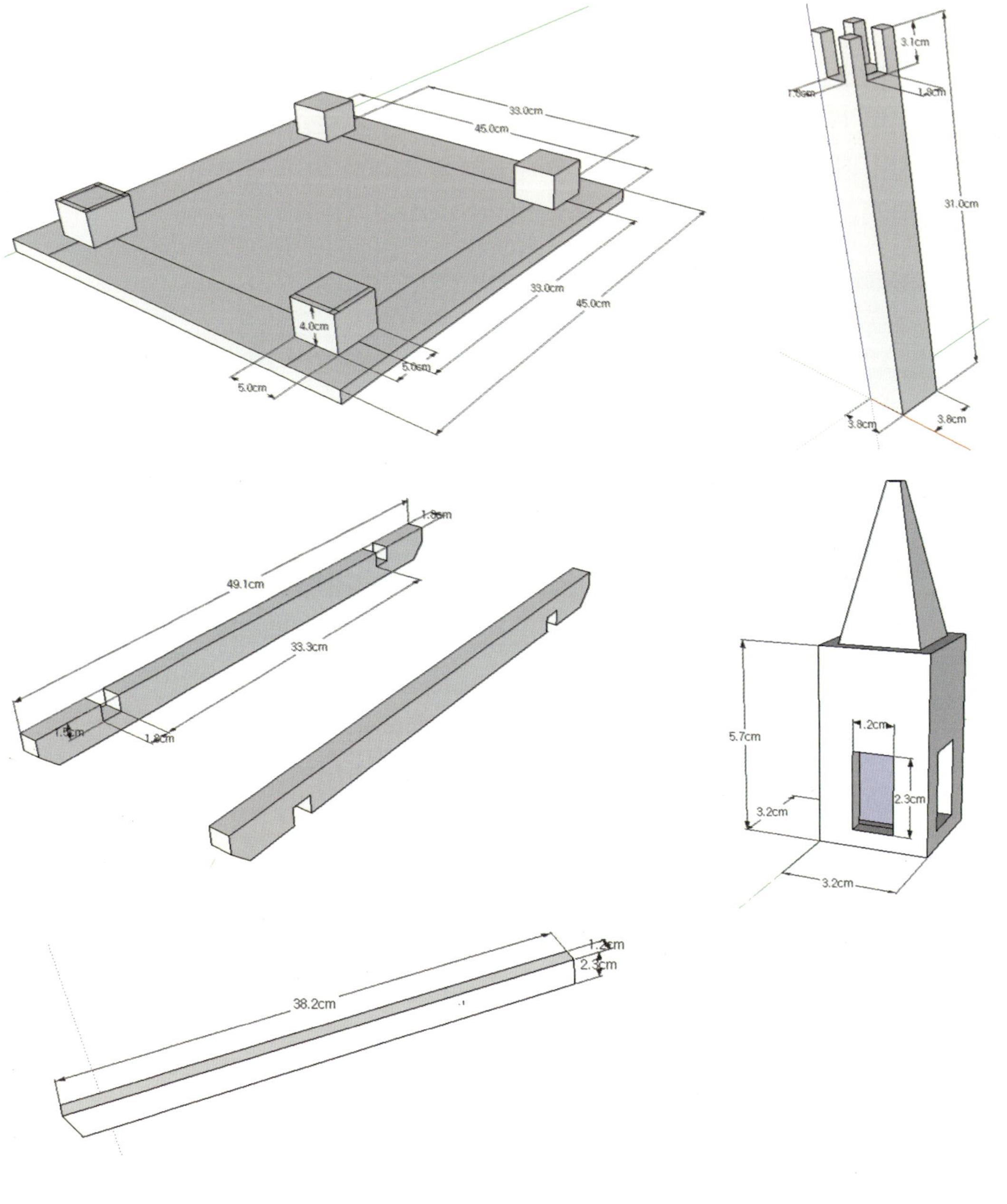

[부록1] **DIY-사이언스 테마별 난이도 및 예상 흥미도**

장	테마(주제)	내 용	난이도수준		흥미도	적용
			활동	개념		
Ⅰ. 생활 과학(1)	1. 에코보온병	펫트병과 단열재를 써서 보온병 만들기	중하	중	중	초중
	2. 텐세그리티구조물	실의 장력을 이용한 반 중력 구조물 만들기	중	중	상	초중
	3. 공중부양화분대	텐세그리티의 응용 구조물로서의 화분대	중	중	상	중고
	4. 모형자기열차	구리로 만든 코일 속을 달리는 자석-전지 열차	중하	상	중상	중고
Ⅱ. 생활 과학(2)	5. 간이 스피커	자석과 코일의 상호작용에 의해 받는 힘으로 진동	중	중상	중	중고
	6. 모형 전기기타	자석 근처에서 금속 현이 진동, 소리 발생	중	중상	상	중고
	7. 바늘구멍사진기	바늘구멍 사진기에서 폰카메라 까지	하	하	중	초중
	8. 간이 망원경	간이 망원경에서	중	중고	중	초중
Ⅲ. 놀이의 과학	9. 종이새비행기	종이새 비행기를 통해 새비행 원리 까지	하	중하	중	초중
	10. 제기 만들기	전통 제기를 만들어 놀이로 탐구하기	하	중상	상	초중
	11. 방패연 만들기	전통 방패연을 만들어 놀이로 탐구하기	중상	중상	중상	초중
	12. 팽이 만들기	전통 팽이를 만들어 놀이로 탐구하기	상	성	중	중고
Ⅳ. 응용 과학	13. 모형 아치교	모형 아치교량 만들기	상	중	중상	중
	14. 모형 사장교	모형 사장교 만들기	상	중상	상상	중고
	15. 모형 현수교	모형 현수교 만들기	상	중	상	중고
Ⅴ. 전통 과학	16. 마리오뜨병 물시계	마리오뜨 병에서 흘러나오는 물의 양이 일정함을 이용하여 물시계 만들기	중상	중	중	초중
	17. 전통지게	못을 안 쓰고 전통지게 만들기	상	중	상	고
	18. 간이 각궁	여러 겹의 재료로 고구려 복합궁 재현	상	중	상	중고
	19. 모형 한옥정자	못을 안 쓰고 짜 맞추는 한옥 재현	중	상	중	중고

단, 적용 수준은 보편적인 학생 수준을 고려하여 예측한 것이며, 개념 난이도-현 교육과정에 근거하여 개략적으로 수준을 추정한 것임

[부록2]

DIY 공구 가이드와 안전

1. 글루건, 글루건 심

DIY 작업에서 가장 손쉽게 많이 쓰이는 도구는 글루건이다. 글루건 뒤쪽에 접착제 심(핫멜트)을 주입하는 구멍에 심을 끼워 사용한다. 핫글루는 매끄럽고 빠르게 건조되어 다양한 물체의 표면에 단단하게 고정시킬 수 있다. 글루건에 맞는 글루 스틱을 구해서 사용해야 한다.

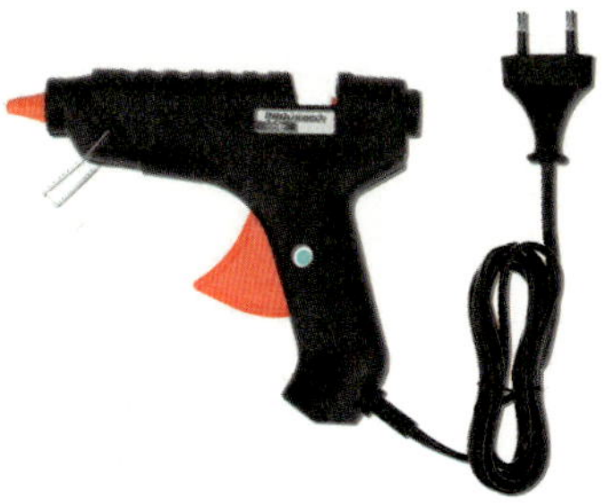

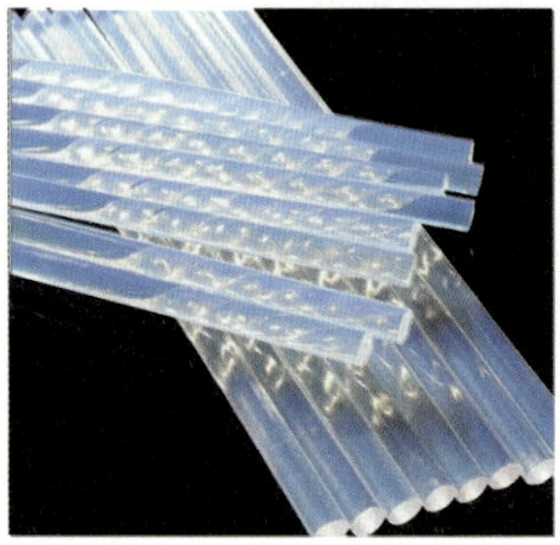

- **글루건 뒤로 글루 스틱 끼우기** : 새 글루 스틱을 글루건 뒤쪽 둥근 구멍에 한쪽 끝을 끼운다. 사용하던 글루가 내부에 남아 있으면 새 스틱을 밀어 이어서 사용할 수 있다.
- **글루건 전원 스위치 켜기** : 전기 콘센트를 사용하는 글루건은 전원을 꽂는다.
- **글루가 뜨거워진 후 글루건 방아쇠를 당긴다.**

〈주의〉 스위치가 켜진 상태에서 글루건의 노즐을 만지거나 핫글루가 피부에 묻으면 화상을 입는다. 흐르는 찬 물로 화상 부위를 식힌다. 가능한 한 작업하는 동안 장갑을 껴 화상에 대비하는 것이 좋다. 또 손을 보호할 수 있다.

2. 납땜인두, 땜납

땜납과 접합부를 연결하기 위해 사용하는 공구이다. 전선(또는 배선) 연결, 집적회로 구성을 위해 납땜을 사용한다.

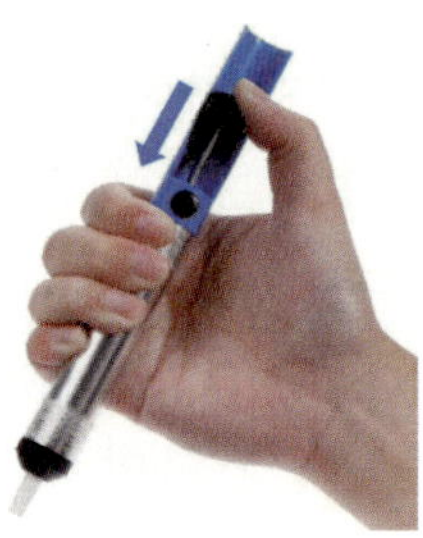

- 납땜을 할 때는 먼저 인두를 납땜할 부품에 대고 열을 가한 다음 납을 부품에 갖다 대는 것이 좋다. 납이 가열된 부품의 열을 받아 녹으면서 납땜질이 된다.
- 그런 다음 납을 제거하고 마지막으로 인두를 제거하는 순서로 한다.

만약 부품에 납과 인두를 동시에 갖다 대면 부품에 충분히 열이 가해지지 않은 상태에서 냉납이 될 가능성이 크다.

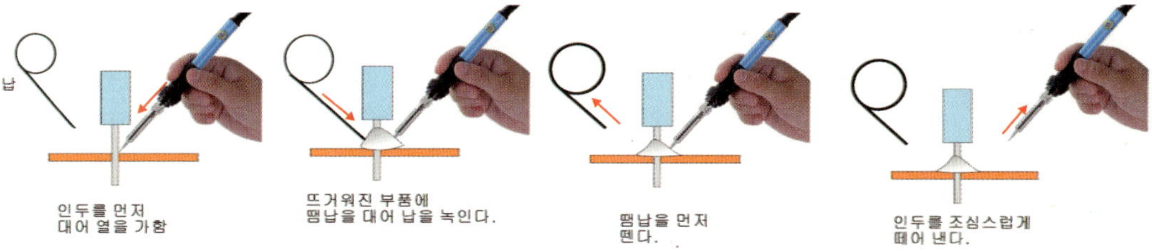

※ 납땜 도중 옆에 있는 납과 붙어 버리면 납 제거기를 사용하면 편리하다. 즉, 인두를 부품에 갖다 대어 납을 녹인 상태에서 납 제거기를 대고 버튼을 눌러 납을 빨아들인다.

3. 전동드릴, 드릴 비트

드릴은 드릴비트나 드라이버비트를 장착해 목재, 금속판 등 자재에 구멍을 뚫거나 나사를 고정시키는 공구이다. 목공이나 철재 작업 등에서 매우 중요하고 기초가 되는 공구이다.

- 드릴 척 : 드라이버 비트, 드릴비트 등을 교체 가능
- 토크 조절 S/W : 회전력 조절
- 속도 조절 S/W : 방아쇠를 당기는 깊이에 따라 속도를 조절
- RPM 조절 S/W: 회전 속도를 변속할 때 설정
- 회전방향 조절 S/W: 시계방향, 반시계방향으로 조절
- 배터리: 리튬이온, 니켈카드뮴 배터리가 있다.

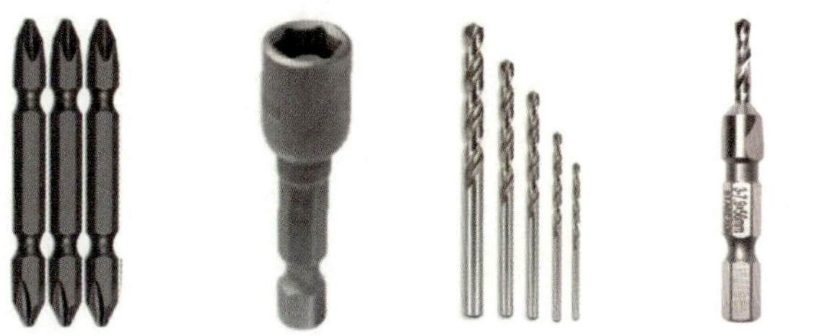

드라이버비트 육각비트 드릴비트 이중 드릴비트

4. 전동그라인드

그라인드 축에 그라인더 사포나 연마석을 부착하여 목재나 쇠 등을 매끈하게 연마하거나 쇠붙이 등을 절단하는데 사용하는 공구이다.

그라인더 사포

그라인더 연마석

그라인더 절단석

전동드릴 사용 시 주의 : 드릴은 고속회전하므로 손을 다치기 쉽다. 반드시 양손으로 잡고 작업을 해야 한다.

5. 정밀톱

나무를 정교하게 자를 때 사용하는 공구이다. DIY 작업의 필수 공구이다.

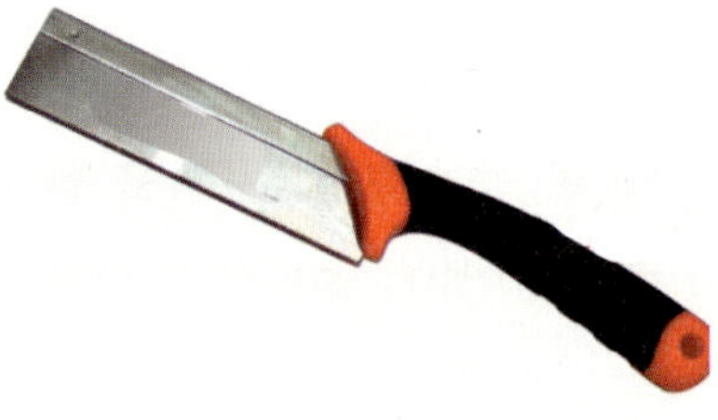

정밀톱

끌, 구멍을 뚫거나 다듬는 데 쓰인다.

자귀

6. 끌, 조각도

나무에 홈을 팔 때 사용하는 공구로서, 간단한 작업은 조각도를 사용해도 된다.

7. 자귀

나무 등 재료를 세워놓고 거칠게 다듬는데 사용되는 공구이다. 개략의 모양을 다듬은 후 그라인더 사포로 마무리하면 매끈하게 마무리할 수 있다.

8. 바이스

재료를 자르거나 연마할 때 재료를 고정시키는 공구이다. 테이블 모서리에 나사를 잘 고정하여 움직이지 않게 한 후 바이스의 틈을 조정하여 재료를 끼워서 사용한다.

자료 출처

Ⅰ. 생활의 과학[1]

1. 에코보온병 만들기

[1] https://youtu.be/BaoK-Lou6PM 보온병만들기

[2] https://www.chemidream.com/2637

[3] 네이버 카페 재활용 건축 연구소

[4] 톱밥으로 단열 : 개인 주택과 욕조의 바닥을 단열하는 방법은 무엇입니까? 석회 및 점토가 함유된 톱밥, 비율, 톱밥의 열전도율, 지붕 및 벽 단열재 (techinfus.com)

2. 텐세그리티 구조물 만들기

[1] https://www.cgtrader.com/3d-models/furniture/table/tensegrity-table

[2] https://www.etsy.com Tencegrity table

[3] Tensegrity Structures — Greg Blanpied

[4] https://blog.naver.com/with_msip/222023788918

[5] http://www.kennethsnelson.net/sculpture/outdoor/35.htm

[6]https://www.etsy.com/listing/1411454598/coffee-table-2-d-desing-floating-table? ga_order=most_relevant&ga_search_type=all&ga_view_type=gallery&ga_search_query= tensegrity&ref=sr_gallery-4-34&sts=1&organic_search_click=1

[7] Engineering Principles of Tensegrity Structures – Tensologic – Tensegrity Simplified

[8] https://sciencenet.co.kr/product/ub-무중력-텐세그리티-만들기직사각형4인용/19701/과학넷

[9] ckmakers.com/81/?idx =5265049&b mode=view

3. 공중부양 화분대 만들기

[1] https://www.youtube.com/watch?v=X8vUTmzbl4g

[2] https://www.youtube.com/watch?v=4nkdl1iqKQA&t=5s

[3] https://www.youtube.com/watch?v=vobzuwvT2S8
Amazing Science Toys/Gadgets 4 – YouTube

[4] https://youtu.be/ROnxjj5jPDs 화분대

4. 모형 자기열차 만들기

[1] https://youtu.be/BWW4kPjd4yc

[2] https://youtu.be/Y1MDOerruDU

[3] https://youtu.be/9xdVXgkMeck] YTN 사이언스

[4] https://youtu.be/tTLmqYBVdQk

[5] https://youtu.be/-OJVRTPVpVQ 쌍자기열차
[6] https://youtu.be/wX1cxYyt8aU 자기부상열차 이론 (SCMaglev 초고속 자기부상열차)
[7] https://youtu.be/oH8qrWO2Skk 이지사이언스

Ⅱ. 생활의 과학[2]

1. 간이 스피커 만들기

[1]. https://youtu.be/3N8V_nQTjBs
[2] https://soundcertified.com/how-do-speakers-work/ How Do Speakers Work? A Super Speaker Guide With Diagrams
[3] What are dual voice coil subwoofers? (crutchfield.com)
How Do Speakers Work? A Super Speaker Guide With Diagrams
[4] https://audioxpress.com/article/voice-coils-a-tutorial
[5] Single vs. Dual Voice Coil Subwoofers (classiccarstereos.com)
[6] 2x20W 블루투스 5.0 스테레오 오디오 앰프 모듈 (2x20W Bluetooth 5.0 Stereo Audio Amplifier) (vctec.co.kr)

2. 모형 전기기타 만들기

[1] New article by Dr. Lawing on Guitar Player Magazine online. Know Your Tools: Interpreting Electric Guitar Pickup Specs, Part I — Lawing Musical Products
Introduction To Guitar Pickups -- Part 2: Coil Variables (mojotone.com)
[2] The Structure of the Electric Guitar : What are pickups? - Musical Instrument Guide - Yamaha Corporation 야마하 YAMAHA
[3] https://youtu.be/e3G-yeiwFD0

3. 바늘구멍사진기 만들기

[1] 창작용 바늘 구멍 사진기(핀홀 카메라)-5인용 - 칭찬나라큰나라 (chingchanall.om)
[2] https://www.youtube.com/watch?v=BpHbG-4A6u4 카메라는 어떻게 사진으로 순간을 담을까?
[3] https://dumbofphylosophy.tistory.com/entry/디지털-카메라로-찍은-사진은-어떻게-이미지-파일이-될까-카메라의 원리와 이미지
[4][과학실험] 간이 사진기 만들기(볼록렌즈, 사진기 원리) - YouTube, 세원과학사
[5] http://blog.naver.com/bbookkuu/222069520861
[6] https://photographylife.com/what-is-a-dslr
[7] https://www.cambridgeincolour.com/tutorials/camera-sensors.htm
[8] 노출 3요소 (조리개, 셔터 속도, ISO)에 대한 이해 — 클라우드인터렉티브 기술블로그 (tistory.com)
[9] https://blog.naver.com/PosView.naver?blogId=beautiful_science&log

No=223060159023
카메라 모듈의 구조, 동작 원리와 앞으로의 산업 전망|작성자이향

4. 망원경 만들기
[1] https://youtu.be/QpNNGUwhju0 케플러식굴절망원경
[2] 쿠팡! | 폐품재활용 천체망원경 만들기(케플러식) RTT (coupang.com)
[3] KJ굴절 망원경 만들기 볼록렌즈 케플러식 천체망원경 골판지 (kjsci.com)
[4] https://courses.lumenlearning.com/suny-physics/chapter/26-6-aberrations/
[5] http://astro.kasi.re.kr/learning/pageView/5391 한국천문연구원

Ⅲ. 놀이의 과학

1. 종이새비행기 만들기
[1] https://youtu.be/CgbIUNuotts
[2] https://dinos119.tistory.com/entry/새의-날개짓-공룡의-날개짓-1-공룡의-어깨와-새의-어깨
[3]https://m.blog.naver.com/PostView.naver?blogId=e-kasa&logNo=21049823062 & targetKeyword=&targetRecommendationCode=1

2. 전통 제기 만들기
[1] Douglas C. Giancoli, 이춘우 역, 대학물리학, 탐구당
[2] https://youtu.be/DwDn9i40oxE 트래커사용법

3. 전통 팽이 만들기
[1] 공중부양 자석팽이 - 검색 이미지 (bing.com)
[2] 세계한민족문화대전 (okpedia.kr)
[3] https://youtu.be/m5nmkdVHCWk 공중부양 자석팽이

4. 방패연 만들기
[1] http://fishingkites.co.nz/htmfiles/kite.htm
[2] http://kiteworld.co.kr/rb/?m=bbs&bid=board6_1&recnum=12&type=photo&uid=2553\ 카이트월드
[3] 연발전기 (tistory.com), 경향신문, 2023. 12. 10
[4] https://m.imkite.com/goods/view?no=66 아임 카이트
[5] https://youtu.be/fWDgscmMC4w 연 발전기

Ⅳ. 응용 과학

1. 모형 아치교 만들기

[1] http://pds.catholic.or.kr/pdsm/bbs_view.asp?num=289&id=159550&menu=4830

[2] https://youtu.be/hkyrERxpnrs 원더풀사이언스 바다위의 과학

[3] Douglas C. Giancoli, 이춘우 역, 대학물리학, 탐구당

[4] https://youtu.be/U6dGJiv0C4w 다빈치 브릿지

[5] DL이앤씨, '새만금 남북도로 사업' 제3공구 준공…"세계 첫 리버스 아치교 등장" (thebigdata.co.kr)

[6] 3.5. (2) 아치교 일반 (sunroad.pe.kr)

[7] https://pxhere.com/tr/photo/72066

2. 모형 사장교 만들기

[1] https://youtu.be/D6GhPzgD9Xc 원더풀사이언스, 인천대교

[2] https://youtu.be/liKej1BQW8A EBS 컬렉션 – 사이언스

[3] https://youtu.be/qn5aUYKPLjI 교각기초 작업 영상

[4] https://youtu.be/EMdewOhMngg 원더풀 사이언스 바다 위의 과학, 슈퍼다리_#001

[5] https://m.dnews.co.kr/m_home/view.jsp?idxno=201105191440442730882

3. 모형 현수교 만들기

[1] https://youtu.be/hkyrERxpnrs 원더풀사이언스 바다위의 과학

[2] https://youtu.be/agK-HeC-Vf4 광안대로연결도로착공, 부산 MBC뉴스 (2023.3.20.)

[3] https://youtu.be/xN3nvcPQJ1I 작은 거인, KBS 20131201 방송

[4] 서석구, 광안대교의 계획 및 설계

[5] https://youtu.be/qn5aUYKPLjI 교각기초 작업 영상

Ⅴ. 전통 과학

1. 마리오뜨병 물시계 만들기

[1] https://youtu.be/KCPoo6FRVkA 자격루의 원리

[2] https://youtu.be/AUB-ASsHTzE 조선의 혁신적인 물시계, 자격루 / YTN 사이언스

[3] https://kast.tistory.com/94 [Science and Academy Today]

[4] https://takentext.tistory.com/42, 장영실의 자격루, 2004, 6월 모평

2. 전통 지게 만들기

[1] https://memory.library.kr/files/original/e485faacc3a90850e7eeb68aff7520e7.pdf
[2] https://youtu.be/Q8PyJNd8FEM
[3] https://encykorea.aks.ac.kr/Article/E0054064 한국민족문화대백과사전

3. 간이 각궁 만들기

[1] https://youtu.be/8pQXjvKpY78 목궁형 각궁(죽궁)
[2] https://youtu.be/ocHciY1-hjA?list=PLDdS5gEiYOg6QhORuXWiNk2xsAPAqGs9p
[3] https://youtu.be/XZfrsTVDSnM 맥궁
[4] 각궁 개량궁 활세기(파운드) 측정하기 - YouTube
[5] https://youtu.be/-skT7S2I9Mw 양궁의 Archer's paradox
[6] http://www.real-world-physics-problems.com/physics-of-archery.html

4. 모형 한옥 정자 만들기

[1] https://post.naver.com/viewer/postView.naver?volumeNo=30172840&memberNo=515 38737 문화매거진 대동문화, 전통한식미장 이장편수 문병규 흙손과 살아온 외길인생
[3] https://cwsb.modoo.at/?link=83b79lmx 심용식 소목장 창호연구소, 청원산방
[4] blog.daum.net 자연목한옥 시벽집 벽체초벌공사,
[5] hanokmag.com 월간한옥 레터 06-넷, 한국전통건축지붕공사, 기와 vs 초가
[6] https://youtu.be/AQGH2dsJZHw 육모정자

부록

DIY 공구 가이드와 안전

[1] https://ko.wikihow.com/글루건-사용하는-법
글루건 사용하는 법: 13 단계 (이미지 포함) - wikiHow
[2] wiki.hash.kr/index.php/전동드릴 전동드릴 - 해시넷 (hash.kr)
[3] https://m.blog.naver.com/beodeulpiri/221815693468
베란다 목공에 필요한 공구와 부자재

후기

본래 DIY는, 일상의 생활용품 중 완제품은 재료비 외에 모든 제조 공정, 물품 운반, 설치 등에 따른 인건비 때문에 원가가 비싸지므로 대안으로 인긴비를 줄여 원가를 낮출 목적으로 시작되었습니다. 재료를 구입하여 스스로 제품을 조립함으로써 다소 저렴한 가격으로 물품을 구매할 수 있도록 제도화하면서 인기가 높아졌습니다. 생산 공정을 줄일수록 단가는 싸지게 되므로 전 공정을 스스로 힘으로 제작한다면 재료비만으로 제품을 얻을 수 있습니다. 원가 절감을 위해 DIY가 차츰 일상화 되면서 북유럽의 일부 국가에서는 학교 정규 교육과정에서 생활에 필요한 제품을 직접 만들게 하는 DIY 수업을 편성하는 사례도 많이 생겨났습니다. DIY를 교육에 도입하면 일종의 메이커 교육이 됩니다.

호이징가는 인간을 '놀이하는 인간(Homo Ludens)'으로 표현했습니다. 이 말은 인간의 삶에서 많은 부분 놀이를 통해서 행복을 구현할 수 있음을 시사합니다. 그래서 인간은 태어나면서부터 놀이에 대해 즐거운 감정, 흥미로운 태도를 보입니다. DIY도 노작활동이며 만들기 놀이의 일종이므로 학습자의 흥미를 기대할 수 있습니다.

또, 과학사의 뒷이야기를 살펴보면 과학자, 발명가들 중에 기존의 완제품을 분해, 조립하는 과정에서 그 제품의 구조를 알고 작동 원리를 이해하여 더 나은 제품을 만들거나 발전된 과학 이론을 세운 예들을 많이 찾아 볼 수 있습니다. 따라서, DIY 활동을 포함한 메이커 교육은 기능 목표는 물론 개념 이해 목표, 창의성 목표를 달성할 수 있을 것입니다.

이 책에서 다루고 있는 DIY-science 프로그램들은 저자의 현직 시절 장비를 직접 만들어 탐구하는 과학전람회, 탐구실험 수업 등의 경험에서 아이디어를 얻어 개발하기 시작했습니다. 퇴직 후 개발한 프로그램을 부산과학체험관에서 초, 중등 학생들을 대상으로 6년간 적용하면서 수정을 거듭하여 19개 프로그램으로 정리한 것입니다.

각 프로그램에서 DIY 과제는 초등학생 수준의 가벼운 내용부터 높은 수준까지 다양한 수준의 내용을 다루었습니다. 종이새비행기를 만들고 또 날리는 일은 매우 심플한 테마처럼 보입니다. 그러나 A4 용지 한 장으로 접어서 만든 종이새는 마치 하늘을 나는 새를 닮았고 비행하는 모습도 비슷합니다. 그런 점이 흥미를 유발하기에 충분합니다. 종이새 비행기가 비행하는 상황과 실제 비행기나 새가 비행하는 상황은 어떤 차이가 있을까? 종이새비행기를 만들어 날리면서 궁금증을 갖기에 충분할 것으로 생각되었습니다.

반면, 간이 각궁 만들기는 높은 수준의 DIY 내용을 다루고 있습니다.

고구려 각궁은 우리 민족의 자랑스런 유산입니다. 대륙을 호령하던 고구려인들의 늠름한 기상을 표현한 고분벽화에서 활을 장착하고 광야를 달리는 모습은 언제 보아도 생동감이 넘칩니다. 그 자랑스런 고구려 각궁의 원리를 재현하는 방법은 없을까요? 물론 전문 궁시장을 통해 맥이 이어지고 있긴 하지만 모형 각궁을 만들면서 각궁의 과학적 원리를 학생들이 이해하기 쉽도록 재현해 보고 싶었습니다.

각궁의 재료 중 물소 뿔이나 소 힘줄을 구하여 가공하는 일은 매우 힘든 작업이기 때문에 이런 재료를 대신하는 방법을 궁리한 끝에 소 힘줄 대신 생고무줄을, 물소뿔 대신 우산살을 사용하였습니다.

비록 일상의 허접한 재료를 써서 만든 모형 각궁이지만 그 강도는 상당한 수준의 강한 탄성을 얻을 수 있었습니다. 실제 각궁의 인장 탄성과 압축 탄성을 병합 사용하여 강한 탄성을 구현했던 고구려 각궁의 원리를 구현한 셈입니다.

어느 경우든 DIY-사이언스가 지향하는 목표는, DIY 활동에서 시작하여 실세계의 물리(Real World Physics) 현상을 이해하고 설명하기 위해 DIY 탐구를 통한 창의적 아이디어를 얻는 데 있습니다.

메이커 교육의 범주는 넓습니다. 그 목적이나 수준에 따라 다양한 산출이 얻어질 수 있을 것입니다. 현대의 4차산업 사회가 기대하는 메이커교육의 궁극은 3D 프린터를 활용하고, 코딩 교육을 겸한 메이커 교육을 통해 창의적 산출을 요구합니다.

그래서 후속 작업으로 좀 더 시간을 두고 원고를 확장 보완하여 명실상부한 메이커 교육의 목표에 부합하는 작업이 이어지도록 계획하고 있습니다. 지속적인 관심과 격려 부탁드립니다.

2024. 6. 26 양졸당에서

저자 조 오 근

만들면서 배우는 과학탐구

DIY-사이언스

초 판 인 쇄 | 2024년 6월 17일
초판1쇄발행 | 2024년 6월 24일

지은이 | 조오근
펴낸이 | 성종규
펴낸곳 | 참과학
인 쇄 | 신진사진인쇄
주 소 | 46286 부산시 금정구 금강로 285
전 화 | 051) 581-0213
팩 스 | 051) 581-2103
E-mail | funencounter@gmail.com
등 록 | 제340-2012-000003호

ISBN | 979-11-85949-26-0

| 이 책은 참과학과 저작자의 지적 재산으로서 무단 전재와 복제를 금합니다.
| 과학자를 발굴하고 좋은 과학책을 선사합니다.